运筹学及其在装备管理中的应用

傅超琦 王 瑛 高杨军 武 涛 编著

国防工业出版社
·北京·

内 容 简 介

本书是基于授课过程中，对运筹学在装备管理过程中的运用的认识而产生的编写想法，结合装备管理全寿命过程对运筹优化知识紧密需求的内容进行梳理和整合。本书一方面介绍了运筹优化的基本理论和装备管理相关的常用模型，另一方面收集并整理了运筹优化在装备管理中的实际应用案例，便于将理论与实际进行综合理解。书中还对现代运筹优化技术进行了介绍，运筹学随智能时代的到来也焕发了新的生机。

本书可作为高等院校工学和管理学专业本科生及研究生学习辅助教材使用。

图书在版编目（CIP）数据

运筹学及其在装备管理中的应用 / 傅超琦等编著.
北京 : 国防工业出版社, 2024. 9. -- ISBN 978-7-118
-13136-9

Ⅰ. E145.1

中国国家版本馆 CIP 数据核字第 20240TR980 号

※

国防工业出版社出版发行
（北京市海淀区紫竹院南路 23 号　邮政编码 100048）
北京虎彩文化传播有限公司印刷
新华书店经售

*

开本 787×1092　1/16　印张 16½　字数 375 千字
2024 年 9 月第 1 版第 1 次印刷　印数 1—1200 册　定价 98.00 元

（本书如有印装错误，我社负责调换）

国防书店：（010）88540777　　书店传真：（010）88540776
发行业务：（010）88540717　　发行传真：（010）88540762

前　　言

运筹学是一门应用科学，它虽然以数学为基础，但其最本质的属性是应用。通过建模实现对现实对象的描述，通过优化实现对最优决策的寻找。随着现代世界复杂性的提升，各个领域都对运筹优化有强烈的需求，促使运筹优化思想和方法不断地更新和发展。

本书是作者基于授课过程中，对运筹学在装备管理过程中的运用的认识，在多位具有丰富教学经验的老师共同努力下编写而成的。本书第 1 章介绍了运筹学的基本情况，包括其发展历程、性质特点、知识体系和新技术、新发展。考虑到线性规划理论在运筹学学习过程中的基础性地位，第 2 章和第 3 章介绍了线性规划问题及其对偶问题，详细介绍了基本模型及求解思路，内容设计按课堂授课的逻辑进行安排，使理解过程连贯。第 4 章、第 5 章、第 6 章和第 7 章都是运筹学的经典内容，这些内容的学习都可以基于线性规划的框架去理解，重点强调不同的模型与方法和基础的模型与方法之间的关系，既有联系，又有创新，运筹的问题在不断地被发现，运筹的方法可用老方法解决新问题，也需要新问题创造新方法。思维不应该被限制在现有模型和方法中，启发式引导学生学会合理地应用和创新，培养学生开放式思考，养成善于思考、勤于思考的学习习惯。第 8 章是可靠性的内容，可靠性理论已独立成一门学科，可靠性在装备管理中是核心的几个问题之一，因此我们将可靠性的基本内容纳入了本书的框架。第 9 章介绍了以图与网络为模型的运筹优化内容，一部分为图与网络相关基本模型，如最小生成树、最短路问题和最大流问题；另一部分内容为网络计划技术。两者虽然都是以图与网络为模型，但其所属领域、应用场景和基本思想完全不同。第 10 章是装备管理中的运筹优化案例，里面的模型与算法都出自我校毕业学员的研究成果，在此感谢薛俊杰博士、张斯嘉硕士、杨志升硕士等人的支持。知识学习中，重点的内容是如何优化求解，但面对现实问题时，如何进行建模是更重要的一步，正确的模型才能合理地刻画现实，针对正确的模型寻找和设计优化方法才能真正地解决问题。最后，在第 11 章中简单介绍了运筹优化的新技术。

本书第 1 章、第 2 章、第 3 章、第 7 章、第 8 章、第 10 章由傅超琦撰写，第 4 章、第 5 章和第 9 章由高杨军撰写，第 6 章由武涛撰写，全书由傅超琦和王瑛共同统稿和总纂。此外，周中良、陈士涛、张鹏涛、王焕彬、宋晓博、许建虹、古清月、方甲勇、盛晟等在素材收集、案例整理和初稿编写、校稿等诸多方面给予了许多帮助和支持，特别是国防工业出版社的刘炯老师为本书的编辑审阅付出了艰辛的努力，在此表示衷心的感谢。此外，写作时参考了许多文献，大多在各章节后列入参考引用，部分未及标明之处，在此向各位知识贡献者致以诚挚的谢意。

最后，由于编者水平有限，书中难免有不足和纰漏之处，敬请广大读者批评指正。

作者
2024 年 1 月

目 录

第1章 绪论 ··· 1
  1.1 运筹学概述 ··· 1
    1.1.1 现代运筹思想的萌芽 ··· 1
    1.1.2 现代运筹理论的兴起 ··· 2
    1.1.3 现代运筹学的发展 ·· 2
  1.2 运筹学的性质及特点 ·· 3
  1.3 运筹学的知识体系与模型 ·· 4
    1.3.1 线性规划模型 ··· 4
    1.3.2 整数规划模型 ··· 5
    1.3.3 动态规划模型 ··· 5
    1.3.4 排队模型 ··· 5
    1.3.5 库存模型 ··· 6
    1.3.6 可靠性模型 ·· 6
    1.3.7 图与网络模型 ··· 6
  1.4 运筹优化的新技术 ··· 6
    1.4.1 仿真优化技术 ··· 7
    1.4.2 智能优化技术 ··· 7
    1.4.3 数据驱动优化技术 ·· 8
  1.5 装备管理中的运筹优化问题 ··· 8
  参考文献 ··· 10

第2章 线性规划模型与求解 ··· 11
  2.1 线性规划问题建模与标准型 ··· 11
    2.1.1 线性规划问题建模 ·· 11
    2.1.2 线性规划模型表达形式 ··· 12
    2.1.3 线性规划模型的标准形变换 ·· 13
  2.2 线性规划问题解的特点 ··· 14
    2.2.1 线性规划问题解的几种可能形式 ··································· 14
    2.2.2 线性规划问题的基解 ·· 16
    2.2.3 线性规划问题最优解求解思路 ······································ 18
  2.3 单纯形法的求解原理及步骤 ··· 19
    2.3.1 单纯形法求解举例 ·· 19

  2.3.2 单纯形法求解原理 ·· 21
  2.3.3 单纯形法求解步骤及单纯形表 ·· 24
  2.3.4 单纯形法的矩阵解析 ··· 26
  2.3.5 人工变量法构建初始单纯形 ··· 27
 2.4 单纯形法的软件求解 ··· 28
  2.4.1 线性规划的 Excel 求解 ·· 28
  2.4.2 线性规划的 MATLAB 实现 ·· 31
 2.5 装备管理中的应用示例 ·· 33
  2.5.1 生产计划安排 ·· 33
  2.5.2 装备优化部署 ·· 35
 习题 ·· 37
 参考文献 ·· 38

第3章 线性规划的对偶问题
 3.1 对偶理论的发展 ·· 39
 3.2 线性规划的对偶理论 ··· 39
  3.2.1 对偶问题的数学模型 ··· 39
  3.2.2 对偶问题的基本定理 ··· 41
 3.3 对偶问题的数学与经济学含义 ··· 43
  3.3.1 对偶问题的数学含义 ··· 43
  3.3.2 对偶问题的经济学含义 ·· 44
 3.4 对偶单纯形法与灵敏度分析 ·· 45
  3.4.1 对偶单纯形法 ·· 45
  3.4.2 参数灵敏度分析 ·· 47
 3.5 对偶单纯形法的应用示例 ·· 53
 习题 ·· 56
 参考文献 ·· 57

第4章 整数规划和运输问题
 4.1 整数规划问题及基本方法 ·· 58
  4.1.1 整数规划问题及其特点 ·· 58
  4.1.2 分支定界法 ··· 60
 4.2 指派问题及匈牙利解法 ·· 62
  4.2.1 指派问题及标准化模型 ·· 62
  4.2.2 匈牙利解法 ··· 64
  4.2.3 非标准形式的指派问题 ·· 72
 4.3 运输问题及表上作业法 ·· 73
  4.3.1 运输问题模型及特点 ··· 73
  4.3.2 表上作业法 ··· 75
  4.3.3 最优性检验与调整 ·· 80

4.4 运输问题扩展及算法实现 ··· 81
　　　　4.4.1 车辆路径问题 ··· 81
　　　　4.4.2 车辆路径基本模型 ·· 83
　　　　4.4.3 算法设计 ·· 84
　　习题 ··· 86
　　参考文献 ··· 87

第5章　动态规划求解思想与应用 ·· 88
　　5.1 动态规划的基本概念和原理 ·· 88
　　　　5.1.1 动态规划基本概念 ·· 88
　　　　5.1.2 动态规划基本思想与原理 ·· 90
　　5.2 动态规划的递归求解 ·· 92
　　　　5.2.1 动态规划模型的建立 ··· 92
　　　　5.2.2 逆序解法与顺序解法 ··· 95
　　5.3 背包问题的动态求解思想 ··· 98
　　　　5.3.1 背包问题描述 ··· 98
　　　　5.3.2 模型介绍及算法流程 ··· 99
　　5.4 改航路径规划问题动态规划求解 ·· 101
　　　　5.4.1 问题描述与建模 ··· 101
　　　　5.4.2 基于动态规划的求解实现 ··· 102
　　习题 ··· 104
　　参考文献 ·· 105

第6章　排队系统理论与模型 ··· 106
　　6.1 排队系统基本概念 ··· 106
　　　　6.1.1 排队系统的基本模型 ·· 106
　　　　6.1.2 排队系统的组成描述 ·· 108
　　　　6.1.3 排队系统分类及主要指标 ··· 110
　　6.2 马尔可夫链及生灭过程 ·· 111
　　　　6.2.1 马尔可夫链 ·· 111
　　　　6.2.2 生灭过程 ··· 113
　　　　6.2.3 泊松过程和负指数分布 ·· 115
　　6.3 M/M/S 等待制排队模型 ··· 115
　　　　6.3.1 单服务台模型 ·· 115
　　　　6.3.2 多服务台模型 ·· 119
　　6.4 排队问题的离散事件仿真 ·· 123
　　　　6.4.1 离散事件仿真基本概念 ·· 123
　　　　6.4.2 排队问题离散事件仿真示例 ··· 124
　　6.5 库存问题的排队模型求解 ·· 125
　　　　6.5.1 问题的提出与建模 ··· 125

6.5.2　航材股保障算例 ············· 126
习题 ································· 127
参考文献 ····························· 128

第7章　库存问题模型与求解 ············· 129
7.1　库存问题描述 ······················ 129
7.2　确定性库存问题及模型 ············ 130
7.2.1　经典 EOQ 模型 ············· 130
7.2.2　分段 EOQ 模型 ············· 132
7.3　需求随机库存问题及模型 ········· 134
7.3.1　单周期随机需求模型 ······· 134
7.3.2　多周期随机需求模型 ······· 135
7.4　时空约束库存问题及模型 ········· 137
7.4.1　生产约束模型 ················ 137
7.4.2　租用仓库模型 ················ 139
7.4.3　允许缺货模型 ················ 140
7.4.4　多货品 EOQ 模型 ········· 142
7.5　装备备件库存管理 ··················· 142
7.5.1　问题的提出与说明 ·········· 142
7.5.2　航空装备备件库存管理 ···· 144
习题 ································· 145
参考文献 ····························· 146

第8章　可靠性模型与优化设计 ············· 147
8.1　可靠性基本概念与度量指标 ······· 147
8.1.1　可靠性的定义 ················ 147
8.1.2　可靠性度量指标 ············· 148
8.2　可靠性模型设计与分析 ············ 150
8.2.1　系统可靠性基本模型 ······· 150
8.2.2　系统可靠性模型组合优化 ·· 154
8.2.3　网络系统可靠性分析 ······· 155
8.3　可靠性的分配与预计 ·············· 158
8.3.1　系统可靠性分配 ············· 158
8.3.2　系统可靠性预计 ············· 161
8.4　通信装备设计方案的可靠性优化 ·· 164
8.4.1　有约束下的系统可靠性分配模型 ·· 164
8.4.2　费用与可靠性的关系 ······· 165
8.4.3　通信侦查装备可靠性优化 ·· 165
习题 ································· 166
参考文献 ····························· 167

第9章 图与网络分析方法 ... 168
9.1 图的基本概念与基本定理 ... 168
9.1.1 图的基本定义及度量指标 ... 169
9.1.2 图与网络的矩阵表示 ... 172
9.1.3 欧拉回路与欧拉图 ... 172
9.2 最小生成树 ... 173
9.2.1 Prim算法 ... 174
9.2.2 Kruskal算法 ... 176
9.2.3 通信节点线路架设 ... 178
9.3 最短路径问题 ... 179
9.3.1 Dijkstra算法 ... 179
9.3.2 Floyd算法 ... 184
9.3.3 算法的MATLAB实现 ... 185
9.4 最大流问题 ... 188
9.4.1 问题描述 ... 188
9.4.2 标号法 ... 190
9.4.3 Ford-Fulkerson算法 ... 191
9.5 网络计划技术 ... 194
9.5.1 网络图的组成及绘制 ... 194
9.5.2 网络图的参数计算 ... 200
9.5.3 任务按期完成的概率分析 ... 206
习题 ... 211
参考文献 ... 212

第10章 装备管理中的运筹优化案例 ... 213
10.1 航空装备研制风险管控 ... 213
10.1.1 航空装备研制风险类别 ... 213
10.1.2 航空装备研制风险控制策略 ... 214
10.1.3 风险控制组合策略背包问题模型 ... 215
10.2 军事物资配送路径优化 ... 223
10.2.1 联勤体制下的军事物流 ... 223
10.2.2 车辆路径问题的信息要素 ... 224
10.2.3 多车场车辆路径问题的分类 ... 225
10.2.4 多车场车辆路径问题模型 ... 226
10.3 RFID读写器网络优化部署 ... 229
10.3.1 RFID系统概念及组成 ... 229
10.3.2 读写器部署问题描述及分析 ... 229
10.3.3 读写器部署冗余问题及优化模型 ... 231
10.3.4 读写器负载均衡问题及优化模型 ... 233

10.4 战时装备维修任务规划 ·· 235
 10.4.1 战时维修保障任务基本概念 ······································ 235
 10.4.2 战时维修任务需求分析 ·· 236
 10.4.3 战时维修任务约束条件分析 ······································ 238
 10.4.4 战时维修时效优先模型构建 ······································ 239

第 11 章 经典优化算法及其优化思想 ·· 241
11.1 梯度下降算法 ·· 241
11.2 模拟退火算法 ·· 243
11.3 遗传算法 ·· 245
11.4 蚁群算法 ·· 247
11.5 粒子群算法 ·· 249
11.6 神经网络算法 ·· 251

参考文献 ·· 252

第 1 章 绪 论

运筹学（Operational Research，OR）是一门应用科学，可以理解为是一种运用数学的方法，对需要进行管理的问题开展量化建模与分析，帮助决策者做出最优决策的科学方法。

1.1 运筹学概述

运筹优化是一种思维方式。任何事情，在给定的条件下，通过合理的设计安排，都可以获得一个相对良好的解决方案。运筹优化的思想自古有之，如中国古代的田忌赛马，通过合理的设计博弈顺序，取得最优的结果；再如军事方面的沈括运粮，根据作战需求，合理地安排脚夫和士兵的配比关系，实现持续的行军作战。农业上的轮作复种制度、工程中丁谓的"一举而三役济"等都是运筹思想的典型运用，但这些都仅限于应用，没有从数学的角度将其进行归纳和提升。早期西方的科学家们尝试过发掘运筹问题中的数学内涵，如瑞士数学家欧拉在 1736 年首先采用图论的思想解决格尼斯堡七桥问题，1896 年意大利经济学家帕累托提出帕累托最优实现多目标优化问题，1909 年贝尔电话公司的工程师利用概率论解决排队问题等。这些早期的经验积累和探索尝试为现代运筹学的建立与发展奠定了基础。

1.1.1 现代运筹思想的萌芽

现代运筹的思想萌芽始于第一次世界大战时期，这段时间里陆续有学者开始用数学的方法探讨各种运筹问题。1914 年，兰彻斯特就建立了著名的兰彻斯特战斗方程，这是现代军事运筹最早提出的战争模型，通过运用相应的微分方程组，揭示了交战过程中双方战斗单位数（亦称兵力）变化的数量关系，提出了关于战争中兵力部署的理论。1915 年，哈里斯对商业库存问题开展的研究算是库存论模型最早的工作。1917 年，埃尔朗在其著作《自动电话交换中的概率理论的几个问题的解决》中给出了排队论当中的著名公式。1921 年，博雷尔引进了对策论中最优策略的概念，对某些对策问题证明了最优策略的存在。1926 年，博鲁夫卡最早发现了拟阵与组合优化算法之间的关系。1928 年，冯·诺依曼提出了二人零和博弈的一般理论。1932 年，威布尔研究了维修问题和替换问题，这是可靠性数学理论最早的工作。1939 年，康托洛维奇开创性地提出线性规划，并据此模型研究了工业生产的资源合理利用和计划等问题。上述这些先驱性的成就对运筹学的发展有着深远的影响。

然而，此阶段多数工作都是先驱者们独立研究的成果，而运筹问题的复杂性和综合性，要求研究人员具有很高的科学知识素养和全面的知识储备，且需要收集大量的资料和数据进行分析、提炼。单纯依赖科学家个人力量进行研究，很难满足解决问题的需要。因此，受限于人力不足、资料有限、经费短缺等各种原因，此阶段运筹学的研究并没有建立起完整的理论体系和框架。

1.1.2 现代运筹理论的兴起

作为一门正式的学科，运筹学被认为是第二次世界大战（简称二战）后半段时期起源于英国。其在二战过程中主要针对如何分配和使用各种军事活动中有限的人力和物力，以获得最佳作战效果。

1935 年，英国为防御德国战机袭击，在英国东海岸的奥福德纳斯装备了雷达。为了解决雷达信号间的矛盾，1938 年在波德塞，由 A.P. Rowe 负责组建了一个研究机构，目的是教军事领导人学会用雷达定位敌方飞机。Rowe 和 Robert Watson Watt 爵士主持了最早的两个雷达研究，并将之命名为 Operational Research（OR）。波德塞被称为运筹学（OR）的诞生地，该研究机构的建立标志着现代运筹学的开端。

1940 年，物理学家 P.M.S. Blackett 组建了著名的运筹工作组——"Blackett 马戏团"，帮助研究防空炮弹怎样更有效地打击德国飞机。Blackett 是英国运筹学的先驱，他最大的贡献是说服了权威人士，用科学的方法来管理复杂的业务。1942 年初，Blackett 转到海军海岸司令部作战研究处，运用运筹学解决了包括护航舰的配置规模、空投深水炸弹的触发深度、轰炸机涂色等诸多决策问题。1942 年，美军在大西洋舰队反潜艇战官员 W.D.Baker 船长的请求下成立了反潜艇战运筹组。他们给出了包括飞行训练的时间安排、潜艇组成规模、夜战伪装漆选择等建议，有效地提升了作战效果。战争为科学技术的发展和应用提供了丰厚的土壤。二战期间产生的运筹理论成果主要有线性规划、整数规划、图论、网络流、几何规划、非线性规划、大型规划、最优控制理论等。

1.1.3 现代运筹学的发展

在第二次世界大战刚结束的几年里，随着许多科学家认识到他们应用于军队解决问题的原则同样适用于解决民用部门的许多问题，运筹学迅速发展起来。这些问题的范围从调度和库存控制等短期问题到战略规划和资源分配等长期问题。丹齐格在 1947 年开发了线性规划的单纯形算法，为这种增长提供了最重要的推动力。1949 年，美国成立了著名的兰德（Research and Development，R&D）公司，与此同时，许多运筹学工作者逐步从军方转移到政府及产业部门进行研究。在新的、更广阔的环境中，运筹学的理论和应用研究得到蓬勃发展。运筹学发展的第二个里程碑是计算机的快速发展。运用计算机程序，使运筹问题的解答变得简单、快捷，为运筹学的发展创造了有利的技术条件。单纯形法于 1950 年首次在计算机上实现，到 1960 年已经可以解决大约 1000 个约束条件的问题。1963 年，应用运筹学的行业已有飞机和导弹制造、玻璃、金属、矿业、包装、造纸、炼油、照相器材、印刷和出版、造鞋、纺织、烟草业、运输、木材加工、餐业和民意调查等。至 1970 年运筹学已被几乎所有的政府部门和机构所运用。

1956 年，钱学森、许国志等率先将运筹学介绍入中国，在中科院力学研究所成立中国第一个运筹学小组，并加以推广。1957 年始于建筑业和纺织业，从 1958 年开始在交通运输、工业、农业、水利建设、邮电等方面都有应用，尤其是在运输方面，从物资调运、装卸到调度等。1958 年，由于应用单纯形法解决粮食合理运输问题时遇到了失败，我国运筹学工作者创造了运输问题的"图上作业法"，同时管梅谷提出了"中国邮路问题"的解法。中国运筹学的建立与发展为世界运筹学的发展做出了重要贡献。表 1.1 为运筹学发展简要纪实。

表 1.1 运筹学发展简要纪实

年份	事件
1948	运筹学俱乐部
1950	第一份运筹学杂志
1952	美国运筹学学会
1956	法国运筹学学会
1957	日本和印度运筹学学会
1959	国际运筹学联盟（IFORS）
1980	中国运筹学学会
1982	中国加入 IFORS，并创办《运筹学杂志》

历史角：1955 年，钱学森和许国志在从美国奔赴新中国的归国客轮"克利夫兰"号上，便商定要将"Operational Research"引入新中国。作为引入中国后的一个新学科，急需一个既能涵盖本意又能体现中国文化特色的译名。许国志与周华章反复讨论，他们联想到"史记留侯世家"中刘邦对张良军事谋划的称赞——"决胜于千里之外，运筹于帷幄之中"，感觉用"运筹学"能贴切地反映"Operational Research"的内涵，运筹学这个极具中国传统文化特色的名字从此诞生。

1.2 运筹学的性质及特点

运筹学从创建初始就表现出理论与实践相结合的鲜明特点。运筹学学科的主要特征突出体现在其系统导向性，即重视改善系统部分与整体间的关系。在它的发展过程中还充分表现出多学科交叉融合的特点。现实中的运筹问题具有复杂性和综合性，一支运筹研究队伍可能包含物理学家、数学家、化学家、经济学家、工程师等多领域的学者，需要他们通过从各自不同学科的角度提出对实际问题的认识和见解，从而全面挖掘问题的信息和规律，在思维碰撞中寻找解决大型复杂现实问题的新途径、新方法和新理论。

运筹学的学科体系主要包含三大内容：模型、理论和算法。无论是二战中关于兵力部署、武器调配，还是生产组织、交通、通信问题等领域的运筹工作，都建立了各类模型进行描述，基于这些模型逐渐形成了比较完整的理论体系，并提出了大量解决各类问题的算法。

运用运筹学方法解决实际问题，可以概括为以下几个步骤：

（1）确定目标，提出问题。即要弄清楚所需要解决的是什么问题，目标是什么，约束有什么，各类参数和变量受什么影响等。这个过程需要收集相关的资料信息进行分析、提取。

（2）构建问题的数学模型。将变量、参数和约束之间关系用数学模型进行表示。

（3）分析问题，进行求解。对模型进行分析（包括解的性质、求解的难易等），通过各种手段寻找合适的求解方法，根据需求设计算法，得到最优解、次优解或满意解等结果。

（4）判断模型和解法的有效性。对整个求解过程和步骤进行检查，确认是否存在错误；检查模型是否反映现实问题，是否得到相应结果。

（5）应用与控制方案。进一步分析归纳参数变化、解的变化等对问题的影响，考虑实际的实施问题，明确实施过程中的可变参数与关系，完善模型和方法。

1.3 运筹学的知识体系与模型

运筹学经过半个多世纪的发展已形成相对完善的学科理论体系。一般认为运筹学包含规划论、决策论、库存论、对策论、排队论、计算机仿真等诸多内容，其学科体系如图 1.1 所示。

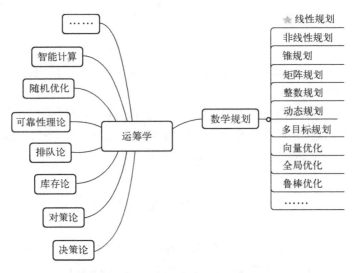

图 1.1 运筹学的学科体系

此外，诸多理论如随机理论、可靠性理论等形成了独立的学科，如预测分析、回归分析等被统计学兼并。鉴于本书旨在针对装备管理方面涉及的运筹优化问题理论及应用，本书的内容将主要集中在装备全寿命周期过程中生产管理所需运筹模型及方法的介绍和整理。

1.3.1 线性规划模型

1939 年苏联数学家康托洛维奇在解决胶合板厂中机床生产最优配比问题时建立了

最初的线性规划数学模型,并发明了"解乘数法"。1947年美国数学家丹齐格建立了求解线性规划问题的通用方法——单纯形法。线性规划问题的提出和单纯形法的诞生标志着数学规划时代的到来,且至今为止单纯形法仍然是解决线性规划问题最好的算法之一。线性规划问题数学模型的简洁性和求解过程的自动化使其成为众多运筹学问题首要考虑的解决方案。同年,对偶理论被美籍匈牙利数学家冯·诺依曼提出,他在研究对策论时发现每个线性规划问题都存在一个与它对应的对偶问题。线性规划模型包含三个要素:目标函数、决策变量和约束条件。其主要特点在于目标函数和约束条件均满足线性关系,因此被称为线性规划模型,否则称之为非线性规划模型。

1.3.2 整数规划模型

整数规划模型是在线性规划的基础上,要求全部或部分变量的求解需要满足整数约束条件下的最优化问题。整数规划的开端是丹齐格首先发现可以用0-1变量来刻画最优化模型中的固定费用、变量上界、非凸分片线性函数等。他和富尔克森、约翰逊对旅行商问题的研究成为后来分支定界法的开端。整数规划是在1958年戈莫里发现第一个收敛算法——割平面法后形成独立分支。大部分的整数规划问题都是NP难问题,这使得整数规划的研究还存在许多关键问题待解决。求解整数规划最典型的做法是逐步生成一个个相关问题,称为原问题的衍生问题。每个衍生问题对应于一个比它更简单的松弛问题。通过松弛问题来求解确定衍生问题是该被舍弃还是继续生成另外的一个或多个新的衍生问题替代其自身,将所有的未被舍弃或替代的衍生问题进行求解,直到不再存在未解决的衍生问题为止。

1.3.3 动态规划模型

动态规划是一种算法设计技术,也是一种解决最优化问题的模型及算法构造方法。当系统具备马尔可夫性,且目标函数可分解为一系列简单的局部优化问题时,基于贝尔曼最优化原理,可以通过递推关系实现整体的优化求解。相比于其他解法,动态规划能够更好地适应具有扰动或随机影响的情况,从中找出当前信息下最优的反馈控制策略。然而,其"分解"需求限制了其对"不可分"复杂系统的应用。如何找出一组可分的优化问题来近似刻画或逼近不可分优化问题是其未来的发展方向。同时,动态规划求解所面对的"维数灾难"至今仍未解决。

1.3.4 排队模型

排队论模型在服务行业、工厂生产设计、网络通信、交通运输等诸多领域得到了广泛应用。排队论的模型最早是埃尔朗为解决电话接入等待问题时而建立的电话统计平滑模型,通过一组递推函数方程,最终推导出著名的埃尔朗电话损失率公式。生灭过程和马尔可夫链理论等为排队论提供了理论基础。生灭过程模拟计算系统处于各个状态的概率转化关系,其转化只发生在相邻状态之间的齐次马氏链,通过计算可得到排队系统平稳状态下包括平均队长、期望等待时间等诸多指标参数,为排队系统的合理设计提供支持。

1.3.5 库存模型

库存模型主要解决的是需求与存量之间的关系，从经济学角度讲就是供需关系。为了获得最大的利益，需要综合考虑缺货的损失成本、存货的管理成本、订货的订购成本等诸多因素。供需关系影响着价格，在缺货时才预订需要付出更高的成本，且存在隐性成本的损失（如客户丢失）；但错误地预估需求，过量的存量将积压大量的资金且付出高昂的管理成本。1915 年，哈里斯对商业库存问题开展的研究是库存论模型最早的工作。1934 年威尔逊对哈里斯的成果进行了进一步的完善，得到经济订购批量公式（EOQ 公式），可以解决确定性的存储费用优化问题。1958 年威汀发表的《存储管理的理论》、阿罗等发表的《存储和生产的数学理论研究》以及毛恩在 1959 年写的《存储理论》使存储论真正作为一门学科而发展起来，并成为运筹学的一个独立分支。

1.3.6 可靠性模型

可靠性的提出和发展主要是受到产品故障的推动。随着科技的发展，各种功能的装备和产品得到研发，极大地增强了人类改造自然、探索宇宙的能力。但各种精密及复杂的产品和装备都极易产生故障，由此产生了对可靠性的研究需求，随之而来的就是对产品和装备可靠性的研制要求。可靠性是反映产品质量的重要特性，它因需求而决定，通过设计而产生，由制造而形成，在使用过程中所体现。现代社会中，可靠性的要求几乎是所有产品设备都必须满足的基本要求。可靠性也是各类产品的设计和研发中必须考虑的重要性质。可靠性研究成果主要应用于可靠性的设计优化、可靠性预测评估、可靠性管理等方面。

1.3.7 图与网络模型

图与网络是由若干节点和连线构成的图形，可以实现对现实复杂系统的抽象表示，其中节点表示事物，连线表示事物之间的联系。1736 年，欧拉用图的思想解决格尼斯堡七桥问题被认为是图论的第一个结果。随着对世界复杂性认识的加深，图论与其他数学分支的紧密联系越发显出重要性。以网络模型为基础，诸如最小支撑树、最短路问题、最大流问题等网络优化问题被研究。此外，运用网络计划技术可实现大型工程计划的统筹部署，实现科学的计划管理。21 世纪被称为复杂性科学的时代，复杂系统的研究成为热点。复杂网络是针对复杂系统的一种新的网络分析方法，具有广泛的应用背景，其中包括互联网、社交网络、病毒传播网络、人脑神经网络、生态系统网络等超大网络的研究都需要运用图论中的相关理论。

1.4 运筹优化的新技术

21 世纪是复杂性科学的时代，计算机科学、信息科学、智能科学、生命科学等得到了快速的发展，而运筹优化在这些新兴领域都得到了大量的应用。各领域及其交叉研究方向的发展也给运筹学带来了新的研究成果和发展方向。随着研究对象复杂性的增加，传统的数学优化方法已无法支撑对这类问题的求解，仿真优化、智能优化与数据驱动优化等方法技术得到了广泛关注和研究。

1.4.1 仿真优化技术

仿真技术通过将系统的相关要素按实际运行逻辑进行结合，实现对真实系统行为的模拟。本质上，仿真也是一种试验方法，但当试验方案较多时，仿真也会变得很复杂，甚至无法得到想要的结果，因此，产生了将仿真技术与优化方法相结合的需求。仿真优化是基于计算机仿真技术和平台的优化方法，可充分利用仿真对复杂系统强大的描述和承载能力，实现对现实系统的模拟、验算和求解。常用的仿真优化方法归纳如表 1.2 所示。

表 1.2 仿真优化方法

方法	优化原理
基于梯度的方法	梯度下降法的核心在于对每个变量按照目标函数在该变量梯度的相反方向更新其参数值。即在目标函数的超平面上，沿着斜率下降的方向更新，直到达到最优值
随机优化方法	将目标函数抽象为损失函数，立足于损失函数连续可微的认识，在有限解空间下进行随机搜索，通过设计随机规则缩减搜索范围实现最优逼近。其核心思想是随机扰动探索和渐进收敛平稳
响应曲面法	给定初始试验设计点，分别针对设计点进行仿真运行产生相应输出响应，通过应用一阶回归模型将这些响应拟合为响应曲面，用最陡下降法在响应曲面的最大梯度方向进行回归函数分析实现最优求解
启发式方法	启发式方法是基于直观或经验，对解空间进行不断探索和改进的直接搜索方法。在可接受单价下给出待解决优化问题每个实例的一个可行解，该可行解与最优解的偏离程度不定，其结果多为相对优解

1.4.2 智能优化技术

智能计算主要指借鉴仿生学和拟物思想，基于人们对生物体智能机理和某些自然规律的认识，采用数值计算的方法去模拟和实现人类智能、生物智能和其他社会与自然的规律。随着随机理论、模糊理论、不确定理论、人工神经网络理论的快速发展，智能计算为研究不精确、不完整、不确定性等问题提供了有效的处理技术和方法，在许多应用领域都取得了长足的进展。主要的智能优化技术发展如表 1.3 所示，我们将在第 11 章详细介绍这些优化算法的基本思想和优化原理。

表 1.3 主要的智能优化技术介绍

智能优化技术	优化原理
遗传算法	根据遗传学机理和自然生物进化过程，将问题的求解过程转换为类似生物进化中的染色体的交叉、变异等过程，设计计算模型实现最优解搜索
模拟退火算法	根据固体内部粒子降温过程由无序渐趋有序的物理退火过程，将问题的目标函数定义为内能，结合温度参数控制下的概率突跳特性在解空间寻找最优解
禁忌搜索算法	通过引入一个灵活的存储结构和相应的禁忌准则来尽量避免迂回搜索，保证对不同有效搜索途径的探索。这是对人类智力过程的一种模拟
粒子群算法	通过模拟鸟群的捕食行为而发展起来的基于群体协作的随机搜索算法，每个粒子通过跟踪两个"极值"实现自我优化，能很快地实现全局收敛
蚁群算法	模拟真实蚂蚁觅食过程中通过外激素的留存/跟随行为进行间接通信，个体根据信息素浓度进行路径选择，相同时间内最优路径的频次更多，从而浓度更大，实现最优化
神经网络算法	模拟人类大脑神经网络的结构和行为，由大量的节点（神经元）组成连接结构，每个节点代表一种特定的输出函数，根据学习准则确定优化模式，进行训练，相连的节点表示彼此通信，记录权重，模拟实现记忆功能，实现算法模型的自主环境适应、规律总结等过程

1.4.3 数据驱动优化技术

数据驱动优化技术的核心是对数据所蕴含信息的充分挖掘、分析、再认识和重利用。随着自动化水平的提高以及传感器在各领域过程中的广泛应用,一方面,大量过程数据能够被实时获取和存储;另一方面,许多复杂系统具有动态、非线性且存在很强的不确定性,很难通过机理模型进行描述和刻画。随着数据技术的发展,人们越来越意识到数据的重要性,基于数据的建模、优化、控制逐渐被提出和应用,以人工智能为代表的新学科和新技术正在快速发展。根据数据类型,数据驱动优化可分为离散数据驱动优化和在线数据驱动优化两大类,相关介绍如表 1.4 所示。

表 1.4 数据驱动优化技术介绍

智能优化技术	优化原理
离线数据驱动优化	离散数据驱动的进化算法中,优化期间不能主动生成新的数据,离线的数据驱动主要关注基于给定数据构建代理模型,以探索搜索空间。该模式下,代理管理策略严重依赖于可用数据的质量和数量,关注数据本身的性质
在线数据驱动优化	在线数据驱动的进化算法可以提供更多的数据来管理替代模型,具有比离线数据驱动更灵活的特性,拥有更多的机会提高算法的性能。在线数据驱动关注优化的停止标识,以及新生成数据的处理,可以分为基于个体的策略和基于世代的策略

1.5 装备管理中的运筹优化问题

在装备保障理论研究中,运筹学提供了一套崭新的思想、方法和手段。它从定量化、模型化入手,使装备保障理论更加完备,并能解决以往难以解决的一些问题,诸如在预计弹药消耗、装备寿命方面,在确定各种装备物资合理储备方面,在充分发挥各种装备保障机构效率和保障设施的效能方面,在有效部署后方防卫和装备保障力量配置方面,在统筹计划保障方案和装载运输方面,在决定战略或战役装备保障力量并合理组织协调方面以及装备工作的平时管理、训练和战时装备维修、保障等方面,运筹学都能为之提供科学的决策依据。

装备管理是指为使装备得到适时的补充、合理地使用并保持良好的状态而进行的管理。广义上说,装备管理包括装备的发展决策、研制、生产、采购与使用(如存取、补充、分配、维修、保障、退役等)全寿命周期的管理。运筹学着重从定量方面提供可操作的决策优化理论与方法研究装备管理活动。

(1)装备研制的费效考虑。装备研制是一项周期长,投入大,风险高,但对装备发展和国防建设具有直接推动作用的重要活动。装备的研制需要综合考虑近期和长远需求、技术发展的影响,经费投入与效益关系,研制风险等各种因素。有限的经费如何进行合理的安排能够取得最大的效益是需要严格论证的重要问题。

(2)装备生产计划安排。在总计划方面主要用于总体确定资金投入、生产安排、存储量确定、设备分配和劳动力分工等计划,以适应波动的需求变化,主要可用线性规划、随机理论和数值模拟等理论方法解决。

(3)装备库存管理优化。库存管理在军事装备管理中占有非常重要的地位。装备的库存管理在一定程度上能影响部队的作战能力。军事装备库存管理主要包括对保障物资的需求和采购管理、有限容量仓库下的空间分配、库存调拨计划等情况。

（4）装备部署与人员分工。现代装备已跨入成体系式建设发展与部署使用。为取得最大的效果，需要综合考虑各装备的性能和特点，进行整体规划部署。同时，专业化的人才队伍建设仍需加强，如何合理安排装备部署和人员配比也是装备管理不可缺少的重要内容。

（5）装备运输问题优化。现代战争体系化对抗需求下，涉及海、陆、空等不同类型的运输需求，运输中的时间与经济成本，运输安排与路线计划，停泊港口与卸货能力等；很多时候还涉及不同类别的运输转换，如铁路运输向公路运输的转换。交通网络的设计与仓库选址问题中对交通运输的考虑都需要对运输问题进行建模分析。

（6）装备训练使用计划。装备的训练计划要想保障良好的训练结果，就必须要考虑如何去平衡装备的质量和训练强度的关系。总体上如何使装备能够最大程度地保障训练人员的训练强度，需要综合考虑多方面的因素。

（7）设备维修保障管理。现代装备维修都需要专门的维修人员和设备才能实现，大型装备的维修或检修都需要较长的时间，因此，最好的选择是制定合理的训练计划。但装备的故障是一种随机的分布函数，通过可靠性模型分析装备的可靠度，并结合排队论模型可以设计较为合理的维修保障人员和设备数。

（8）设备采购更新计划。设备的使用寿命受到使用计划的影响，维修成本、更新成本、总体效益之间需要制定合理的计划进行统筹，以实现最大化的效益或最小的成本支出，更进一步还将影响训练计划的制定。

（9）装备物资消耗预测分析。装备物资消耗预测分析是实现及时有效装备保障的前提。只有对装备物资消耗进行科学的预测分析，才能对物资供应进行周密计划。装备运筹学能为装备物资消耗的定量分析提供有重要参考价值的结果。

运筹问题往往需要多方面的综合考虑。上述描述多是简化后的单一问题，但现实中各类问题并不是独立存在。一场军事演习，就可将上述所有问题进行囊括，而最终要实现军事演习的成功，装备部署、运输保障、库存安置、训练安排、维修计划、人员分工等各类问题需要综合考虑，有些问题彼此互为输入、互相影响。因此，模型的介绍和书中案例分析仅为学习提供参考，真实的运筹是一个极大的系统工程问题，需要持续不断地学习才能窥其一域。

> **历史角**："东风"2号导弹研制过程中曾碰到一个难题，即导弹始终达不到理想射程，当时的主流想法是增加推进剂，以获得更多的推力，但经过试验后仍无法达到预期。王永志经过缜密的计算和思考，提出卸掉一部分燃料的想法，被当时绝大多数专家否定，但对问题理解更深的钱学森经过认真论证肯定了王永志的想法。最后的解决方案是适当减少燃料，通过合理的设计最终实现了射程的延长，达到了理想的射程要求。

参 考 文 献

[1] 吴云从. 漫谈中国运筹学的早期发展[J]. 运筹与管理, 1993(3): 100-105.
[2] 宋华文, 陈庆华. 论装备运筹学的形成与发展[J]. 装备指挥技术学院学报, 2002, (13)4: 7-10.
[3] 徐佳汉. 浅谈运筹学发展及其现实意义[J]. 科技资讯, 2008(9): 207-210.
[4] 胡晓东, 袁亚湘, 章详荪. 运筹学发展的回顾与展望[J]. 学科发展, 2012, (27)2: 145-160.
[5] 樊飞, 刘启华. 运筹学发展的历史回顾[J]. 南京工业大学学报, 2003(1): 79-84.
[6] 林友, 黄德镛, 刘名龙, 等. 运筹学及其在国内外的发展概述[J]. 南京工业大学学报, 2005(3): 79-83.
[7] 中国运筹学会. 中国运筹学发展研究报告[J]. 运筹学学报, 2012, (16)3: 1-48.
[8] 王凌, 张亮, 郑大钟. 仿真优化研究进展[J]. 控制与决策, 2003, (18)3: 257-262.
[9] 哈姆迪·塔哈. 运筹学基础[M]. 刘德刚, 朱建明, 韩继业, 译. 北京: 中国人民大学出版社, 2018.
[10] 《运筹学》教材编写组. 运筹学[M]. 3版. 北京: 清华大学出版社, 2005.
[11] 胡运权, 郭耀煌. 运筹学教程[M]. 5版. 北京: 清华大学出版社, 2018.
[12] 郝英奇, 等. 实用运筹学[M]. 北京: 机械工业出版社, 2016.

第2章 线性规划模型与求解

线性规划(Linear Programming, LP)是运筹学中研究较早、发展较快、方法较成熟的一个重要分支。自 1947 年丹齐格提出并创造了求解一般线性规划问题的方法——单纯形法后,线性规划在理论上趋于成熟,在实用中日益广泛,成为辅助人们进行科学管理的一种数学方法,被广泛运用于军事作战、经济分析、经营管理和工程技术等诸多领域,为合理利用有限的人力、物力、财力等有限资源做出最优决策提供科学的依据。

2.1 线性规划问题建模与标准型

2.1.1 线性规划问题建模

在生产和经营等管理工作中,需要经常进行计划或规划。虽然各行各业计划和规划的内容千差万别,但其共同点均可归结为:在现有各项资源条件的限制下,如何确定方案措施,使预期目标达到最优。线性规划问题建模一般从以下三个要素进行考虑:

(1)寻找决策变量。根据所求目标需求,寻找对目标产生直接影响的因素,定义为决策变量,决策变量即为决策方案。

(2)确定目标函数。由决策变量和所期望目标之间的函数关系的表达形式,通常表示为最优化的形式(根据题意为最大化或最小化)。

(3)梳理约束条件。由决策变量所受限制条件决定决策变量所要满足的约束关系。

根据以上三要素,可以构建出线性规划问题的数学模型。

例 2.1 现代化装备技术含量高,维修保障依赖专业的维修保障设备。某单位修理厂可对Ⅰ、Ⅱ两种装备进行维修,需使用 A、B 两型专业设备。如表 2.1 所示,已知对Ⅰ、Ⅱ两种装备维修时分别占用设备 A、B 的台时、调试时间及 A、B 设备每日的工时限制以及维修Ⅰ、Ⅱ两种装备的获利情况。问该单位应计划每日维修Ⅰ、Ⅱ两种装备各多少件能获利最多。

表 2.1 基本信息

参数	装备Ⅰ	装备Ⅱ	每天工时限制
设备 A/h	0	5	15
设备 B/h	6	2	24
调试工序/h	1	1	5
利润/万元	2	1	—

根据题意可以发现,影响效益的因素主要有装备Ⅰ、Ⅱ的维修数量及每台装备的维修利润,后者是常值。因此,决定最终效益的因素只有装备Ⅰ和Ⅱ的维修数量。可用变量 x_1 和 x_2 分别表示该单位每天安排的装备Ⅰ和Ⅱ的维修数量。此时该公司一天的利润为 $Z=2x_1+x_2$ 万元,其中 Z 是该公司能获取的利润值,它是变量 x_1、x_2 的线性函数。因问题中希望获取最大利润,因此该问题的目标函数可以表示为 max Z。决策变量 x_1、x_2 的取值受到设备A、B的工时和调试时间能力的限制,可用对应的线性函数表示其约束限制。

因此,例2.1的数学模型可表示为

目标函数:max $Z=2x_1+x_2$

$$\text{s.t.} \begin{cases} 5x_2 \leqslant 15 \\ 6x_1 + 2x_2 \leqslant 24 \\ x_1 + x_2 \leqslant 5 \\ x_1, x_2 \geqslant 0 \end{cases}$$

如果规划问题的数学模型中,决策变量取值连续,目标函数是决策变量的线性函数,约束条件是决策变量的线性等式或不等式,则该类规划问题的数学模型称为线性规划模型。

2.1.2 线性规划模型表达形式

线性规划问题是一种凸规划问题,其基本的特征是目标函数为最大化(或最小化)决策变量组成的线性多项式,约束条件为决策变量组成的线性不等式(或等式)。

假定线性规划问题含 n 个变量,用 x_j($j=1, 2, \cdots, n$)表示,在目标函数中 x_j 的系数为 c_j(c_j 通常称为价值系数),x_j 的取值受 m 项资源的限制,用 b_i($i=1, 2, \cdots, m$)表示第 i 种资源的拥有量(b_i 通常称为限额系数),用 a_{ij} 表示变量 x_j 取值为1个单位时所消耗或含有的第 i 种资源量,通常称 a_{ij} 为技术系数或工艺系数。则上述线性规划问题的数学模型一般表达形式为

目标函数:max(或 min) $Z=c_1x_1+c_2x_2+\cdots+c_nx_n$

$$\text{s.t.} \begin{cases} a_{11}x_1 + a_{12}x_2 + \cdots + a_{1n}x_n \leqslant (\text{或} =, \geqslant) b_1 \\ a_{21}x_1 + a_{22}x_2 + \cdots + a_{2n}x_n \leqslant (\text{或} =, \geqslant) b_2 \\ \vdots \\ a_{m1}x_1 + a_{m2}x_2 + \cdots + a_{mn}x_n \leqslant (\text{或} =, \geqslant) b_m \\ x_1, x_2, \cdots, x_n \geqslant 0 \end{cases}$$

上述即为线性规划问题的一般表达形式,可简写为

$$\max(\min) Z = \sum_{i=1}^{n} c_i x_i$$

$$\begin{cases} \sum_{i=1}^{n} a_{ji}x_i \leqslant (=, \geqslant) b_j, & j=1,2,\cdots,m \\ x_i \geqslant 0, & i=1,2,\cdots,n \end{cases}$$

若用向量形式进行表达，则上述模型可表示为

$$\max(\min) Z = CX$$
$$\begin{cases} [P_1, P_2, \cdots, P_n]X \leqslant (=, \geqslant) b \\ X \geqslant 0 \end{cases}$$

$$C = [c_1, c_2, \cdots, c_n]; \quad X = \begin{bmatrix} x_1 \\ x_2 \\ \vdots \\ x_n \end{bmatrix}; \quad P_j = \begin{bmatrix} a_{1j} \\ a_{2j} \\ \vdots \\ a_{mj} \end{bmatrix}; \quad b = \begin{bmatrix} b_1 \\ b_2 \\ \vdots \\ b_m \end{bmatrix}$$

上述即为线性规划问题的向量表达形式，用矩阵和向量则可进一步写成

$$\max(\min) Z = CX$$
$$\begin{cases} AX \leqslant (=, \geqslant) b \\ X \geqslant 0 \end{cases} \quad A = \begin{bmatrix} a_{11} & a_{12} & \cdots & a_{1n} \\ a_{21} & a_{22} & \cdots & a_{2n} \\ \vdots & \vdots & \ddots & \vdots \\ a_{m1} & a_{m2} & \cdots & a_{mn} \end{bmatrix}$$

A 称为线性规划问题约束方程组（约束条件）的系数矩阵。

2.1.3 线性规划模型的标准形变换

任何线性规划问题都可表达为以下标准形式：

$$\max Z = c_1 x_1 + c_2 x_2 + \cdots + c_n x_n$$
$$\begin{cases} a_{11} x_1 + a_{12} x_2 + \cdots + a_{1n} x_n = b_1 \\ a_{21} x_1 + a_{22} x_2 + \cdots + a_{2n} x_n = b_2 \\ \quad \vdots \\ a_{m1} x_1 + a_{m2} x_2 + \cdots + a_{mn} x_n = b_m \\ x_1, x_2, \cdots, x_n \geqslant 0 \end{cases}$$

其矩阵形态的标准形式为

$$\max Z = \sum_{i=1}^{n} c_i x_i$$

$$\begin{cases} \sum_{i=1}^{n} a_{ji} x_i = b_i, & j = 1, 2, \cdots, m \\ x_i \geqslant 0, & i = 1, 2, \cdots, n \end{cases}$$

线性规划数学表达标准型中规定其目标函数为最大化 $\max Z$；约束条件必须为等式函数，同时其右端项限额系数满足 $b_i \geqslant 0$；决策变量均为非负值 $x_i \geqslant 0$。

实际计算中，碰到各种线性规划问题都可以转化为标准型后进行求解，具体转换规则如下。

（1）目标函数最小化转化为最大化。

目标函数两边同乘(-1)：$\min Z = \max (-Z)$。

（2）约束方程不等式转化为等式。

约束方程不等式≤：

方程左边加上一个正的松弛变量得 $\sum_{j=1}^{n} p_j x_j < b_i \rightarrow \sum_{j=1}^{n} p_j x_j + x_{n+1} = b_i$。

约束方程不等式≥：

方程左边减去一个正的松弛变量得 $\sum_{j=1}^{n} p_j x_j > b_i \rightarrow \sum_{j=1}^{n} p_j x_j - x_{n+1} = b_i$。

（3）限额系数 $b_i<0$ 转化为 $b_i>0$。

目标函数两边同乘(-1)：$\sum_{j=1}^{n} p_j x_j = b_i \rightarrow (-1) \times \sum_{j=1}^{n} p_j x_j = (-1) \times b_i$。

（4）决策变量转化为非负。

决策变量小于 0：若 $x_j < 0$，则假设新的决策变量 x_j' 满足 $x_j' = -x_j$ （$x_j' > 0$）。

决策变量无约束：若 x_j 无约束，假设两个新的决策变量 x_j' 和 x_j''，满足 $x_j = x_j'' - x_j'$ （$x_j'' \geqslant 0, x_j' \geqslant 0$）。

例2.2 对以下线性规划模型的一般形式进行标准型转换。

$$\min Z = 12x_1 + 20x_2 - 16x_3$$

$$\begin{cases} x_1 + 6x_2 + 5x_3 \leqslant 12 \\ x_1 \geqslant 0, x_2 \geqslant 0, x_3 \text{无约束} \end{cases}$$

解：步骤如下。

（1）无约束决策变量替换，$x_3 = x_3'' - x_3'$；

（2）约束条件不等式≤号左端加上正的松弛变量 x_4；

（3）目标函数两端同乘(-1)，$\min Z = \max (-Z)$。

得到标准形式为

$$\min Z = \max (-Z) = -12x_1 - 20x_2 + 16(x_3'' - x_3') + 0x_4$$

$$\begin{cases} x_1 + 6x_2 + 5(x_3'' - x_3') + x_4 = 12 \\ x_1 \geqslant 0, x_2 \geqslant 0, x_3'' \geqslant 0, x_3' \geqslant 0 \end{cases}$$

2.2 线性规划问题解的特点

2.2.1 线性规划问题解的几种可能形式

线性规划问题求解的结果存在唯一最优解、无穷多最优解、无界解和无可行解四种形式。

（1）唯一最优解，即该线性规划问题只有唯一一个可行解可取得目标函数的最优值。

（2）无穷多最优解，即该线性规划问题存在无穷多可行解可取得目标函数的最优值。

（3）无界解，即该线性规划问题存在使目标函数值为无穷大的可行解。产生无界解的原因可能是由于在建立实际问题的数学模型时遗漏了某些必要的资源约束条件。

（4）无可行解，即不存在满足该线性规划问题所有约束条件的解。其原因多是模型的约束条件之间存在矛盾，或建模时存在错误。

可参看文献[1]中通过图解法对这四种形式的解进行的示例，此处不再证明。那么是否线性规划问题的解只存在以上几种形式呢？如图 2.1 所示，通过逻辑上的二分法可以发现，除了以上四种解的形式外，还可能存在一种解的形式——多个有限最优解。那么，线性规划问题是否存在"多个有限最优解"这种形式的解呢？

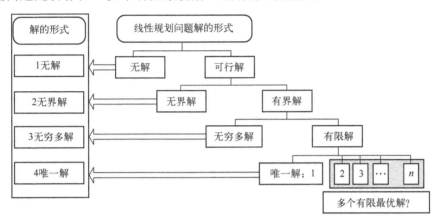

图 2.1 解的形式划分

假设标准化后的线性规划问题存在两个最优解 X_1 和 X_2。则最优解 X_1、X_2 必然满足以下关系：

$$\max Z = CX_1 = CX_2 = Z_{\max}$$

根据线性关系，X_1 和 X_2 连线上的任意一点 X 可表示为

$$X = aX_1 + (1-a)X_2, \quad 0 < a < 1$$

则，点 X 所对应的目标函数值为

$$Z = CX = C[aX_1 + (1-a)X_2]$$
$$= aCX_1 + (1-a)CX_2$$
$$= aZ_{\max} + (1-a)Z_{\max}$$
$$= Z_{\max}$$

即，最优解 X_1 和 X_2 连线上任意一点 X，所对应的目标函数值等于该线性规划问题的最优值。

由于 X_1 和 X_2 是最优解，则必然满足约束条件：

$$[P_1, P_2, \cdots P_n]X_1 = b, \quad [P_1, P_2, \cdots P_n]X_2 = b$$

设

$$X_1 = (x_1^1, x_1^2, \cdots, x_1^n)^T, \quad X_2 = (x_2^1, x_2^2, \cdots, x_2^n)^T, \quad X = (x^1, x^2, \cdots, x^n)^T$$

最优解 X_1、X_2 满足：

$$\sum_{j=1}^{n} P_j x_1^j = b, \quad \sum_{j=1}^{n} P_j x_2^j = b$$

则，对于点 X 而言：

$$[P_1, P_2, \cdots P_n]X = \sum_{j=1}^{n} P_j x_j = \sum_{j=1}^{n} P_j[ax_1^j + (1-a)x_2^j]$$

$$= a\sum_{j=1}^{n} P_j x_1^j + (1-a)\sum_{j=1}^{n} P_j x_2^j$$

$$= ab + (1-a)b$$

$$= b$$

由上式可知，X_1 和 X_2 连线上的任意一点 X 均满足约束条件，说明点 X 是该线性规划问题的可行解，且其目标函数值等于最优值，则说明点 X 也是该线性规划问题的最优解。因此，最优解 X_1 和 X_2 线段上的所有解均可得到最优值，即最优解 X_1 和 X_2 线段上的所有解均为最优解，此时，存在两个最优解的情况转变为存在无穷多最优解的形式。多个有限最优解的其他情形可类推证明。

2.2.2 线性规划问题的基解

1）凸集

设 K 是 n 维欧式空间的一个点集，若任意两个点 $X_1 \in K$，$X_2 \in K$ 的连线上的所有点均满足 $\alpha X_1 + (1-\alpha)X_2 \in K, (0 \leqslant \alpha \leqslant 1)$，则称 K 为凸集。

根据凸集的定义，结合 2.2.1 节中对解的形式的分析过程可以得出以下定理。

定理 2.1：若线性规划问题存在可行域，则其可行域一定是凸集。

2）顶点

设 K 是凸集，$X \in K$；若 X 不能用凸集中不同的两个点 $X_1 \in K$，$X_2 \in K$ 的线性组合表示为 $X = \alpha X_1 + (1-\alpha)X_2$ $(0 < \alpha < 1)$ 的形式，则称 X 为 K 的一个顶点（或极点）。

根据顶点的定义，结合凸规划中的相关知识可以得到以下引理。

引理 2.1：有界凸集中任意一点 X 都可以表示为其顶点 D_i 的线性组合。

$$X = \sum_{i=1}^{k} \alpha_i D_i, \alpha_i > 0, \sum_{i=1}^{k} \alpha_i = 1$$

证明详见本章参考文献[2]。

根据定理 2.1 和引理 2.1，我们可以得出以下结论。

定理 2.2：若线性规划问题的可行域有界，则目标函数最优解一定可在顶点处得到。

证明：若 $X^{(1)}$，$X^{(2)}$，$\cdots$，$X^{(k)}$ 是可行域的 k 个顶点，X 不是顶点，但线性规划问题在可行解 X 处达到最优值 $Z_{\max} = CX$。

由引理 2.1 可知，X 可用顶点线性表示为

$$X = \sum_{i=1}^{k} \alpha_i X^{(i)}, \alpha_i > 0, \sum_{i=1}^{k} \alpha_i = 1$$

满足：
$$CX = C\sum_{i=1}^{k}\alpha_i X^{(i)} = \sum_{i=1}^{k}\alpha_i CX^{(i)} \leqslant CX^{(1)} \quad (CX^{(1)} \geqslant CX^{(m)}, m=2,3,\cdots,k)$$

已知线性规划问题在可行解 X 处达到最优值 $Z_{max}=CX$。

因此，目标函数值满足 $Z_{max}=CX=Z_{max}=CX^{(1)}$，则线性规划问题在顶点 $X^{(1)}$ 处也达到最优值。

3）基解

线性规划问题所面对的决策变量往往多于其约束条件，因此求解过程中所对应的方程组是欠定方程组。即在约束条件的限制下，存在无穷多个满足约束的可行解。

假设存在 n 个变量，m 个方程组，满足 $m<n$。求出其可行解的想定方式之一是将不对等的 $n-m$ 个变量取定值，从而可以求出一组特定的解。

$$\begin{cases} a_{11}x_1 + a_{12}x_2 + \cdots + a_{1m}x_m = b_1 - \sum_{i=m+1}^{n}a_{1i}x_i \\ a_{21}x_1 + a_{22}x_2 + \cdots + a_{2m}x_m = b_2 - \sum_{i=m+1}^{n}a_{2i}x_i \\ \vdots \\ a_{m1}x_1 + a_{m2}x_2 + \cdots + a_{mm}x_m = b_m - \sum_{i=m+1}^{n}a_{mi}x_i \end{cases} \Rightarrow \sum_{j=1}^{m}P_j x_j = b - \sum_{j=m+1}^{n}P_j x_j$$

上式中，若前 m 个变量其约束关系中的系数矩阵满足线性无关，即满足 m 阶矩阵的一组基。将剩余 $n-m$ 个变量取值为 0 时，对线性规划标准型下的线性方程组进行求解，能够得到一组确定解，则该解称为线性规划问题的基解。若基解满足非负条件，此时基解同时也是可行解，称为基可行解。取值为 0 的 $n-m$ 个变量称为非基变量，等式左边的 m 个决策变量称为基变量。基变量对应的系数矩阵列称为基向量，非基变量对应的系数矩阵列称为非基向量。

定理 2.3：线性规划问题可行域的顶点与基可行解一一对应。

证明：不失一般性，假设线性规划的基可行解为 X，则前 m 个正分量满足

$$\sum_{j=1}^{m}P_j x_j = b$$

此定理包含两个方面的含义：（1）若 X 是基可行解，则 X 一定是可行域的顶点；（2）若 X 是可行域的顶点，则 X 一定是基可行解。下面分别从其逆否命题的角度进行反证。

（1）若 X 不是可行域的顶点，则 X 一定不是基可行解。

因为 X 不是可行域的顶点，因此在可行域中必然存在不同的两点 X_1 和 X_2 使得

$$X = X_1 + (1-\alpha)X_2, \quad 0<\alpha<1$$

因为

$$AX_1 = \sum_{i=1}^{n}P_i x_1^i = b$$

$$AX_2 = \sum_{i=1}^{n} P_i x_2^i = b$$

所以

$$\sum_{i=1}^{n} P_i x_1^i - \sum_{i=1}^{n} P_i x_2^i = \sum_{i=1}^{n} P_i (x_1^i - x_2^i) = b - b = 0$$

那么必有结论

$$\{(x_1^i - x_2^i), i=1, 2, \cdots, m\} 不全为零$$

否则有

$$x_1^i = x_2^i = x_i, i=1, 2, \cdots, m$$
$$\alpha x_1^i + (1-\alpha) x_2^i = 0, i=m+1, m+2, \cdots, n$$

根据非负条件,必有

$$x_1^i = x_2^i = 0, i=m+1, m+2, \cdots, n$$

也就是

$$X = X_1 = X_2$$

与假设相矛盾。

(2)若 X 不是基可行解,则 X 一定不是可行域的顶点。

若 X 不是基可行解,则其正分量所对应的系数列向量 $P_1, P_2, \cdots, P_m$ 不是一组基,因此向量 $P_1, P_2, \cdots, P_m$ 线性相关。则存在一组不全为 0 的数 $\alpha_1, \alpha_2, \cdots, \alpha_m$ 使得

$$\alpha_1 P_1 + \alpha_2 P_2 + \cdots + \alpha_m P_m = 0$$

用 $\mu > 0$ 乘以约束方程再分别与上式相加和相减,得到

$$(x_1 - \mu\alpha_1) P_1 + (x_2 - \mu\alpha_2) P_2 + \cdots + (x_m - \mu\alpha_m) P_m = b$$
$$(x_1 + \mu\alpha_1) P_1 + (x_2 + \mu\alpha_2) P_2 + \cdots + (x_m + \mu\alpha_m) P_m = b$$

现取

$$X_1 = [(x_1 + \mu\alpha_1), (x_2 + \mu\alpha_2), \cdots, (x_m + \mu\alpha_m), 0, \cdots, 0]$$
$$X_2 = [(x_1 - \mu\alpha_1), (x_2 - \mu\alpha_2), \cdots, (x_m - \mu\alpha_m), 0, \cdots, 0]$$

而

$$X = 0.5 X_1 + 0.5 X_2$$

也就是 X 位于 X_1 和 X_2 的连线上,同时由于当 μ 充分小的时候,可以保证 X_1 和 X_2 的非负性,即 X_1 和 X_2 是可行域中的两个不同的点,因此 X 一定不是顶点。

2.2.3 线性规划问题最优解求解思路

通过定理 2.1、定理 2.2 和引理 2.1 的结论,可以使求解线性规划问题最优解的解空间从无穷多缩减到有限个数下可行域的顶点范围。结合定理 2.3,可以通过求解基可行解实现对可行域顶点的求解,从而得到线性规划问题的最优解。

总结可得求解线性规划基可行解的基本思路如图2.2所示，其步骤如下。

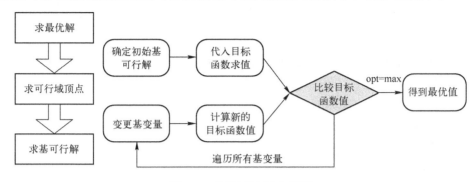

图 2.2　单纯形法基本思路

Step1：在 n 个决策变量中，选择 m 个决策变量作为基变量，其他变量取值为 0。

Step2：求解线性规划方程组，若得到唯一解，则此唯一解就是基解，若亦满足非负，则为基可行解。

Step3：通过变更基变量，循环步骤 Step1 和 Step2，可找到新的基可行解，循环至找到所有基解结束，根据基解的求解方法可知基解的数量不多于 C_n^m。遍历所有基可行解，求得对应的目标函数值，按标准化要求，目标函数最大值即为最优值，对应的基可行解为最优解。

2.3　单纯形法的求解原理及步骤

2.3.1　单纯形法求解举例

以例 2.1 来讨论单纯形法在求解线性规划问题中的要点。

首先，对模型进行标准化处理。

$$\max Z = 2x_1 + x_2 + 0x_3 + 0x_4 + 0x_5$$

$$\begin{cases} 5x_2 + x_3 = 15 \\ 6x_1 + 2x_2 + x_4 = 24 \\ x_1 + x_2 + x_5 = 5 \\ x_1, x_2, x_3, x_4, x_5 \geqslant 0 \end{cases}$$

约束方程的系数矩阵可表达为

$$A = \begin{bmatrix} P_1 & P_2 & P_3 & P_4 & P_5 \end{bmatrix} = \begin{bmatrix} 0 & 5 & 1 & 0 & 0 \\ 6 & 2 & 0 & 1 & 0 \\ 1 & 1 & 0 & 0 & 1 \end{bmatrix}$$

可以发现，系数矩阵中的向量 P_3、P_4、P_5 彼此线性无关，满足构成一组基的要求。因此，可以选定变量 x_3、x_4、x_5 为初始基变量。将非基变量 x_1、x_2 移到方程式右侧得到

$$\begin{cases} x_3 = 15 - 5x_2 \\ x_4 = 24 - 6x_1 - 2x_2 \\ x_5 = 5 - x_1 - x_2 \end{cases}$$

令非基变量 $x_1=x_2=0$，得到一组基可行解为 $X^{(0)}=(0, 0, 15, 24, 5)$。将目标函数表达为仅由非基变量相关的形式：

$$Z=2x_1+x_2+0\times(15-5x_2)+0\times(24-6x_1-2x_2)+0\times(5-x_1-x_2)$$

将非基变量 x_1、x_2 取值代入，计算得到对应的目标函数值为 $Z=0$。该基可行解表示不安排任何设备进行维修，因此不产生利润。

按照 2.2.3 节的求解思路，在初始基变量的基础上，下一步可通过变更基变量，计算对应的目标函数值，然后循环此操作，遍历所有的基解。但根据上式可以发现，在初始基可行解 $X^{(0)}=(0, 0, 15, 24, 5)$ 的基础上，若想要使得目标函数值增大，必须增加非基变量 x_1、x_2 的取值。而当将非基变量 x_1、x_2 转变为基变量时，其取值将从 0 转变为正数，将实现目标函数值的增长。此时需要将非基变量 x_1、x_2 和初始基变量 x_3、x_4、x_5 进行对换。为了便于分析，对非基变量进行分解操作，一次只将一个非基变量与基变量对换。分析目标函数发现，非基变量 x_1 和 x_2 分别增加一个单元时，x_1 对目标函数的增长贡献是 2，而 x_2 对目标函数的增长贡献是 1。因此，选择目标函数当中正系数较大的非基变量进行基变量的更换能够更快地实现目标函数值的增长，即选择 x_1 作为新的基变量。此时，称 x_1 为入基变量。

接下来，需要从 x_3、x_4、x_5 三个基变量当中选择一个基变量转变为非基变量。挑选准则在于保证决策变量能够满足约束条件的限制，当非基变量 $x_2=0$ 时。约束方程必须满足：

$$\begin{cases} x_3 = 15 - 0 > 0 \\ x_4 = 24 - 6x_1 - 0 > 0 \\ x_5 = 5 - x_1 - 0 > 0 \end{cases}$$

分析可知，变量 x_3 此时不可以变更为非基变量（非基变量需取值为 0）。若将 x_4 选择变换为非基变量，则当 $x_4=0$ 时，$x_1=4$，此时变量 $x_5=1$。均满足非负要求。而若选择 x_5 变换为非基变量，则当 $x_5=0$ 时，$x_1=5$，此时变量 $x_4=-6$，不满足变量非负要求。因此，只能选变量 x_4 转变为非基变量，称 x_4 为出基变量。可得新的约束函数表达式：

$$\begin{cases} x_3 = 15 - 5x_2 \\ x_1 = 4 - \frac{1}{6}x_4 - \frac{1}{3}x_2 \\ x_5 = 1 + \frac{1}{6}x_4 - \frac{2}{3}x_2 \end{cases}$$

令非基变量 $x_4=x_2=0$，得到一组基可行解为 $X^{(1)}=(4, 0, 15, 0, 1)$。将目标函数表达为仅由非基变量相关的形式：

$$Z=8-x_4/3+x_2/3$$

计算得到对应的目标函数值为 $Z=8$。可以看到，此时非基变量 x_2 的系数是正数，若还想实现目标值的增长,可将非基变量 x_2 转变为基变量。按照上述步骤,根据约束条件的要求选择变量 x_5 变换为非基变量。目标函数和对应的基可行解为

$$Z=8.5-0.5x_5-0.25x_4$$
$$X^{(2)}=(7/2, 3/2, 15/2, 0, 0)$$

此时,目标函数中所有变量的系数均满足 $x_i \leqslant 0$。非基变量 x_4、x_5 的系数为负数,而其取值皆为 0。如果将变量 x_4、x_5 由非基变量转变为基变量,其取值由 0 变为正数,将使得目标函数减少。因此,此状态下的基可行解即为最优解,目标函数的最优值为 max Z=8.5。

总结上述求解过程可以发现,2.2.3 节的初始求解思路当中,对基变量的变更是无规律的遍历,但实际求解过程中,可根据目标函数的系数选择优化方向,使得每一次变更的基变量都能朝着目标函数值优化的方向的改变。图 2.3 为改进后的求解思路。

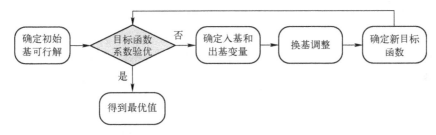

图 2.3 单纯形法求解思路

通过目标函数的系数可进行目标值的验优判断,当非基变量的系数均为负值,基变量的系数均为 0 时,目标函数取得最优值。而这个过程当中,最重要的步骤在于如何选择入基和出基变量,实现目标函数朝着最优化的方向演变。

2.3.2 单纯形法求解原理

1) 目标函数的验优

线性规划问题的目标函数是决策变量的线性关系。一般情况下,经过迭代和变化可实现将基变量表示为非基变量的表达形式:

$$\max Z = \sum_{i=1}^{n} c_i x_i = \sum_{i=1}^{m} c_i x_i + \sum_{j=m+1}^{n} c_j x_j$$

$$\begin{cases} \sum_{i=1}^{n} a'_{ij} x_i = b'_i \\ b'_i, x_i \geqslant 0, i=1,2,\cdots,n \end{cases}$$

上式中,为了便于表达将基变量调整为编号前 m 项变量,系数矩阵可表示为

$$A' = \begin{bmatrix} 1 & 0 & \cdots & 0 & a'_{1,m+1} & \cdots & a'_{1,n} \\ 0 & 1 & 0 & \vdots & a'_{2,m+1} & \cdots & a'_{2,n} \\ \vdots & \cdots & \ddots & 0 & \vdots & \vdots & \vdots \\ 0 & \cdots & 0 & 1 & a'_{m,m+1} & \cdots & a'_{m,n} \end{bmatrix}$$

将约束函数调整得到以下形式：

$$x_i = b_i' - \sum_{j=m+1}^{n} a_{ij}' x_j, \quad i = 1, 2, \cdots, m$$

将基变量表达为非基变量的关系式，代入目标函数，整理可得

$$Z = \sum_{i=1}^{m} c_i b_i' + \sum_{j=m+1}^{n} (c_j - \sum_{i=1}^{m} c_i a_{ij}') x_j$$

上式中，目标函数分为两个部分，常值和非基变量关系式，令非基变量系数为

$$\sigma_j = c_j - \sum_{i=1}^{m} c_i a_{ij}'$$

则目标函数最优解判断依赖于检验数 σ_j。当且仅当所有的检验数满足 $\sigma_j \leqslant 0$ 时，线性规划问题取得最优值。

思考角：当非基变量检验数出现 $\sigma_j = 0$ 时，此时的最优解会发生什么变化。检验数满足什么情况时说明线性规划问题的解无界。若目标函数的最优化方向为 min W，此时的检验数要求是什么？

2）入基的确定

入基的选择目标是使得目标函数值增长速率最快的非基变量，将其变更为基变量后，将使得目标函数得到最快增长。因此，可根据检验数选择正检验数最大的非基变量作为入基：

$$\sigma_k = \max_j (\sigma_j > 0)$$

入基选择为 σ_k 对应的非基变量 x_k。

3）出基的确定

当确定入基变量后，需要对当前的基变量进行调整，选择一个基变量作为出基变量。根据约束条件，当非基变量 x_k 被确定为入基变量后，其取值将由 0 变为正数，而其余非基变量的取值仍然为 0。代入约束函数将得到当前基变量和待换入基变量 x_k 之间的关系：

$$x_i = b_i' - a_{ik}' x_{ik}, \quad i = 1, 2, \cdots, m$$

根据标准型要求，所有变量取值必须满足非负。因此，上述 m 个等式中，x_k 的取值必须保证当换出的基变量为 0 时，其余基变量的取值均为非负。因此，满足下式时：

$$\theta = \min \left\{ \frac{b_i'}{a_{ik}'} \mid a_{ik}' > 0 \right\}$$

对应的换出变量即为 θ 取值所对应的基变量。

4）换基的本质

对于约束方程组，换基过程本质上是初等变换的过程。通过初等变换实现从一个极点向另一个极点的转换。对于一个约束方程组，一定可以实现以下形式的变换：

$$\begin{cases} x_1 & + a_{1,m+1}x_{m+1} + \cdots + a_{1,m+k}x_{m+k} + + a_{1,n}x_n = b_1 \\ & x_2 & + a_{2,m+1}x_{m+1} + \cdots + a_{2,m+k}x_{m+k} + + a_{2,n}x_n = b_2 \\ & \ddots \\ & & x_m + a_{m,m+1}x_{m+1} + \cdots + a_{m,m+k}x_{m+k} + + a_{m,n}x_n = b_m \end{cases}$$

对应的增广矩阵为

$$\begin{array}{cccccccc} x_1 & \cdots & x_l & \cdots & x_m & x_{m+1} & \cdots & x_k & \cdots & x_n & b \end{array}$$
$$\begin{bmatrix} 1 & & & & & a_{1,m+1} & \cdots & a_{1,k} & \cdots & a_{1,n} & b_1 \\ & \ddots & & & & & & & & & \\ & & 1 & & & a_{l,m+1} & & a_{l,k} & & a_{l,n} & b_l \\ & & & \ddots & & & & & & & \\ & & & & 1 & a_{m,m+1} & & a_{m,k} & & a_{m,n} & b_m \end{bmatrix}$$

为了便于分析,令 $x_1, x_2, \cdots, x_m$ 为初始基变量,其对应的系数矩阵为单位阵 $\boldsymbol{I}$。当确定 x_k 为换入变量和 x_l 为换出变量时,系数矩阵的调整是使新的换入变量的系数向量转换为对应换出变量所对应的单位向量形式,即:

$$\boldsymbol{P}_k = \begin{vmatrix} a_{1k} \\ a_{2k} \\ \vdots \\ a_{lk} \\ \vdots \\ a_{mk} \end{vmatrix} \rightarrow \boldsymbol{P}_l = \begin{vmatrix} 0 \\ 0 \\ \vdots \\ 1 \\ \vdots \\ 0 \end{vmatrix}$$

进行初等行变换后得到的新的增广矩阵为

$$\begin{array}{cccccccc} x_1 & \cdots & x_l & \cdots & x_m & x_{m+1} & \cdots & x_k & \cdots & x_n & b \end{array}$$
$$\begin{bmatrix} 1 & & -\dfrac{a_{1,k}}{a_{l,k}} & & & a'_{1,m+1} & \cdots & 0 & \cdots & a'_{1,n} & b'_1 \\ & \ddots & & & & & & & & & \\ & & \dfrac{1}{a_{l,k}} & & & a'_{l,m+1} & & 1 & & a'_{l,n} & b'_l \\ & & & \ddots & & & & & & & \\ & & -\dfrac{a_{m,k}}{a_{l,k}} & & 1 & a'_{m,m+1} & & 0 & & a'_{m,n} & b'_m \end{bmatrix}$$

令非基变量为 0,可得到一组新的基可行解。

> **趣味角**:据说,大学期间一次上课,丹齐格迟到了,仰头看去,黑板上留了几道题目,他就抄了下来,回家后埋头苦做。由于太难,几个星期之后才交作业。后来他才知道原来黑板上的题目根本就不是什么家庭作业,而是老师说的本领域未解决的问题。他给出的那个解法就是单纯形法。所以,当你是个天才时,迟到不一定是坏事。

2.3.3 单纯形法求解步骤及单纯形表

1）单纯形法求解步骤

单纯形法具体求解步骤如下。

Step1：确定初始基变量，求解初始基可行解。

Step2：将目标函数中基变量表示成非基变量的函数，判断各非基变量检验数是否满足检验数 $\sigma_i \leqslant 0$ 的要求，若满足，则得到最优解，否则，进入下一步，进行换基。

Step3：若 $\sigma_k>0$，且其系数向量满足 $a_{ik}>0$ ($i=1, 2, \cdots, m$)。根据 $\max(\sigma_i>0)=\sigma_k$，确定 x_k 为换入变量，按 $\theta = \min\left(\dfrac{b_i}{a_{ik}} \mid a_{ik} > 0\right) = \dfrac{b_l}{a_{lk}}$ 规则选择出基变量。

Step4：通过初等变换以 a_{lk} 为主元素进行迭代，将 x_{lk} 所对应的列向量进行变更。

$$P_k = \begin{vmatrix} a_{1k} \\ a_{2k} \\ \vdots \\ a_{lk} \\ \vdots \\ a_{mk} \end{vmatrix} \rightarrow \begin{vmatrix} 0 \\ 0 \\ \vdots \\ 1 \\ \vdots \\ 0 \end{vmatrix}$$

Step5：循环 Step2~Step4，直至非基变量的检验数均满足 $\sigma_i \leqslant 0$。

2）单纯形表

单纯形表是一种功能与增广矩阵相似，但其表达形式和计算逻辑能更清晰地表达单纯形法的计算过程，更便于理解单纯形法的计算关系。单纯形表的一般表达形式如表 2.2 所示。

表 2.2 单纯形表一般表达形式

			c_1	...	c_m	c_{m+1}	...	c_n	
C_B	X_B	b	x_1	...	x_m	x_{m+1}	...	x_n	θ
c_1	x_1	b_1	1	...	0	$a_{1,m+1}$	...	$a_{1,n}$	θ_1
c_2	x_2	b_2	0	...	0	$a_{2,m+1}$	...	$a_{2,n}$	θ_2
$\vdots$	$\vdots$	$\vdots$	$\vdots$	...	$\vdots$	$\vdots$	...	$\vdots$	$\vdots$
c_m	x_m	b_m	0	...	1	$a_{m,m+1}$	...	$a_{m,n}$	θ_m
检验数 σ			0	...	0	$c_{m+1} - \sum\limits_{i=1}^{m} c_i a_{i,m+1}$	...	$c_n - \sum\limits_{i=1}^{m} c_i a_{i,n}$	

仍然以例 2.1 为对象，通过单纯形表进行求解。

$$\max Z = 2x_1 + x_2 + 0x_3 + 0x_4 + 0x_5$$

$$\begin{cases} 5x_2 + x_3 = 15 \\ 6x_1 + 2x_2 + x_4 = 24 \\ x_1 + x_2 + x_5 = 5 \\ x_1, x_2, x_3, x_4, x_5 \geqslant 0 \end{cases}$$

根据标准化处理后的方程组建立初始单纯形表，如表 2.3 所示。

表 2.3 初始单纯形表

变量	价值系数 c_j			2	1	0	0	0	θ
	C_B	X_B	b	x_1	x_2	x_3	x_4	x_5	
基变量系数	0	x_3	15	0	5	1	0	0	—
	0	x_4	24	6	2	0	1	0	4
	0	x_5	5	1	1	0	0	1	5
检验数 σ				2	1	0	0	0	—

可以看到，初始单纯形表中的灰色部分即为标准化后的约束方程组所对应系数矩阵。X_B 为基变量，C_B 为基变量所对应的价值系数，b 为限额系数。计算各变量所对应的检验数为

$\sigma_1 = c_1 - (c_3 a_{11} + c_4 a_{21} + c_5 a_{31}) = 2 - (0 \times 0 + 0 \times 6 + 0 \times 1) = 2$

$\sigma_2 = c_2 - (c_3 a_{12} + c_4 a_{22} + c_5 a_{32}) = 1 - (0 \times 5 + 0 \times 2 + 0 \times 1) = 1$

$\sigma_3 = c_3 - (c_3 a_{13} + c_4 a_{23} + c_5 a_{33}) = 0 - (0 \times 1 + 0 \times 0 + 0 \times 0) = 0$

$\sigma_4 = c_4 - (c_3 a_{14} + c_4 a_{24} + c_5 a_{34}) = 0 - (0 \times 0 + 0 \times 1 + 0 \times 0) = 0$

$\sigma_5 = c_5 - (c_3 a_{15} + c_4 a_{25} + c_5 a_{35}) = 0 - (0 \times 0 + 0 \times 0 + 0 \times 1) = 0$

根据检验数 σ，判断变量 x_1 作为新的入基变量，计算对应的 θ，确定出基变量为变量 x_4。针对增广矩阵，即表 2.3 中灰色部分，进行初等行变换，计算得到新的系数矩阵和限额系数。将变量 x_1 所对应的系数向量转变为 x_4 的系数向量形式。

表 2.4 单纯形表变更 1

变量	价值系数 c_j			2	1	0	0	0	θ
	C_B	X_B	b	x_1	x_2	x_3	x_4	x_5	
基变量参数	0	x_3	15	0	5	1	0	0	3
	2	x_1	4	1	1/3	0	1/6	0	12
	0	x_5	1	0	2/3	0	-1/6	1	3/2
检验数 σ				0	1/3	0	-1/3	0	

此时，如表 2.4 所示，将 X_B 所在列的基变量进行更新，x_4 变更为 x_1。将 C_B 所在列的目标函数中基变量所对应系数进行更新，新的基变量 x_1 变更的系数为 $c_1=2$。重复上述步骤，计算新的检验数 σ，仍然存在大于 0 的检验数。选 x_2 为入基，计算 θ。根据 θ 的

规则选择 x_5 为对应的出基。通过初等行变换得到如表 2.5 所示的单纯形表。

表 2.5 单纯形表变更 2

变量	价值系数 c_j			2	1	0	0	0	θ
	C_B	X_B	b	x_1	x_2	x_3	x_4	x_5	
基变量参数	0	x_3	7.5	0	0	1	5/4	7.5	3
	2	x_1	3.5	1	0	0	1/4	−1/2	12
	1	x_2	3/2	0	1	0	−1/4	3/2	3/2
检验数 σ				0	0	0	−1/4	−1/2	

此时，所有检验数均满足 $\sigma_i \leqslant 0$ (i=1, 2, 3, 4, 5)，这表明目标函数值取得了最优值。最优解为 $X^* = X^{(2)}$=(3.5, 1.5, 7.5, 0, 0)，目标函数最优值为 max $Z=2x_1+x_2$=8.5。

2.3.4 单纯形法的矩阵解析

为了进一步加深对单纯形法的理解，接下来用其矩阵形式进行单纯形法的计算演示。

线性规划问题：max $Z=CX$; $AX \leqslant b$; $X \geqslant 0$。

首先加入松弛变量并进行标准化：

$$\max Z=CX+OX_S;\ AX+IX_S \leqslant b;\ X, X_S \geqslant 0$$

式中：O 为零向量；I 为 $m \times m$ 的单位矩阵；$X_S=(x_{S1}, x_{S2}, \cdots, x_{Sm})$ 为松弛变量向量。

单纯形法的求解过程中，所有的参数都被划分为两类：一类是基变量相关的参数，另一类是非基变量的相关参数。

以初始单纯形为起点进行迭代，假设 X_B 为基可行解对应的基变量，X_N 为非基变量，对变量进行调整表示为 $X=[X_B\ X_N]^T$。对应约束函数中的系数矩阵可表示为 (B, N)，B 为基变量系数矩阵，N 为非基变量系数矩阵。

$$\max Z=C_BX_B+C_NX_N;\ BX_B+NX_N=b;\ X_B, X_N \geqslant 0$$

根据 2.3.2 节可知，换基过程在本质上是对系数矩阵进行初等变换。最优解状态下的基变量系数矩阵必然满足 $I=B^{-1}B$，即基变量系数矩阵存在逆矩阵 B^{-1}，则上式可表示为

$$\max Z=C_BB^{-1}b+(C_N-C_BB^{-1}N)X_N;\ X_B=B^{-1}b-B^{-1}NX_N;\ X_B, X_N \geqslant 0$$

可以看到，每组基可行解对应的目标函数值为 $Z=C_BB^{-1}b$，$C_N-C_BB^{-1}N$ 即为对应的检验数。

当 X_B 为最优解时，满足 $\sigma_N=C_N-C_BB^{-1}N<0$；

基变量的检验数满足 $\sigma_B=C_B-C_BB^{-1}B=0$；

松弛变量的检验数满足 $\sigma_S=0-C_BB^{-1}I=-C_BB^{-1}$。

θ 规则满足

$$\theta = \min\left[\frac{(B^{-1}b)_i}{(B^{-1}p_j)_i}\ \Big|\ (B^{-1}p_j)_i > 0\right] = \frac{(B^{-1}b)_i}{(B^{-1}p_j)_i}$$

对应的单纯形表形式如表 2.6 所示。

表 2.6 系数矩阵变换形式

	基变量	非基变量	
系数矩阵	$B^{-1}B=I$	$B^{-1}N$	$\theta=(B^{-1}b)/(B^{-1}P_j)$
检验数	0	$C_N-C_BB^{-1}N$	$Z=C_BB^{-1}b$

2.3.5 人工变量法构建初始单纯形

线性规划问题的单纯形法求解可分为两个阶段：一是构造初始的单纯形，寻找初始基变量；二是通过初等变换换基，迭代计算实现寻优。

当约束条件满足

$$\sum_{j=1}^{n} P_j x_j \leqslant 0$$

此时，通过标准化增加的松弛变量恰好可以形成一组标准基。但当约束条件中存在等于或大于关系时，则需要进行特殊的操作，以获取初始基变量。

"大 M 法"可通过增加新的人工变量，使标准化后的约束方程组能够构成初始基。

$$\max Z = CX \qquad \max Z = (C\ M)\begin{pmatrix}X\\Y\end{pmatrix}$$

$$\begin{cases}AX=b\\X\geqslant 0\end{cases} \quad \rightarrow \quad \begin{cases}(A\ I)\begin{pmatrix}X\\Y\end{pmatrix}=b\\X,Y\geqslant 0\end{cases}$$

例 2.3 现有线性规划问题

$$\max Z = 2x_1 + x_2$$

$$\begin{cases}5x_2 \leqslant 15\\6x_1 + 2x_2 > 24\\x_1 + x_2 = 5\\x_1, x_2 \geqslant 0\end{cases}$$

试构建初始单纯形表。

解： 原始的标准型转化形式为

$$\max Z = 2x_1 + x_2 + 0x_3 + 0x_4$$

$$\begin{cases}5x_2 + x_3 = 15\\6x_1 + 2x_2 - x_4 = 24\\x_1 + x_2 = 5\\x_1, x_2, x_3, x_4 \geqslant 0\end{cases} \rightarrow \begin{bmatrix}0 & 5 & 1 & 0\\6 & 2 & 0 & -1\\1 & 1 & 0 & 0\end{bmatrix}$$

可以看到，加入松弛变量 x_3、x_4 后，系数矩阵中的初始基向量的选择仍需要进一步的操作才能获得。

接下来，用"大 M 法"加入人工变量进行标准转换。

$$\max Z = 2x_1 + x_2 + 0x_3 + 0x_4 - Mx_5 - Mx_6$$

$$\begin{cases} 5x_2 + x_3 = 15 \\ 6x_1 + 2x_2 - x_4 + x_5 = 24 \\ x_1 + x_2 + x_6 = 5 \\ x_1, x_2, x_3, x_4 \geqslant 0 \end{cases} \rightarrow \begin{bmatrix} 0 & 5 & 1 & 0 & 0 & 0 \\ 6 & 2 & 0 & -1 & 1 & 0 \\ 1 & 1 & 0 & 0 & 0 & 1 \end{bmatrix}$$

相比原始的标准变换，加入人工变量 x_5、x_6 后，系数矩阵中存在了一组单位向量，可满足基向量要求，可直接选择初始基变量为 (x_3, x_4, x_5)。由于人工变量 x_5、x_6 的加入，必须满足不对目标函数的取值产生影响，因此，将目标函数中人工变量系数设置为 $(-M)$，其中 M 为足够大的正数，通过此操作对人工变量的约束进行处理。因此，必须将人工变量从基变量全部换出，才能实现其最优化。

2.4 单纯形法的软件求解

2.4.1 线性规划的 Excel 求解

单纯形法具有严格的数理逻辑和操作步骤，其计算量随着决策变量和约束条件的增多而增大。Excel 是微软的一款电子表格软件，通过 VBA 工具和宏可以实现手工步骤的自动化。单纯形法求解线性规划问题可以通过 Excel 方便、快捷地实现。

首先，我们需要加载 Excel 中的"规划求解"插件，具体操作如下。

（1）点击 Excel 左上角"文件"，再点击其中"选项"按钮，出现如图 2.4 所示窗口。

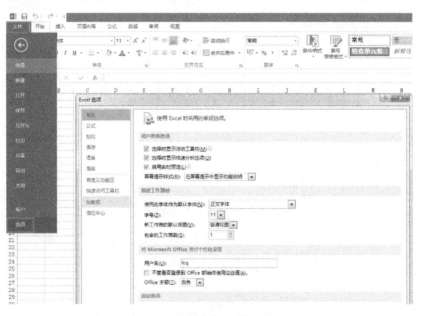

图 2.4 "规划求解"插件加载 1

（2）如图 2.5 所示，点击左侧"加载项"，再点击右侧"规划求解加载项"，然后点击下方"转到"按钮。

第 2 章　线性规划模型与求解

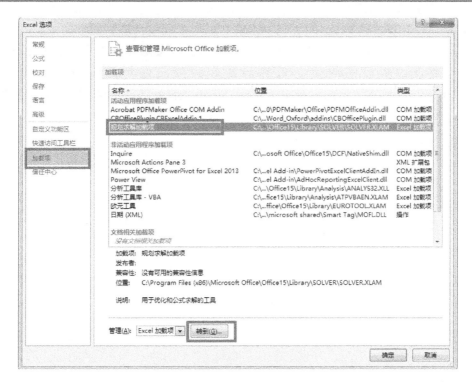

图 2.5 "规划求解"插件加载 2

（3）勾选"规划求解加载项"，点击"确定"按钮，则在菜单栏"数据"列表中出现"规划求解"，如图 2.6 所示。

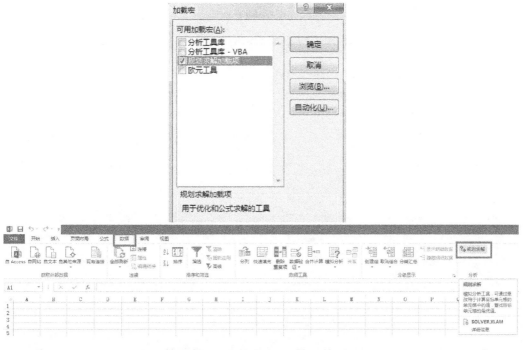

图 2.6 "规划求解"插件加载 3

我们以例 2.1 来演示 Excel 的“规划求解”如何实现线性规划问题的求解。

首先，将例 2.1 的数学模型表达式输入 Excel 表格，如图 2.7 所示。阴影部分为嵌入对应的函数表达式后的取值。目标函数和约束条件对应的表达式均可通过 SUMPRODUCT 函数实现。由于决策变量所对应可变单元格（A_9 和 B_9）未输入数值，所以表中各函数取值均为 0。点击“规划求解”按钮，出现如图 2.8 所示图样。

PRODUCT =SUMPRODUCT(B4:C4,A9:B9)

	A	B	C	D	E
1	设备A（h）	0	5	15	
2	设备B（h）	6	2	24	
3	调试工序（h）	1	1	5	
4	利润（元）	2	1		
5					
6	决策变量				
7	装备A	装备B			
8	X_1	X_2			
9					
10					
11	目标函数				
12	max Z	$2*X_1+X_2$			
13		=SUMPRODUCT(B4			
14					
15	约束条件	表达式	取值	约束	限制
16	设备A 工时不超过15	$5*X_2$	0	<=	15
17	设备B 工时不超过24	$6*X_1+2*X_2$	0	<=	24
18	调试工序工时不超过5	X_1+X_2	0	<=	5
19	装备A的数量为正数	X_1	0	>=	0
20	装备B的数量为正数	X_2	0	>=	0

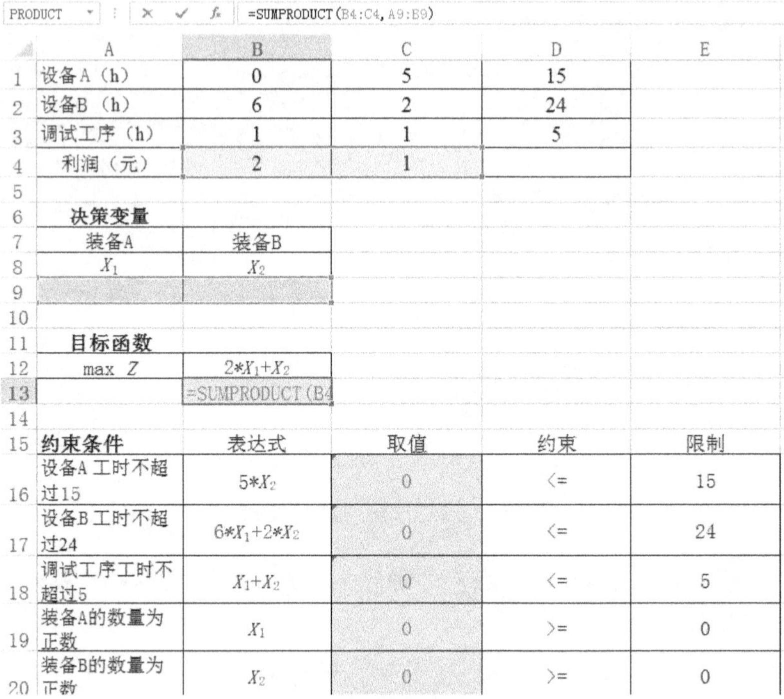

图 2.7　Excel 求解示例 2.1（一）

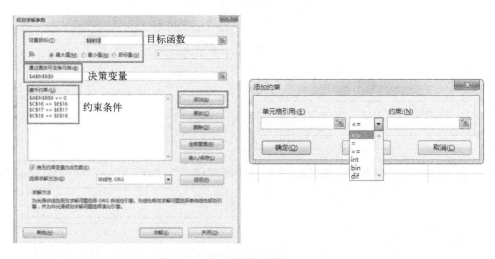

图 2.8　Excel 求解示例 2.1（二）

按照选项由上到下依次选择目标函数单元格，决策变量单元格，并通过“添加”按钮将约束单元格添加进约束关系。约束关系中可以通过限定"int"使决策变量其取值为整数，也可通过"bin"实现 0-1 的二进制约束。当不限定决策变量取整约束时，求解得到 x_1=3.5, x_2=1.5，如图 2.9 所示。

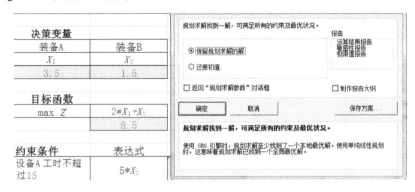

图 2.9　Excel 求解示例 2.1（三）

当限定决策变量取值为整数时，得到的解为 x_1=4, x_2=0，如图 2.10 所示。

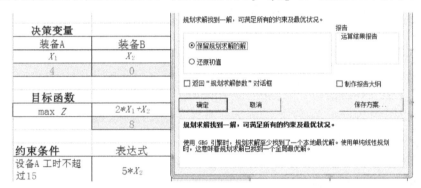

图 2.10　Excel 求解示例 2.1（四）

强化点：Excel 的表格处理功能可实现单纯形表的过程计算，通过 Excel 中 SUMPRODUCT 函数、AND 函数以及 IF 函数，可实现单纯形表的逐步计算。通过练习可以增强对单纯形表计算方法的理解和步骤的熟练。

2.4.2　线性规划的 MATLAB 实现

MATLAB 是一款面向科学技术、可视化以及交互式程序设计的高科技计算环境。它将数值分析、矩阵计算、科学数据可视化、非线性动态系统建模与仿真等强大功能集成于一体，内嵌多种函数模块，其中的 linprog 工具可帮助求解线性规划问题。下面具体介绍该函数的调用格式及使用。

（1）***X*=linprog(*f*, *A*, *b*)**：求最小化问题 min *f*(*X*)，约束条件为 *AX*≤*b*，输出为最优解。

（2）***X*=linprog(*f*, *A*, *b*, *Aeq*, *beq*)**：在上面的基础上，增加等式约束条件 *Aeq*×*X*=*beq*。若没有等式约束，可令 *Aeq*=[]和 *beq*=[]。

(3) X=linprog(f, A, b, Aeq, beq, lb, ub):在上面的基础上,增加变量 X 的上界 ub 和下界 lb 以确定变量 X 的取值范围。若没有约束,可令 lb=[]和 ub=[]。

(4) X=linprog(f, A, b, Aeq, beq, lb, ub, X_0):增加变量的初值设置 X_0,该设置只对 medium-scale 算法有效,large-scale 算法和简单的算法默认忽略初值。

(5) X=linprog(f, A, b, Aeq, beq, lb, ub, X_0, options):用 options 制定的参数进行最优化。

(6) [X, fval]=linprog(…):输出最优解 X^* 和对应的目标函数值 fval。

(7) [X, fval, exitflag]=linprog(…):在上面的基础上,增加一个 exitflag 标识,表示算法终止的原因,主要有以下几种。

① 1,表示函数在 X 处有解;
② 0,迭代次数超过 options.MaxIter;
③ −2,没有找到可行解;
④ −3,问题无解;
⑤ −4,执行算法时遇到 NaN;
⑥ −5,原问题和对偶问题都无可行解;
⑦ −7,搜索方向太小,不能继续前进。

(8) [X, fval, exitflag, output]=linprog(…):在上面的基础上,返回包含优化信息的输出参数 output。

(9) [X, fval, exitflag, output, lambda]=linprog(…):在上面的基础上,将解 X 处的拉格朗日乘子返回到 lambda 参数中。lambda 参数有以下字段。

① lower——下界 lb;
② upper——上界 ub;
③ ineqlin——线性不等式;
④ eqlin——线性等式。

仍然以例 2.1 来演示 MATLAB 的"linprog"如何实现线性规划问题的求解。由于"linprog"函数的求解是以最小化 min 为优化方向,因此,首先将例 2.1 的目标函数进行处理得

$$\min W = \max(-Z) = -(2x_1 + x_2)$$

$$\text{s.t.} \begin{cases} 5x_2 \leqslant 15 \\ 6x_1 + 2x_2 \leqslant 24 \\ x_1 + x_2 \leqslant 5 \\ x_1, x_2 \geqslant 0 \end{cases}$$

根据数学模型将其转换为 MATLAB 输入所需形式。

调用函数[X, fval, exitflag, output, lambda]=linprog(f, A, b, [], [], lb),

输入 f=[−2, −1];A=[0, 5; 6, 2; 1, 1];b=[15, 24, 5];lb=[0, 0],计算过程与结果见图 2.11。

```
Command Window
>> f=[-2,-1];A=[0,5;6,2;1,1];b=[15,24,5];lb=zeros(2,1);
>> [x,fval,exitflag,output,lambda]=linprog(f,A,b,[],[],lb)
Optimization terminated.

x =

    3.5000
    1.5000


fval =

   -8.5000


exitflag =

     1


output =

         iterations: 7
          algorithm: 'large-scale: interior point'
       cgiterations: 0
            message: 'Optimization terminated.'
    constrviolation: 0
      firstorderopt: 5.3199e-011


lambda =

    ineqlin: [3x1 double]
      eqlin: [0x1 double]
      upper: [2x1 double]
      lower: [2x1 double]

fx >>
```

图 2.11　MATLAB 求解示例

2.5　装备管理中的应用示例

2.5.1　生产计划安排

机械加工厂生产 7 种产品，主要的设备有 4 台磨床、2 台立式钻床、3 台水平钻床、1 台镗床和 1 台刨床。每种产品的利润以及生产成本和台时需求分别如表 2.7、表 2.8 和表 2.9 所示。工厂每天开工 8h，每月工作 24 天。生产过程中，假设不考虑工序的先后次序。

表 2.7 产品利润和所需台时

利润及设备	A_1	A_2	A_3	A_4	A_5	A_6	A_7
单位产品利润	10	6	3	4	1	9	3
磨床	0.5	0.7	0	0	0.3	0.2	0.5
立式钻床	0.1	2	0	0.3	0	0.6	0
水平钻床	0.2	6	0.8	0	0	0	0.6
镗床	0.05	0.03	0	0.07	0.1	0	0.08
刨床	0	0	0.01	0	0.05	0	0.05

1—6月，每个月中需要检修的设备如表 2.8 所示，设备检修期间不能用于生产。表 2.9 为每个月各产品市场销售的需求。

表 2.8 每个月中需要检修的设备

月份	计划检修设备及台数	月份	计划检修设备及台数
1	1 台磨床	4	1 台立式钻床
2	2 台立式钻床	5	1 台磨床、1 台立式钻床
3	1 台镗床	6	1 台刨床、1 台水平钻床

表 2.9 每个月各产品市场销售的需求

月份	A_1	A_2	A_3	A_4	A_5	A_6	A_7
1	500	1000	300	300	800	200	100
2	600	500	200	0	400	300	150
3	300	600	0	0	500	400	100
4	200	300	400	500	200	0	100
5	0	100	500	100	1000	300	0
6	500	500	100	300	1100	500	60

试制定这 6 个月的生产计划，使总利润实现最大。

解：根据问题描述，决策变量定义为 x_{ij}，表示第 j 个月生产产品 i 的数量为 x_{ij}，其中，$i=1,2,\cdots,7$；$j=1,2,\cdots,6$。

目标函数：$\max Z = \sum_{i=1}^{7} c_i \left(\sum_{j=1}^{6} x_{ij} \right)$，其中 $c_i (i=1,2,\cdots,7)$ 为生产产品 i 的利润。

约束条件满足：

（1）产量限制。

$$0 \leqslant X = \begin{bmatrix} x_{11} & x_{12} & x_{13} & x_{14} & x_{15} & x_{16} \\ x_{21} & x_{22} & x_{23} & x_{24} & x_{25} & x_{26} \\ x_{31} & x_{32} & x_{33} & x_{34} & x_{35} & x_{36} \\ x_{41} & x_{42} & x_{43} & x_{44} & x_{45} & x_{46} \\ x_{51} & x_{52} & x_{53} & x_{54} & x_{55} & x_{56} \\ x_{61} & x_{62} & x_{63} & x_{64} & x_{65} & x_{66} \\ x_{71} & x_{72} & x_{73} & x_{74} & x_{75} & x_{76} \end{bmatrix} \leqslant \begin{bmatrix} 500 & 600 & 300 & 200 & 0 & 500 \\ 1000 & 500 & 600 & 300 & 100 & 500 \\ 300 & 200 & 0 & 400 & 500 & 100 \\ 300 & 0 & 0 & 500 & 100 & 300 \\ 800 & 400 & 500 & 200 & 1000 & 1100 \\ 200 & 300 & 400 & 0 & 300 & 500 \\ 100 & 150 & 100 & 100 & 0 & 60 \end{bmatrix}$$

（2）台时限制。

$$\begin{bmatrix} 0.5 & 0.7 & 0 & 0 & 0.3 & 0.2 & 0.5 \\ 0.1 & 2 & 0 & 0.3 & 0 & 0.6 & 0 \\ 0.2 & 6 & 0.8 & 0 & 0 & 0 & 0.6 \\ 0.05 & 0.03 & 0 & 0.07 & 0.1 & 0 & 0.08 \\ 0 & 0 & 0.01 & 0 & 0.05 & 0 & 0.05 \end{bmatrix} X \leqslant \begin{bmatrix} 576 & 768 & 768 & 768 & 576 & 768 \\ 384 & 0 & 384 & 192 & 192 & 384 \\ 576 & 576 & 576 & 576 & 576 & 384 \\ 192 & 192 & 0 & 192 & 192 & 192 \\ 192 & 192 & 192 & 192 & 192 & 0 \end{bmatrix}$$

如此，便得到上述问题的线性规划模型，应用 MATLAB 的线性规划函数 linprog 进行求解。经过计算，为获得最大利润，每个月每类产品的生产计划安排如下：

$$\begin{bmatrix} x_{11} & x_{12} & x_{13} & x_{14} & x_{15} & x_{16} \\ x_{21} & x_{22} & x_{23} & x_{24} & x_{25} & x_{26} \\ x_{31} & x_{32} & x_{33} & x_{34} & x_{35} & x_{36} \\ x_{41} & x_{42} & x_{43} & x_{44} & x_{45} & x_{46} \\ x_{51} & x_{52} & x_{53} & x_{54} & x_{55} & x_{56} \\ x_{61} & x_{62} & x_{63} & x_{64} & x_{65} & x_{66} \\ x_{71} & x_{72} & x_{73} & x_{74} & x_{75} & x_{76} \end{bmatrix} = \begin{bmatrix} 500 & 0 & 0 & 200 & 0 & 500 \\ 22.67 & 0 & 0 & 11 & 0 & 0 \\ 300 & 200 & 0 & 400 & 500 & 0 \\ 300 & 0 & 0 & 500 & 40 & 113.3 \\ 733.78 & 400 & 0 & 200 & 1000 & 0 \\ 200 & 0 & 400 & 0 & 300 & 500 \\ 100 & 150 & 0 & 100 & 0 & 0 \end{bmatrix}$$

2.5.2 装备优化部署

1）问题的提出与建模

战时装备调配保障是对战时条件下装备的需求预测、调配保障力量的编成与部署方案的拟制、调配保障力量的组织、储备布局的安排以及临战阶段和作战阶段调配保障的具体实施等一系列保障活动的统称。如何根据作战任务需求，进行作战任务的装备编组，使装备作战单元组合后的作战效能最优，得到最佳的装备作战部署方案是军事指挥员追求的目标。

通过抽象与定义，简化以下模型和假设进行分析。

假设某任务需在 m 个阵地 $F_i(i=1, 2, \cdots, m)$ 进行装备联合部署，共有 n 种类型的装备需组合部署，可供调配的各型装备数分别为 $G_j(j=1, 2, \cdots, n)$。根据经验，阵地 F_i 的作战装备按作战组合 $y_i=[a_{i1}, a_{i2}, \cdots, a_{im}]$（$a_{ij}$ 为组合 y_i 中对类型 j 装备的数量需求）可以实现最佳的性能输出。阵地 F_i 按照以装备组合 y_i 为一个作战组，每个作战组的作战效能为 $g(y_i)$，配备 k_i 个作战组完成任务的效能记为 $E(F_i)=k_i \times g(y_i)$，其中 $0 \leqslant E(F_i) \leqslant 100$，即 $E(F_i)$ 在一定范围内是 $g(y_i)$ 的线性关系。各阵地在整个任务部署中占有的重要程度为 $H(F_i)$，满足 $\sum_{i=1}^{m} H(F_i) = 1$。忽略不组成作战组的装备所产生的作战效能，如何进行装备的分配部署能够使任务具有最高的作战效能？根据上述关系，决策变量定义为 x_i，即阵地 F_i 部署的作战组数量。

目标函数为

$$\max Z = \sum_{i=1}^{m} H(F_i) E(F_i) = \sum_{i=1}^{m} H(F_i) \times x_i \times g(y_i)$$

即任务综合评价下部署方案具有最高的作战效能。
约束条件满足

$$\begin{cases} a_{11}x_1 + a_{21}x_2 + \cdots + a_{m1}x_m \leqslant G_1 \\ a_{12}x_1 + a_{22}x_2 + \cdots + a_{m2}x_m \leqslant G_2 \\ \quad\quad\quad\quad\quad \vdots \\ a_{1n}x_1 + a_{2n}x_2 + \cdots + a_{mn}x_m \leqslant G_n \\ 0 \leqslant x_i \leqslant 100/g(y_i) \end{cases}$$

2）算例求解

假设某任务需在3个阵地进行装备联合部署，共有3种类型的装备需组合部署，可供调配的各型装备数量分别为 G=[15, 18, 10]。根据经验，3类型装备在各阵地的最优作战组合为 y=[2, 3, 1; 2, 2, 1; 1, 2, 1]。三个阵地作战组的作战效能评估分别为 g=[25, 20, 15]，配备 k_i 个作战组完成任务的效能记为 $E(F_i)=k_i \times g(y_i)$，其中 $0 \leqslant E(F_i) \leqslant 100$，即 $E(F_i)$ 在一定范围内是 $g(y_i)$ 的线性关系。各阵地在整个任务部署中占有的重要程度为 H=[0.3, 0.4, 0.3]。忽略不组成作战组的装备所产生的作战效能，如何进行装备的分配部署能够使任务具有最高的作战效能？根据上述关系，决策变量定义为 x_i，即阵地 F_i 部署的作战组数量。

目标函数为

$$\max Z = \sum_{i=1}^{3} H(F_i) \times x_i \times g(y_i) = 0.3 \times 25 \times x_1 + 0.4 \times 20 \times x_2 + 0.3 \times 15 \times x_3$$

约束条件满足

$$\begin{cases} 2 \times x_1 + 2 \times x_2 + x_3 \leqslant 15 \\ 3 \times x_1 + 2 \times x_2 + 2 \times x_3 \leqslant 18 \\ x_1 + x_2 + x_3 \leqslant 10 \\ 0 \leqslant x_1 \leqslant 4 \\ 0 \leqslant x_2 \leqslant 5 \\ 0 \leqslant x_3 \leqslant 6.7 \end{cases}$$

应用 MATLAB 的线性规划函数 linprog 进行求解。输入代码为
f=[−7.5, −8, −4, 5]; ***A***=[2, 2, 1; 3, 2, 2; 1, 1, 1]; ***b***=[15, 18, 10];
lb=[0, 0, 0];
ub=[4, 5, 6.7];
[***X***, fval, exitflag]=linprog(***f, A, b***, [], [], ***lb, ub***);
计算得到
x_1=2, x_2=5, x_3=1, Z=59.5；

即阵地1按其最优作战组部署2组装备，阵地2按其最优作战组部署5组装备，阵地3按其最优作战组部署1组装备，该部署方案可以得到最高59.5的作战效能评估结果。

习 题

1. 线性规划问题中，无穷多解、唯一解、无解和无界解出现的条件分别是什么？

2. 单纯形法中，每次换出一个基变量和换入一个非基变量得到的新的基和原基是否一定相邻？相邻的基之间是否只相差一个基变量？

3. 求解下列线性规划问题。

（1）$\min Z = 2x_1 + 3x_2$

$$\begin{cases} 4x_1 + 5x_2 \geqslant 6 \\ 2x_1 + 2x_2 \geqslant 5 \\ x_1, x_2 \geqslant 0 \end{cases}$$

（2）$\max Z = 3x_1 + 2x_2$

$$\begin{cases} 2x_1 + x_2 \leqslant 2 \\ 3x_1 + 4x_2 \geqslant 12 \\ x_1, x_2 \geqslant 0 \end{cases}$$

（3）$\max Z = 5x_1 + 8x_2$

$$\begin{cases} x_1 + x_2 \leqslant 5 \\ x_1 \leqslant 4 \\ x_2 \leqslant 2 \\ x_1, x_2 \geqslant 0 \end{cases}$$

（4）$\max Z = 7x_1 + 12x_2$

$$\begin{cases} 3x_1 + 4x_2 \leqslant 18 \\ 2x_1 + 5x_2 \leqslant 16 \\ x_1, x_2 \geqslant 0 \end{cases}$$

4. 将下列表达式转变为标准型，列出初始单纯形表，并用 Excel 求解。

（1）$\min Z = 2x_1 + 2x_2 + 3x_3$

$$\begin{cases} x_1 + 3x_2 + 4x_2 \geqslant 2 \\ 2x_1 + x_2 + 3x_3 \leqslant 3 \\ x_1 + 4x_2 + 3x_3 = 8 \\ x_1, x_2 \geqslant 0, x_3 无约束, \end{cases}$$

（2）$\max Z = 5x_1 + 6x_2 + 3x_3$

$$\begin{cases} x_1 + 2x_2 + 2x_2 = 5 \\ -x_1 + 5x_2 - x_3 \geqslant 3 \\ 4x_1 + 7x_2 + 3x_3 \leqslant 8 \\ x_1 无约束, x_2 \geqslant 0, x_3 \leqslant 0 \end{cases}$$

（3）$\max Z = 4x_1 + 5x_2 + 3x_3$

$$\begin{cases} 3x_1 + 2x_2 + 2x_3 \leqslant 14 \\ 2x_1 + x_2 + x_3 \leqslant 12 \\ x_1 + x_2 + 3x_3 \leqslant 8 \\ x_1, x_2, x_3 \geqslant 0 \end{cases}$$

（4）$\min Z = -3x_1 - 3x_2 + x_3$

$$\begin{cases} x_1 + 4x_2 + x_3 \geqslant 7 \\ 2x_1 + x_2 + x_4 \geqslant 10 \\ x_1, x_2, x_3, x_4 \geqslant 0 \end{cases}$$

5. 糖果店决定推出 1kg 装的软硬两种糖果混装新品，分两个类型，一个类型是软糖 250g 和硬糖 750g，另一个类型是软硬糖各 500g。现有库存中软糖 90kg，硬糖 120kg。若类型 1 每袋可盈利 0.6 元，类型 2 每袋可盈利 1 元。应怎样装袋可获利最多？

6. 某木材加工厂现有 A_1 木料 78m³，A_2 木料 60m³，拟用来生产 B_1 和 B_2 两种产品，其中每件 B_1 产品可获利 25 元，每件 B_2 产品可获利 50 元。各产品与材料的需求配比关系如表 2.10 所示，问如何制定生产计划，能获利最大？

表 2.10 需求配比关系

产品	B_1（m³）	B_2（m³）
A_1	0.17	0.11
A_2	0.25	0.3

7. 工地建筑过程中常常需要对标准材料进行处理来获取不同施工过程所需的材料样式，假设购买的标准钢材是 10m 样式，现分别需要 3m、4m、5m 的钢材 80 根、50 根、60 根。问该如何对标准型钢材进行处理最能够节省原料。列出该问题的数学模型，并用 MATLAB 进行求解。

8. 表 2.11 是求某最大化线性规划问题过程中的单纯形表。表中无人工变量，其中 $a_1, a_2, a_3, b, c_1, c_2$，为待定常数。试说明这些常数需满足什么条件能使以下结论成立。

表 2.11　第 8 题单纯形表

基		x_1	x_2	x_3	x_4	x_5	x_6
x_3	b	4	a_1	1	0	a_2	0
x_4	3	-1	-2	0	0	-1	1
x_6	2	a_3	-4	0	1	-4	0
$c_j - z_j$		c_1	c_2	0	0	-3	0

（1）该问题存在唯一最优解。
（2）该问题存在无穷多最优解。
（3）该线性规划问题具有无界解。
（4）此时并不满足最优解，换基操作为换入变量 x_1，换出变量 x_4。

9. 化工染料厂生产甲、乙、丙、丁四类产品，需要 A、B、C 三种主要原料，产品成品价格及每种原料的成本价和月供应量如表 2.12 所示。

表 2.12　第 9 题基本信息表

原料	甲	乙	丙	丁	成本/(元/kg)	月供应量/kg
A	40%		25%	10%	2	2200
B		15%	35%	20%	1.2	2800
C	20%	35%		10%	1.8	2000
售价	3.4	2.8	3.6	3.45	—	—

（1）试建立该问题的线性规划模型，并求解该厂获得的最大效益？
（2）若四类产品的单位加工费分别为（0.5, 0.2, a, 0.5），试分析 a 的不同取值区间对最优解的影响。

参 考 文 献

[1] 《运筹学》教材编写组. 运筹学[M]. 3 版. 北京：清华大学出版社，2005.

[2] 姚志敏. R～n 中一般凸集上的顶点凸组合表示定理[J]. 平顶山学院学报，2018，33(2):4.

[3] 徐玖平，胡知能. 运筹学——数据·模型·决策[M]. 2 版. 北京：科学出版社，2009.

第 3 章 线性规划的对偶问题

线性规划早期发展中最重要的发现之一就是对偶问题,线性规划的对偶问题是与原始问题相对应的一种表达形式。两个问题具有一一对应的关系,其中一个问题的最优解也是另外一个问题的最优解。一方面,对于部分问题而言,其对偶问题可能比原始问题具有更简洁的形式和求解过程;另一方面,对偶理论为确定线性规划具有可行解提供了一个验证方法。对偶问题的学习能够帮助我们更好地理解线性规划问题的基本原理和优化思想。

3.1 对偶理论的发展

对偶问题是由原始线性规划模型直接以系统化方式定义的一种线性规划,其实质是从不同角度描述同一线性规划问题。例如,怎么充分利用现有资源去完成更多的任务和怎么用最少的资源去完成给定的任务,就是互为对偶的一对问题。在原始问题和对偶问题两个线性规划中求解任何一个规划时,会自动给出另外一个规划的最优解。当对偶问题比原始问题具有更少的约束时,求解对偶规划问题比求解原问题更加便捷。

对偶理论是研究线性规划中原始问题和对偶问题的相关理论,其目的在于揭示不同事物之间的对立互补关系。

1928 年,美籍匈牙利数学家冯·诺依曼在研究对策论时,发现线性规划问题与对策论之间存在着密切的联系。两人零和对策可表达成线性规划的原始问题和对偶问题,他于 1947 年提出对偶理论。

1951 年 G. B. 丹齐格引用对偶问题求解线性规划的运输问题,研究出确定检验数的位势法原理。

1954 年 C. 莱姆基提出对偶单纯形法,成为管理决策中进行灵敏度分析的重要工具。

3.2 线性规划的对偶理论

3.2.1 对偶问题的数学模型

一般而言,线性规划模型表示式为

$$\max Z = c_1x_1 + c_2x_2 + \cdots + c_nx_n$$

$$\begin{cases} a_{11}x_1 + a_{12}x_2 + \cdots + a_{1n}x_n \leqslant b_1 \\ a_{21}x_1 + a_{22}x_2 + \cdots + a_{2n}x_n \leqslant b_2 \\ \quad\vdots \\ a_{m1}x_1 + a_{m2}x_2 + \cdots + a_{mn}x_n \leqslant b_m \\ x_1, x_2, \cdots, x_n \geqslant 0 \end{cases}$$

其对偶问题模型为

$$\min W = b_1y_1 + b_2y_2 + \cdots + b_my_m$$

$$\begin{cases} a_{11}y_1 + a_{21}y_2 + \cdots + a_{m1}y_m \geqslant c_1 \\ a_{12}y_1 + a_{22}y_2 + \cdots + a_{m2}y_m \geqslant c_2 \\ \quad\vdots \\ a_{1n}y_1 + a_{2n}y_2 + \cdots + a_{mn}y_n \geqslant c_m \\ y_1, y_2, \cdots, y_m \geqslant 0 \end{cases}$$

它们之间的关系可以绘制成表 3.1 进行直观表示。

表 3.1 原问题与对偶问题单纯形表形式关系

变量	x_1	x_2	$\cdots$	x_n	原始关系	$\min W$
y_1	a_{11}	a_{12}	$\cdots$	a_{1n}	$\leqslant$	b_1
y_2	a_{21}	a_{22}	$\cdots$	a_{2n}	$\leqslant$	b_2
$\vdots$	$\vdots$	$\vdots$	$\ddots$	$\vdots$	$\vdots$	$\vdots$
y_m	a_{m1}	a_{m2}	$\cdots$	a_{mn}	$\leqslant$	b_m
对偶关系	$\geqslant$	$\geqslant$	$\cdots$	$\geqslant$	\multicolumn{2}{c}{$\max Z = \min W$}	
$\max Z$	c_1	c_2	$\cdots$	c_n		

表 3.1 中的系数矩阵从正面看是原问题,将其转置处理后看,即是该问题的对偶问题。白底行列为原问题的对应关系,灰色底行列为对偶问题的对应关系。将原问题转换为对偶问题的基本规则总结如下。

（1）原始问题为最大化（最小化）,对应的对偶问题转换为最小化（最大化）。

（2）原问题的约束方程和对偶问题的决策变量相对应,对偶问题的约束方程是针对原问题的决策变量所定义。

（3）原始问题约束条件的右端项为对偶问题目标函数的系数。

（4）原始问题约束函数中决策变量的系数矩阵转置得到的矩阵为对偶问题决策变量约束函数的系数矩阵。

（5）原始问题的目标函数系数为对偶问题约束函数的右端项。

（6）原问题与对偶问题中决策变量与约束函数之间的不等式对应关系如表 3.2 所示。

表 3.2 原问题与对偶问题不等式对应关系

原问题（对偶问题）最大化		对偶问题（原问题）最小化
约束		变量
$\geqslant$	$\Leftrightarrow$	$\leqslant 0$
$\leqslant$	$\Leftrightarrow$	$\geqslant 0$
$=$	$\Leftrightarrow$	无约束
变量		约束
$\geqslant 0$	$\Leftrightarrow$	$\geqslant$
$\leqslant 0$	$\Leftrightarrow$	$\leqslant$
无约束	$\Leftrightarrow$	$=$

例 3.1 将以下原问题转换为其对偶问题。

(1) $\max Z = 5x_1 + 2x_2 + 4x_3$
$$\begin{cases} x_1 + 2x_2 + 4x_3 \leqslant 14 \\ 2x_1 - x_2 + 3x_3 \leqslant 8 \\ x_1, x_2, x_3 \geqslant 0 \end{cases}$$

(2) $\min Z = 2x_1 + 3x_2 - 5x_3 + x_4$
$$\begin{cases} x_1 + x_2 - 3x_3 + x_4 \geqslant 5 \\ 2x_1 - x_2 + 3x_3 \leqslant 6 \\ x_2 + 2x_3 + x_4 = 6 \\ x_1 \leqslant 0, x_2, x_3 \geqslant 0, x_4 \text{无约束} \end{cases}$$

解：根据上述原则，对应表 3.2 进行变换，得到对偶问题表达式如下。

(1) $\min W = 14y_1 + 8y_2$
$$\begin{cases} y_1 + 2y_2 \geqslant 5 \\ 2x_1 - x_2 \geqslant 2 \\ 4y_1 + 3y_2 \geqslant 4 \\ y_1, y_2 \geqslant 0 \end{cases}$$

(2) $\max W = 5y_1 + 6y_2 + 6y_3$
$$\begin{cases} y_1 + 2y_2 \geqslant 2 \\ y_1 - y_2 + y_3 \leqslant 6 \\ -3y_1 - 3y_2 + 2y_3 \leqslant -5 \\ y_1 + y_3 = 1 \\ y_1 \geqslant 0, y_2 \leqslant 0, y_3 \text{无约束} \end{cases}$$

3.2.2 对偶问题的基本定理

假设原始问题和对偶问题的矩阵表达形式分别为

原始问题：$\max Z = CX$; $AX \leqslant b$; $X > 0$。

对偶问题：$\min W = Yb$; $YX \geqslant C$; $Y > 0$。

（1）**对称性定理**：对偶问题的对偶模型即为原问题。

证：对偶问题模型为

$$\min W = Yb; \ YX \geqslant C; \ Y > 0$$

将其进行转化为得到

$$\max Z = \min(-W) = -Yb; \ -YA \leqslant -C; \ Y > 0$$

上式在形式上类似于原问题的表达形式，目标函数为最大化，约束函数为"$\leqslant$"不等式，决策变量满足非负。对上式进行对偶转换得到

$$\min Z = -CX; \ -AX \geqslant -b; \ X > 0$$

调整即得原问题
$$\max Z = \min(-Z) = CX;\ AX \leqslant b;\ X > 0$$
即对偶问题的对偶即为原问题。

（2）**弱对偶定理**：若原始问题和对偶问题的可行解分别为 X_0 和 Y_0，则满足 $CX_0 \leqslant Y_0 b$。

证：X_0 和 Y_0 分别为原问题和对偶问题的一组可行解，则

原问题可行解 X_0 满足
$$AX_0 \leqslant b$$
将上式两边同时左乘 Y_0，得到
$$Y_0 A X_0 \leqslant Y_0 b$$
同样，对偶问题可行解 Y_0 满足
$$Y_0 A \geqslant C$$
将上式两边同时右乘 X_0，得到
$$Y_0 A X_0 \geqslant C X_0$$
综合得到
$$CX_0 \leqslant Y_0 A X_0 \leqslant Y_0 b$$
得证。

（3）**最优准则定理**：若原始问题和对偶问题有可行解 X^* 和 Y^* 满足 $CX^* = Y^* b$，则 X^* 和 Y^* 分别为原始问题和对偶问题的最优解。

证：根据弱对偶定理，原始问题和对偶问题的可行解 X_0 和 Y_0 满足 $CX_0 \leqslant Y_0 b$。故当可行解 X^* 和 Y^* 满足 $CX^* = Y^* b$ 时，任意一个可行解 X_0 满足 $CX_0 \leqslant Y^* b = CX^*$，即 X^* 为原始问题的最优解。同理可证 Y^* 为对偶问题的最优解。

（4）**强对偶定理**：若原始问题存在最优解，则对偶问题也存在最优解，且目标函数值相等。

证：设 X^* 为原始问题最优解，对于标准化线性规划问题最优解，每个变量检验数必然满足
$$c_j - \sum_{i=1}^{m} c_i a_{ij} \leqslant 0$$
其中，假设 $x_1, x_2, \cdots, x_m$ 为基变量，其对应的检验数满足 $\sigma = 0$；$x_{m+1}, x_{m+2}, \cdots, x_n$ 为非基变量，其对应的检验数满足 $\sigma < 0$。则表达成矩阵形式存在
$$C - C_B B^{-1} A \leqslant 0$$
其中，C_B 为目标函数中基变量所对应的系数向量。则上式可表示为
$$C \leqslant C_B B^{-1} A = Y^* A \ (Y^* = C_B B^{-1})$$
可见，Y^* 是其对偶问题的一个可行解。则 Y^* 所得对偶问题的目标函数值为
$$W = Y^* b = C_B B^{-1} b$$
原问题的最优解 X^* 满足

$$Z = CX^* = C_B B^{-1} b$$

根据最优准则定理，当 $CX^* = Y^* b$，Y^* 为对偶问题的最优解。

（5）互补松弛定理：若原始问题和对偶问题有可行解分别为 X_0 和 Y_0，且 X_S 和 Y_S 为对应的松弛变量，则当且仅当 $X_S Y_0 = 0$ 和 $Y_S X_0 = 0$ 时，X_0 和 Y_0 为对应最优解。

证：将原始问题和对偶问题进行标准化得

$$\max Z = CX \qquad \max(-W) = -Yb$$

原始问题为 $\begin{cases} AX + X_S = b \\ X, X_S \geqslant 0 \end{cases}$，对偶问题为 $\begin{cases} YA - Y_S = C \\ Y, Y_S \geqslant 0 \end{cases}$

令原始问题中的系数向量 $C = YA - Y_S$，代入原始问题目标函数得到

$$Z = (YA - Y_S)X = YAX - Y_S X$$

令对偶问题中的系数向量 $b = AX + X_S$，代入对偶问题目标函数得到

$$W = Y(AX + X_S) = YAX + YX_S$$

当满足 $X_S Y_0 = 0$ 和 $Y_S X_0 = 0$ 时，

$$Z = Y_0 A X_0 = W$$

根据最优准则定理，X_0 和 Y_0 为对应的最优解，反之亦然。

拓展点：对所有实数域上的优化问题都有其对偶问题。原问题：$z^* = \min f(x)$；s.t. $g_i(x) \leqslant 0, x \in X$。可通过以下三步来实现对偶转换：

（1）构造拉格朗日函数：$L(x, \lambda) = f(x) + \mu^T g(x)$；
（2）构造对偶函数：$L^*(\mu) = \min f(x) + \mu^T g(x)$；s.t. $x \in X$；
（3）生成对偶问题：$D: w^* = \max L(\mu)$；s.t. $\mu \geqslant 0$。

3.3 对偶问题的数学与经济学含义

3.3.1 对偶问题的数学含义

从数学角度来分析，对偶问题可以理解为寻找原问题目标函数上界（或下界）的问题。

原始问题：

$$\max Z = CX$$
$$\begin{cases} AX \leqslant b \\ X \geqslant 0 \end{cases}$$

对于任意一个非负的相应阶次的向量 $Y \geqslant 0$ 和可行解 X，约束条件满足

$$Y^T AX \leqslant Y^T b$$

如果找到一个 Y_0 满足 $C \leqslant Y_0^T A$，那么对原问题的所有可行解 X 均满足

$$Z = CX \leqslant Y_0^T AX \leqslant Y_0^T b$$

上式说明，$Y_0^T b$ 为原问题目标函数的一个上界。

那么，最小上界的取值即为原问题目标函数的最优值。对应于所有满足 $C \leqslant Y_0^T A$ 的 Y_0 的取值中，使 $Y_0^T b$ 取最小值的 Y_0 即为对偶问题的最优解。对偶表达式如下：

$$\min W = Y^T b$$

$$\begin{cases} A^T Y \geqslant C \\ Y \geqslant 0 \end{cases}$$

反之，如果原问题目标函数为最小化，则对偶问题寻找的就是原问题目标函数的下界。图 3.1 为原问题与对偶问题最优化关系示意图。

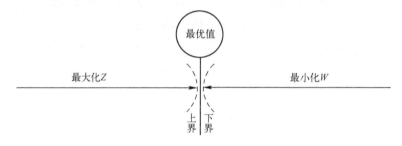

图 3.1　原问题与对偶问题最优化关系示意图

3.3.2　对偶问题的经济学含义

线性规划原问题最大化需求下的最优解所表示的含义是如何在资源限制下安排好各种产品的产量以获取最大的利益。对偶问题的最小化需求表明的是如何用最少的资源实现既定的目标要求。

从经济学角度来解释，对偶变量的意义代表对资源的估价，该估价与资源的实际价值不同，称为影子价格。其最优解即平衡条件为影子价格和实际价格保持一致的状态。

（1）影子价格不同于资源的市场价格，影子价格是未知数，其依赖于对资源的利用情况。

（2）影子价格是一种边际价格，体现在其单位资源的变动对目标函数的影响程度。

（3）资源的影子价格实际上是一种机会成本，即表征选择某一方案而不是另一方案时所错过或损失的收益。

根据强对偶原理，对于原问题和对偶问题的可行解满足以下关系：

$$Z = CX \leqslant W = Y^* b = y_1 b_1 + y_2 b_2 + \cdots + y_m b_m$$

b_i 即为限额系数，表示的是每种资源的拥有量；y_i^* 可以看成是每种资源所对应的影子价格，反映资源的相对稀缺性。随着资源量的增加，其影子价格将减小。当影子价格降为 0 时，意味着对资源投入的增加不能带来额外的贡献，因此，$Z < W$，意味着总效益小于对资源的总估值。还有可以操作的空间，只有当资源被完全开发后才能实现其最优效益。当取得最优值 Y^* 时，满足

$$Z = Y^* b = y_1 b_1 + y_2 b_2 + \cdots + y_m b_m$$

则，对每种资源求导可得

$$\frac{dZ}{db_i} = y_i^*, \quad i=1,2,\cdots,m$$

上式表示原问题的收益受资源 i 的影响。这就是经济学中的边际收益，表示第 i 种资源对目标收益的边际贡献。

3.4 对偶单纯形法与灵敏度分析

3.4.1 对偶单纯形法

单纯形法的计算过程是在基可行解之间进行跳转，从一个基可行解开始进行迭代优化直至最优。对偶单纯形法则是从不可行解开始迭代，通过消除不可行解，最终找到可行解，过程中通过原问题的检验数关系来保障该可行解的最优性。

定理 3.1：线性规划原问题检验数的相反数对应对偶问题的基解。

证：设 X_B 为原问题的一组基变量，X_N 为非基变量。系数矩阵可满足 $A=[B, N]$，则原问题可表达成

$$\max Z = CX \qquad \max Z = C_B X_B + C_N X_N$$
$$\begin{cases} AX \leqslant b \\ X \geqslant 0 \end{cases} \rightarrow \begin{cases} BX_B + NX_N + X_S = b \\ X_B, X_N, X_S \geqslant 0 \end{cases}$$

C_B 和 C_N 分别为基变量和非基变量在目标函数中的系数向量，X_S 为松弛变量，则原问题的对偶问题可表达为

$$\min W = Yb \qquad \min W = Yb$$
$$\begin{cases} YA \geqslant C \\ Y \geqslant 0 \end{cases} \rightarrow \begin{cases} YB - Y_{SB} = C_B \\ YN - Y_{SN} = C_N \\ Y, Y_{SB}, Y_{SN} \geqslant 0 \end{cases}$$

原问题的基可行解为

$$X_B = B^{-1}b - B^{-1}NX_N$$

当非基变量为 0 时，基可行解可写成 $X_B = B^{-1}b$。

基变量的检验数满足

$$\sigma_B = C_B - C_B B^{-1} B = 0$$

非基变量的检验数满足

$$\sigma_N = C_N - C_B B^{-1} N$$

松弛变量的检验数满足

$$\sigma_S = 0 - C_B B^{-1} I = -C_B B^{-1}$$

令 $Y = C_B B^{-1}$，代入约束函数得到

$$\begin{cases} C_B B^{-1} B - Y_{SB} = C_B \\ C_B B^{-1} N - Y_{SN} = C_N \end{cases} \rightarrow \begin{cases} Y_{SB} = 0 \\ -Y_{SN} = C_N - C_B B^{-1} N \end{cases}$$

证毕。

由此可知，当检验数 σ 存在正数时，原问题没有达到最优值，其对偶问题的解为不可行解。当检验数 σ 全部满足负数或取零值时，原问题达到最优值，对应的对偶问题的解满足约束，成为可行解，亦为对偶问题的最优解。因此，对偶单纯形法的初始基解可以不是基可行解，其核心在于迭代过程中始终保证目标函数的最优性（检验数满足 $\sigma \leqslant 0$，即对偶问题的可行解），然后通过不断迭代寻找满足约束条件的可行解。但相对原始问题可以通过人工变量法找出初始基可行解，对偶单纯形法的缺陷在于很难找到满足最优性的初始基解。

例 3.2 用对偶单纯形法求解

$$\min W = 3x_1 + 2x_2$$

$$\begin{cases} 2x_1 + 3x_2 \leqslant 18 \\ 2x_1 - x_2 \geqslant 3 \\ x_1 + 3x_2 \geqslant 12 \\ x_1, x_2 \geqslant 0 \end{cases}$$

解：将上式化为标准型并建立初始单纯形表，如表 3.3 所示。

$$\max Z = -3x_1 - 2x_2$$

$$\begin{cases} 2x_1 + 3x_2 + x_3 = 18 \\ -2x_1 + x_2 + x_4 = -3 \\ -x_1 - 3x_2 + x_5 = -12 \\ x_1, x_2, x_3, x_4, x_5 \geqslant 0 \end{cases}$$

表 3.3 例 3.2 初始单纯形表

		c_j		-3	-2	0	0	0
C_B	X_B	b		x_1	x_2	x_3	x_4	x_5
0	x_3	18		2	3	1	0	0
0	x_4	-3		-2	1	0	1	0
0	x_5	-12		-1	-3	0	0	1
		c_j-z_j		-3	-2	0	0	0

依据检验数可知，该初始基对应的解具有最优性，但基解对应的取值存在负数，即这组解为不可行解。因此，需要通过迭代运算寻找可行解。其基本步骤如下。

（1）确定换出变量。从原问题单纯形表和对偶单纯形表关系可知，其换出变量按规则

$$\min[(\boldsymbol{B}^{-1}\boldsymbol{b})_i \mid (\boldsymbol{B}^{-1}\boldsymbol{b})_i < 0] = \min[-3, -12] = -12$$

即选择变量 x_5 为换出变量。

（2）确定换入变量。从原问题单纯形表和对偶单纯形表的关系可知，其换入变量的 θ 原则可以表示为

$$\theta = \min\left(\frac{c_j - z_j}{a_{lj}} \mid a_{lj} < 0\right) = \min\left(\frac{-3}{-1}, \frac{-2}{-3}\right) = \frac{2}{3}$$

即选择变量 x_2 为换入变量。

(3) 按单纯形法规则进行初等变换，实现换基操作，得到表 3.4。

表 3.4　例 3.2 单纯形表变换 1

C_B	X_B	c_j	-3	-2	0	0	0
		b	x_1	x_2	x_3	x_4	x_5
0	x_3	6	1	0	1	0	1
0	x_4	-7	$-7/3$	0	0	1	1/3
-2	x_2	4	1/3	1	0	0	$-1/3$
	c_j-z_j		$-7/3$	0	0	0	$-2/3$

表 3.4 中，决策变量的取值仍然存在负数，说明仍未寻找到可行解。继续上述操作步骤，得到表 3.5。

表 3.5　例 3.2 单纯形表变换 2

C_B	X_B	c_j	-3	-2	0	0	0
		b	x_1	x_2	x_3	x_4	x_5
0	x_3	3	0	0	1	3/7	8/7
-3	x_1	3	1	0	0	$-3/7$	$-1/7$
-2	x_2	3	0	1	0	1/7	$-2/7$
	c_j-z_j		0	0	0	-1	-1

此时，b 所在列数值均为正数，即该组基所对应的解为基可行解。检验数均满足 $\sigma \leqslant 0$，因此，得到最优解为 $X^*=[3, 3, 3, 0, 0]$；对偶问题的最优解为 $Y^*=[0, 0, 0, -1, -1]$。

3.4.2　参数灵敏度分析

现实生活中，线性规划问题中的各类系数的取值往往是预估值，或存在一定的协调空间，如 7.2.2 节的分段库存模型，不同的进货量存在不同的折扣。当这些系数发生变化时，是否会使线性规划问题的最优解发生变化，影响有多大？另外，最优基对各类系数的取值是否存在一个稳定区间，使各系数在区间内的变动不会改变最优基。灵敏度分析针对的就是线性规划问题中各类系数变化对最优解的影响。针对上述疑问，我们可以将其思路和步骤归结如下。

(1) 将系数的改变以变量的形式反映到单纯形法的计算过程；
(2) 检查并计算原问题满足可行解的要求；
(3) 检查并计算对偶问题满足可行解的要求。

针对不同的情况可按表 3.6 分为以下几类处理方式。

表 3.6　原问题与对偶问题解的关系

原问题	对偶问题	结论或计算步骤
可行解	可行解	最优解
可行解	非可行解	单纯形法迭代求最优解
非可行解	可行解	对偶单纯形法迭代求最优解
非可行解	非可行解	引入人工变量，从单纯形法入手，求最优解

1）限额系数 b_i 的变动影响

单纯形法原问题的计算过程与限额系数 $\boldsymbol{b}$ 相关的计算量主要有以下三项。

目标函数值 $Z=\boldsymbol{C}_B\boldsymbol{B}^{-1}\boldsymbol{b}$；

决策变量值 $\boldsymbol{X}_B=\boldsymbol{B}^{-1}\boldsymbol{b}$；

θ 值：$\theta = \min\left[\dfrac{(\boldsymbol{B}^{-1}\boldsymbol{b})_i}{(\boldsymbol{B}^{-1}\boldsymbol{p}_j)_i} \mid (\boldsymbol{B}^{-1}\boldsymbol{p}_j)_i > 0\right] = \dfrac{(\boldsymbol{B}^{-1}\boldsymbol{b})_i}{(\boldsymbol{B}^{-1}\boldsymbol{p}_j)_i}$。

由上述可知，限额系数 $\boldsymbol{b}$ 的变动不影响最优性的判断。只要限额系数 $\boldsymbol{b}$ 的变动区间在保证决策变量取值满足 $\boldsymbol{X}_B=\boldsymbol{B}^{-1}\boldsymbol{b}\geqslant 0$ 的范围内，最优基不发生改变。

假设第 r 项资源 b_r 的总量发生变化，表示为 $b_r' = b_r + \Delta b_r$，则：

目标函数变动值
$$Z' = Z + \Delta Z = \boldsymbol{C}_B\boldsymbol{B}^{-1}\boldsymbol{b} + \boldsymbol{C}_B\boldsymbol{B}^{-1}\begin{bmatrix}0\\ \vdots\\ \Delta b_r\\ \vdots\\ 0\end{bmatrix}$$

第 r 项资源 b_r 的总量发生变化对目标函数 Z 的影响力度体现在 $\boldsymbol{C}_B\boldsymbol{B}^{-1}$ 的第 r 项。

从决策变量角度分析，要保证最优基不变，限额系数 b_r 的变动必须满足

$$\boldsymbol{X}_B = \boldsymbol{B}^{-1}\begin{bmatrix}b_1\\ \vdots\\ b_r+\Delta b_r\\ \vdots\\ b_m\end{bmatrix} = \boldsymbol{B}^{-1}\begin{bmatrix}b_1\\ \vdots\\ b_r\\ \vdots\\ b_m\end{bmatrix} + \boldsymbol{B}^{-1}\begin{bmatrix}0\\ \vdots\\ \Delta b_r\\ \vdots\\ 0\end{bmatrix} = \boldsymbol{X}_B^* + \boldsymbol{B}^{-1}\begin{bmatrix}0\\ \vdots\\ \Delta b_r\\ \vdots\\ 0\end{bmatrix} \geqslant 0$$

其中，$\boldsymbol{X}_B^* = [b_1^*,\cdots,b_r^*,\cdots,b_m^*]^\mathrm{T}$ 为最优解。

$$\boldsymbol{X}_B = \begin{bmatrix}b_1^*\\ \vdots\\ b_r^*\\ \vdots\\ b_m^*\end{bmatrix} + \begin{bmatrix}a_{11}' & \cdots & a_{1r}' & \cdots & a_{1m}'\\ \vdots & \ddots & \vdots & & \vdots\\ a_{r1}' & \cdots & a_{rr}' & \cdots & a_{rm}'\\ \vdots & & \vdots & \ddots & \vdots\\ a_{1m}' & \cdots & a_{mr}' & \cdots & a_{mm}'\end{bmatrix}\begin{bmatrix}0\\ \vdots\\ \Delta b_r\\ \vdots\\ 0\end{bmatrix} = \begin{bmatrix}b_1^* + a_{1r}'\Delta b_r\\ \vdots\\ b_r^* + a_{rr}'\Delta b_r\\ \vdots\\ b_m^* + a_{mr}'\Delta b_r\end{bmatrix} \geqslant 0$$

则当上式所有元素满足 $b_i^* + a_{ir}'\Delta b_r \geqslant 0\ (i=1,2,\cdots,m)$ 时，最优基不发生改变。

因此，当 $a_{ir}' > 0$ 时，满足 $\Delta b_r \geqslant -b_i^*/a_{ir}'$；当 $a_{ir}' < 0$ 时，满足 $\Delta b_r \leqslant -b_i^*/a_{ir}'$，整理得到 Δb_r 保证最优基不变的稳定区间为

$$\max_i(-b_i^*/a_{ir}' \mid a_{ir}' > 0) \leqslant \Delta b_r \leqslant \min_i(-b_i^*/a_{ir}' \mid a_{ir}' < 0)$$

2）目标函数价值系数 c_i 的变动影响

单纯形法原问题的计算过程与价值系数 $\boldsymbol{C}$ 相关的计算量主要有以下三项。

目标函数值 $Z=\boldsymbol{C}_B\boldsymbol{B}^{-1}\boldsymbol{b}$；

非基变量检验数 $\boldsymbol{\sigma}_N=\boldsymbol{C}_N-\boldsymbol{C}_B\boldsymbol{B}^{-1}\boldsymbol{N}\leqslant 0$；

基变量的检验数满足 $\boldsymbol{\sigma}_B=\boldsymbol{C}_B-\boldsymbol{C}_B\boldsymbol{B}^{-1}\boldsymbol{B}=0$；

区分基变量和非基变量的价值系数。

（1）假设第 r 项基变量的价值系数 c_r 变为 $c_r' = c_r + \Delta c_r$，则目标函数值的变化为

$$Z = \boldsymbol{C}_B \boldsymbol{B}^{-1} \boldsymbol{b} = [c_1 \cdots c_r + \Delta c_r \cdots c_m] \boldsymbol{B}^{-1} \boldsymbol{b} = Z^* + b_r^* \Delta c_r$$

第 r 项基变量价值系数 c_r 发生变化对目标函数 Z 的影响力度体现在 $\boldsymbol{B}^{-1}\boldsymbol{b}$ 的第 r 项。从检验数角度分析，要保证最优基不变，基变量价值系数 r 的变动必须满足

$$\begin{aligned}\boldsymbol{\sigma} &= \boldsymbol{C} - \boldsymbol{C}_B \boldsymbol{B}^{-1} \boldsymbol{A} \\ &= \boldsymbol{C} - [c_1, c_2, \cdots, c_r + \Delta c_r, \cdots, c_m]\boldsymbol{B}^{-1}\boldsymbol{A} \\ &= \boldsymbol{C} - \boldsymbol{C}_B \boldsymbol{B}^{-1} \boldsymbol{A} - [0, 0, \cdots, \Delta c_r, \cdots, 0]\boldsymbol{B}^{-1}\boldsymbol{A} \\ &= \boldsymbol{C} - \boldsymbol{C}_B \boldsymbol{B}^{-1}(\boldsymbol{B}, \boldsymbol{N}) - [0, 0, \cdots, \Delta c_r, \cdots, 0]\boldsymbol{B}^{-1}(\boldsymbol{B}, \boldsymbol{N})\end{aligned}$$

整理得到

$$\boldsymbol{\sigma} = \begin{cases} c_i - c_i - 0 = 0, & i = 1, 2, \cdots, m, i \neq r \\ c_r + \Delta c_r - c_r - \Delta c_r = 0, & i = r \\ \boldsymbol{C}_N - \boldsymbol{C}_B \boldsymbol{B}^{-1}\boldsymbol{N} - [0 \ \cdots \ \Delta c_r \ \cdots \ 0]\boldsymbol{B}^{-1}\boldsymbol{N} \leqslant 0 \end{cases}$$

式中：前 m 项($i=1, 2, \cdots, m$)为基变量；c_i 为对应的基变量价值系数；$\boldsymbol{C}_B$ 为基变量价值系数向量；$\boldsymbol{C}_N$ 为非基变量价值系数向量。

可以发现，基变量价值系数的变动不对基变量的检验数产生影响。因此，要保证最优基不变，对应于每个非基变量的检验数必须满足

$$\sigma_j = c_j - [\boldsymbol{C}_B \boldsymbol{B}^{-1}\boldsymbol{N}]_j - \Delta c_r [\boldsymbol{B}^{-1}\boldsymbol{N}]_{rj} = \sigma_j^* - \Delta c_r [\boldsymbol{B}^{-1}\boldsymbol{N}]_{rj} \leqslant 0, \ j = m+1, \cdots, n$$

式中：σ_j^* 为初始价值系数条件下，最优解时非基变量 x_j 所对应的检验数；$\boldsymbol{C}_B\boldsymbol{B}^{-1}\boldsymbol{N}$ 为 $1 \times (n-m)$ 维的向量；$[\boldsymbol{C}_B\boldsymbol{B}^{-1}\boldsymbol{N}]_j$ 为其第 j 个元素；$\boldsymbol{B}^{-1}\boldsymbol{N}$ 为 $m \times (n-m)$ 维的矩阵；$[\boldsymbol{B}^{-1}\boldsymbol{N}]_{rj}$ 为第 r 行第 j 列的元素。

因此，当 $[\boldsymbol{B}^{-1}\boldsymbol{N}]_{rj} > 0$ 时，满足 $\Delta c_r \geqslant \sigma_j^*/[\boldsymbol{B}^{-1}\boldsymbol{N}]_{rj}$；当 $[\boldsymbol{B}^{-1}\boldsymbol{N}]_{rj} < 0$ 时，满足 $\Delta c_r \leqslant \sigma_j^*/[\boldsymbol{B}^{-1}\boldsymbol{N}]_{rj}$，整理得到 Δc_r 保证最优基不变的稳定区间为

$$\max_j(\sigma_j^*/[\boldsymbol{B}^{-1}\boldsymbol{N}]_{rj} | [\boldsymbol{B}^{-1}\boldsymbol{N}]_{rj} > 0) \leqslant \Delta c_r \leqslant \min_j(\sigma_j^*/[\boldsymbol{B}^{-1}\boldsymbol{N}]_{rj} | [\boldsymbol{B}^{-1}\boldsymbol{N}]_{rj} < 0)$$

（2）假设非基变量的价值系数 c_{m+r} 发生变化 $c_{m+r}' = c_{m+r} + \Delta c_{m+r}$。根据目标函数和基变量所对应检验数的表达式可知，非基变量的价值系数的改变不会对目标函数值和基变量的检验数带来影响。只会对非基变量的检验数产生影响，表达式如下：

$$\boldsymbol{\sigma}_N = \boldsymbol{C}_N - \boldsymbol{C}_B\boldsymbol{B}^{-1}\boldsymbol{N} = [c_{m+1}, \cdots, c_{m+r} + \Delta c_{m+r}, \cdots, c_n] - \boldsymbol{C}_B\boldsymbol{B}^{-1}\boldsymbol{N} \leqslant 0$$

因此，受非基变量的价值系数 c_{m+r} 变动影响的检验数只有该非基变量检验数

$$\sigma_{m+j} = c_{m+r} + \Delta c_{m+r} - [\boldsymbol{C}_B\boldsymbol{B}^{-1}\boldsymbol{N}]_r \leqslant 0$$

即满足 $\Delta c_{m+r} \leqslant [\boldsymbol{C}_B\boldsymbol{B}^{-1}\boldsymbol{N}]_r - c_{m+r}$ 才能保证不对最优基产生影响。

3）技术系数 a_{ij} 的变动影响

根据变动的技术系数是基变量对应的系数还是非基变量所对应的系数，在原问题最优解的基础上分成两个类别进行讨论。

（1）非基变量技术系数 a_{jr} 发生变化

非基变量所在列向量技术系数的改变不会对目标函数最优值和基变量的检验数产生影响。只对非基变量检验数 $\sigma_N=C_N-C_BB^{-1}N$ 有作用，其中 N 为改变后的技术系数矩阵。

假设非基变量 x_j 对应的第 r 个技术系数发生变化 $a'_{jr}=a_{jr}+\Delta a_{jr}$。则仅非基变量 x_j 对应检验数受到影响，其变化为

$$\sigma'_j = c_j - C_BB^{-1}p'_j = c_j - C_BB^{-1}\begin{bmatrix}a_{i1}\\ \vdots \\ a_{jr}+\Delta a_{jr} \\ \vdots \\ a_{im}\end{bmatrix} = \sigma^*_j - C_BB^{-1}\begin{bmatrix}0\\ \vdots \\ \Delta a_{ij} \\ \vdots \\ 0\end{bmatrix} = \sigma^*_j - \Delta a_{jr}[C_BB^{-1}]_r$$

σ^*_j 为初始价值系数条件下，最优解时非基变量 x_j 所对应的检验数。最优基不变需要满足 $\sigma'_j \leqslant 0$。因此，当 $[C_BB^{-1}]_r>0$ 时，满足 $\Delta a_{ir} \geqslant \sigma^*_j/[C_BB^{-1}]_r$；当 $[C_BB^{-1}]_r<0$ 时，满足 $\Delta a_{ir} \leqslant \sigma^*_j/[C_BB^{-1}]_r$。整理得到 Δa_{ir} 保证最优基不变的稳定区间为

$$(\sigma^*_j/[C_BB^{-1}]_r\,|\,[C_BB^{-1}]_r>0) \leqslant \Delta a_{ir} \leqslant (\sigma^*_j/[C_BB^{-1}]_r\,|\,[C_BB^{-1}]_r<0)$$

（2）基变量技术系数 a_{jr} 发生变化

单纯形法原问题的计算过程与基变量技术系数矩阵 B 相关的计算量主要有以下四项。

目标函数值 $Z=C_BB^{-1}b$；
决策变量值 $X_B=B^{-1}b$；
非基变量检验数 $\sigma_N=C_N-C_BB^{-1}N\leqslant 0$；
基变量的检验数满足 $\sigma_B=C_B-C_BB^{-1}B=0$。

假设基变量 x_j 对应的第 r 个技术系数发生变化为 $a'_{jr}=a_{jr}+\Delta a_{jr}$。若要保证最优基不变，则新的技术系数 a'_{jr} 必须满足以下约束：

① 新的基变量系数矩阵 B' 存在可逆矩阵 $(B')^{-1}$；
② 新的决策变量取值 $X'_B=(B')^{-1}b$ 满足非负；
③ 新的非基变量检验数满足 $\sigma_N=C_N-C_B(B')^{-1}N\leqslant 0$。

具体的计算过程以下例来演示。

例 3.3 原问题

$$\max Z = 2x_1 + 3x_2 + 0x_3 + 0x_4 + 0x_5$$

$$\begin{cases} x_1 + 2x_2 + x_3 = 8 \\ 4x_1 + x_4 = 16 \\ 4x_2 + x_5 = 12 \\ x_1, x_2, x_3, x_4, x_5 \geqslant 0 \end{cases}$$

初始单纯形表可表示为表 3.7 所示。

表 3.7 例 3.3 初始单纯形表

	c_j		2	3	0	0	0
C_B	X_B	b	x_1	x_2	x_3	x_4	x_5
0	x_3	8	1	2	1	0	0
0	x_4	16	4	0	0	1	0
0	x_5	12	0	4	0	0	1
	c_j-z_j		2	3	0	0	0

其最优解下的单纯形表可表示为表 3.8 所示。

表 3.8 例 3.3 单纯形表变换 1

	c_j		2	3	0	0	0
C_B	X_B	b	x_1	x_2	x_3	x_4	x_5
2	x_1	4	1	0	0	1/4	0
0	x_5	4	0	0	-2	1/2	1
3	x_2	2	0	1	1/2	-1/8	0
	c_j-z_j		0	0	-3/2	-1/8	0

假设基变量 x_1 的技术系数改变为 $\boldsymbol{P}_1'=(2,5,2)^T$。原问题的基变量系数矩阵的逆矩阵为

$$\boldsymbol{B}^{-1}=\begin{bmatrix} 0 & 1/4 & 0 \\ -2 & 1/2 & 1 \\ 1/2 & -1/8 & 0 \end{bmatrix}$$

将第一列技术系数 $\boldsymbol{P}_1=(1,4,0)^T$ 换成 $\boldsymbol{P}_1'=(2,5,2)^T$，对系数矩阵按 $\boldsymbol{B}^{-1}$ 进行初等变换得到表 3.9。

表 3.9 例 3.3 单纯形表变换 2

	c_j		2	3	0	0	0
C_B	X_B	b	x_1	x_2	x_3	x_4	x_5
2	x_1	4	5/4	0	0	1/4	0
0	x_5	4	1/2	0	-2	1/2	1
3	x_2	2	3/8	1	1/2	-1/8	0
	c_j-z_j		-13/8	0	-3/2	-1/8	0

将变量 x_1 的系数向量进行整理得到表 3.10。

表 3.10 例 3.3 单纯形表变换 3

	c_j		2	3	0	0	0
C_B	X_B	b	x_1	x_2	x_3	x_4	x_5
2	x_1	16/5	1	0	0	1/5	0
0	x_5	12/5	0	0	-2	2/5	1
3	x_2	4/5	0	1	1/2	-1/5	0
	c_j-z_j		0	0	-3/2	1/5	0

此时，变量 x_4 的检验数满足 $\sigma_4>0$，说明还可以将变量 x_4 作为入基进行进一步的优化。具体计算按单纯形法步骤进行操作，此处不再计算。

若基变量 x_1 对应的技术系数改变为 $\boldsymbol{P}_1'=(1,4,2)^{\mathrm{T}}$。原问题的基变量系数矩阵的逆矩阵如表 3.11 所示。

表 3.11　例 3.3 单纯形表变换 4

	c_j		2	3	0	0	0
C_B	X_B	b	x_1	x_2	x_3	x_4	x_5
2	x_1	4	1	0	0	1/4	0
0	x_5	4	2	0	−2	1/2	1
3	x_2	2	0	1	1/2	−1/8	0
	c_j-z_j		0	0	−3/2	−1/8	0

将变量 x_1 的系数向量进行整理得表 3.12。

表 3.12　例 3.3 单纯形表变换 5

	c_j		2	3	0	0	0
C_B	X_B	b	x_1	x_2	x_3	x_4	x_5
2	x_1	4	1	0	0	1/4	0
0	x_5	−4	0	0	−2	0	1
3	x_2	2	0	1	1/2	−1/8	0
	c_j-z_j		0	0	−3/2	−1/8	0

此时，检验数均满足 $\sigma>0$，但 b 所在列存在负数，说明对偶问题处于非可行解，可按照对偶单纯形法继续进行迭代优化，此处不再计算。

若基变量 x_1 对应的技术系数改变为 $\boldsymbol{P}_1'=(1,4,1)^{\mathrm{T}}$，原问题的基变量系数矩阵的逆矩阵为表 3.13 所示。

表 3.13　例 3.3 单纯形表变换 6

	c_j		2	3	0	0	0
C_B	X_B	b	x_1	x_2	x_3	x_4	x_5
2	x_1	4	1	0	0	1/4	0
0	x_5	4	1	0	−2	1/2	1
3	x_2	2	0	1	1/2	−1/8	0
	c_j-z_j		0	0	−3/2	−1/8	0

将变量 x_1 的系数向量进行整理得表 3.14。

表 3.14　例 3.3 单纯形表变换 7

C_B	c_j X_B	b	2 x_1	3 x_2	0 x_3	0 x_4	0 x_5
2	x_1	4	1	0	0	1/4	0
0	x_5	0	0	0	−2	1/4	1
3	x_2	2	0	1	1/2	−1/8	0
	c_j-z_j		0	0	−3/2	−1/8	0

此时，检验数均满足 $\sigma > 0$，b 所在列满足非负，可行基不变。

总结可知，面对基变量所对应技术系数的调整，可利用原问题基变量系数矩阵 B^{-1} 进行计算操作，并对新得到的列向量进行初等行变换处理。若存在检验数不满足最优性，可按原问题单纯形法进行迭代，若最优性满足，但最优解不满足约束，则可按对偶单纯形法进行迭代。若检验数和最优解均不满足约束，则需要引入人工变量重新进行计算。

3.5　对偶单纯形法的应用示例

装备研制生产指根据军事需求将成熟的先进技术物化为新型装备并制造生产的活动。在国家推动国防建设军民融合式快速发展的战略部署下，非军工企业也开始进入国防军工研制生产领域。而装备的研制生产是一个周期长、风险高、投入大，但对装备发展和国防建设具有直接推动作用的重要活动。通过合理的布局，综合考虑资金的投入安排、生产计划、产品需求、回报的时间成本等因素才能实现最终效益的最大化。线性规划原问题可以实现对确定条件下的生产任务进行规划，优化生产安排；而对对偶问题的分析，可以对资源如设备台时安排、产品需求变动等影响进行分析，为进一步的优化做出更详细的指导。

假设某军工厂接收到紧急任务，要求赶制出三种型号的零件各不少于 1 万件、2 万件和 1.5 万件，在此基础上各零件生产越多越好，第二天统一送至指定地点。该厂两条生产线对三型零件的生产能力如表 3.15 所示，如何安排生产计划可以更好地完成生产任务？

表 3.15　基本信息

属性	生产线 A			生产线 B		
	Ⅰ	Ⅱ	Ⅲ	Ⅰ	Ⅱ	Ⅲ
生产能力/（件/时）	2000	5000	3500	2000	3000	4000
设备日工作时限	8			8		

（1）原问题模型。

根据上述关系，决策变量定义为 x_{ij}，即第 i 条生产线生产第 j 个型号的零件的用时。

目标函数为

$$\max Z=2000(x_{11}+x_{21})+5000x_{12}+3000x_{22}+3500x_{13}+4000x_{23}$$

约束条件满足

$$\begin{cases} x_{11}+x_{12}+x_{13} \leqslant 8 \\ x_{21}+x_{22}+x_{23} \leqslant 8 \\ 2000(x_{11}+x_{21}) \geqslant 10000 \\ 5000x_{12}+3000x_{22} \geqslant 20000 \\ 3500x_{13}+4000x_{23} \geqslant 15000 \\ x_{ij} \geqslant 0, i=1,2; j=1,2,3 \end{cases}$$

应用MATLAB的线性规划函数linprog进行求解。输入代码为

f=[−2000, −5000, −3500, −2000, −3000, −4000];

$$A = \begin{bmatrix} 1 & 1 & 1 & 0 & 0 & 0 \\ 0 & 0 & 0 & 1 & 1 & 1 \\ -2000 & 0 & 0 & -2000 & 0 & 0 \\ 0 & -5000 & 0 & 0 & -3000 & 0 \\ 0 & 0 & -3500 & 0 & 0 & -4000 \end{bmatrix};$$

B=[8, 8, −10000, −20000, −15000]; lb=zeros(6, 1);

[X,fval,exitflag]=linprog(f, A, b, [], [], lb);

计算得到

x_{11}=0.75, x_{12}=7.25, x_{13}=0, x_{21}=4.25, x_{22}=0, x_{23}=3.75。

生产总量为Z=61250件；零件1生产z_1=10000；零件2生产z_2=36250；零件3生产z_3=15000。即零件1主要安排生产线B进行生产；零件2全部安排生产线A进行生产，且按生产线A对零件2的生产能力，只需4个工时即可完任务需求；零件3全部安排生产线B进行生产。在完成任务基本的硬性要求后，将生产线A的剩余工时全部用于生产零件2，以获得最多的产品数量。

（2）对偶问题模型。

$$\min W=8y_1+8y_2-5y_3-20y_4-30y_5$$

$$\begin{cases} y_1-y_3 \geqslant 2000 \\ y_1-5y_4 \geqslant 5000 \\ y_1-7y_5 \geqslant 3500 \\ y_2-y_3 \geqslant 2000 \\ y_2-3y_4 \geqslant 3000 \\ y_2-8y_5 \geqslant 4000 \\ y_i \geqslant 0, i=1,2,\cdots,5 \end{cases}$$

将原问题和对偶问题均转化为标准形式。

原问题标准型：

$$\max Z=2000(x_{11}+x_{21})+5000x_{12}+3000x_{22}+3500x_{13}+4000x_{23}$$

$$\begin{cases} x_{11}+x_{12}+x_{13}+h_1=8 \\ x_{21}+x_{22}+x_{23}+h_2=8 \\ x_{11}+x_{21}-h_3=5 \\ 5x_{12}+3x_{22}-h_4=20 \\ 7x_{13}+8x_{23}-h_5=30 \\ x_{ij}\geqslant 0, h_k\geqslant 0, i=1,2; j=1,2,3; k=1,2,\cdots,5 \end{cases}$$

对偶问题标准型：

$$\min W=8y_1+8y_2-5y_3-20y_4-30y_5$$

$$\begin{cases} y_1-y_3-k_1=2000 \\ y_1-5y_4-k_2=5000 \\ y_1-7y_5-k_3=3500 \\ y_2-y_3-k_4=2000 \\ y_2-3y_4-k_5=3000 \\ y_2-8y_5-k_6=4000 \\ y_i\geqslant 0; k_j\geqslant 0, i=1,2,\cdots,5; j=1,2,\cdots,6 \end{cases}$$

已知原问题的最优解为 x_{11}=0.75, x_{12}=7.25, x_{13}=0, x_{21}=4.25, x_{22}=0, x_{23}=3.75，代入标准型可求得松弛变量为 $\boldsymbol{H}_S$=[0, 0, 0, 16, 25, 0]。

根据互补松弛定理：

① 满足 $\boldsymbol{Y}^*\boldsymbol{H}_S=0$，计算得到 $y_4=0$。$\boldsymbol{Y}^*$ 为对偶问题的最优解。

② $\boldsymbol{K}_S\boldsymbol{X}^*=0$，由于 $\boldsymbol{K}_S\geqslant 0$，计算得到 $k_1=k_2=k_3=k_4=k_6=0$。$\boldsymbol{X}^*$ 为原问题最优解。

将上述结果代入对偶问题标准型，整理得到：

$$\begin{cases} y_1-y_3=2000 \\ y_1=5000 \\ y_1-7y_5-k_3=3500 \\ y_2-y_3=2000 \\ y_2-k_5=3000 \\ y_2-8y_5=4000 \end{cases}$$

计算得到 y_1=5000, y_2=5000, y_3=3000, y_4=0, y_5=125, W=61250。对偶问题最优解 $\boldsymbol{Y}^*$ 所对应的含义是指在其他条件不变的情况下，y_1 反映生产线 A 一个单位的工作台时变化对最优产量的影响；y_2 反映生产线 B 一个单位的工作台时变化对最优产量的影响；y_3、y_4 和 y_5 分别反映三型零件的产品需求单位变化对最优产量的影响。

> **思考角**：在任务硬性需求满足条件下，如果想要实现各类型零件余量在均匀生产的需求下越多越好，该模型应该如何构建其目标函数和约束条件以实现最优求解？其对偶问题中各参数的意义是否会发生变化？

习 题

1. 根据对偶问题和原问题的对应关系，试阐述什么情况下对偶转换更有利于计算分析。

2. 原问题若存在可行解，其对偶问题是否必定存在可行解？若原问题和对偶问题都存在可行解，该问题是否必定存在有限最优解？

3. 写出下列线性规划问题的对偶形式。

（1） $\min Z = 2x_1 + 2x_2 + 4x_3$

$$\begin{cases} x_1 + 3x_2 + 4x_3 \geqslant 2 \\ 2x_1 + x_2 + 3x_3 \leqslant 3 \\ x_1 + 4x_2 + 5x_3 = 5 \\ x_1, x_2 \geqslant 0, x_3 \text{无约束} \end{cases}$$

（2） $\max Z = 5x_1 + 6x_2 + 3x_3$

$$\begin{cases} x_1 + 2x_2 + 2x_3 = 5 \\ -x_1 + 5x_2 - x_3 \geqslant 3 \\ 4x_1 + 7x_2 + 3x_3 \leqslant 8 \\ x_1 \text{无约束}, x_2 \geqslant 0, x_3 \leqslant 0 \end{cases}$$

（3） $\min Z = 2x_1 + 3x_2 + 4x_3$

$$\begin{cases} x_1 + 2x_2 + x_3 \geqslant 3 \\ 2x_1 - x_2 + 3x_3 \geqslant 4 \\ x_1, x_2, x_3 \geqslant 0 \end{cases}$$

（4） $\min Z = 4x_1 + 9x_2$

$$\begin{cases} x_1 + x_2 \geqslant 2 \\ x_1 + 4x_2 \geqslant 3 \\ x_1 + 7x_2 \geqslant 4 \\ x_1, x_2 \geqslant 0 \end{cases}$$

4. 已知线性规划问题

$$\min W = 15x_1 + 24x_2 + 5x_3$$
$$\text{s.t.} \begin{cases} 6x_2 + x_3 \geqslant 2 \\ 5x_1 + 2x_2 + x_3 \geqslant 1 \\ x_1, x_2, x_3 \geqslant 0 \end{cases}$$

其对偶问题最优解为 $y_1^* = 3.5, y_2^* = 1.5$，试运用对偶问题性质，求解原问题最优解。

5. 已知线性规划问题

$$\max Z = c_1 x_1 + c_2 x_2 + c_3 x_3$$

$$\begin{bmatrix} \alpha_{11} \\ \alpha_{21} \end{bmatrix} x_1 + \begin{bmatrix} \alpha_{12} \\ \alpha_{22} \end{bmatrix} x_2 + \begin{bmatrix} \alpha_{13} \\ \alpha_{23} \end{bmatrix} x_3 + \begin{bmatrix} 1 \\ 0 \end{bmatrix} x_4 + \begin{bmatrix} 0 \\ 1 \end{bmatrix} x_5 = \begin{bmatrix} b_1 \\ b_2 \end{bmatrix}, \quad x_i \geqslant 0, i = 1, 2, \cdots, 5$$

若通过单纯行表得到的结果如表 3.16 所示，试求各参数取值。

表 3.16 第 5 题单纯形表

X_B	b	x_1	x_2	x_3	x_4	x_5
x_3	3/2	1	0	1	1/2	−1/2
x_2	2	1/2	1	0	−1	2
$c_j - z_j$		−3	0	0	0	−4

6. 已知线性规划问题

$$\max Z = -5x_1 + 5x_2 + 13x_3$$

$$\begin{cases} -x_1 + x_2 + 3x_3 \leqslant 20 \\ 12x_1 + 4x_2 + 10x_3 \leqslant 90 \\ x_1, x_2, x_3 \geqslant 0 \end{cases}$$

请用单纯形法求解最优解。并分析以下问题：

（1）约束条件 $-x_1 + x_2 + 3x_3 \leqslant 20$ 的右端项取值范围为多少时不影响最优基，当取值 35 时，最优解为多少。

（2）约束条件 $12x_1 + 4x_2 + 10x_3 \leqslant 90$ 的右端项取值范围为多少时不影响最优基，当取值 70 时，最优解为多少。

（3）目标函数中变量 x_3 的系数取值范围为多少不影响最优基，当取值为 8 时，计算最优解。

（4）约束条件中变量 x_1 的系数向量由 $\begin{bmatrix} -1 \\ 12 \end{bmatrix}$ 变为 $\begin{bmatrix} -1 \\ 5 \end{bmatrix}$ 对最优解的影响。

参 考 文 献

[1]《运筹学》教材编写组. 运筹学[M]. 3 版. 北京：清华大学出版社，2005.

[2] 郝英奇，等. 实用运筹学[M]. 北京：机械工业出版社，2016.

[3] 宋志华，周中良. 运筹学基础[M]. 西安：西安电子科技大学出版社，2020.

第4章 整数规划和运输问题

线性规划模型及单纯形法能够满足大部分现实问题的求解需求。但在实际工作中，有些问题存在一些特殊的约束条件，可以在单纯行法的基础上进行调整和改进，得到更简洁的求解策略。如要求决策变量的取值必须是整数，这类约束很普遍，因此诞生了整数规划的研究需求和成果。再如约束方程的系数矩阵恰好形成特殊的结构，从而可能找到比一般单纯形法更简便高效的求解方法，运输问题就是这么一种特殊的线性规划问题。对问题的深刻认识和方法的深刻理解是实现创新探索的一条路径，本章仅针对整数规划和运输问题为对象进行介绍。

4.1 整数规划问题及基本方法

4.1.1 整数规划问题及其特点

例 4.1 某公司需用货轮运输其生产的两种货物，采用集装箱的形式装船运输。货轮的载重要求和集装箱的体积、重量及利润关系如表 4.1 所示。如何安排两种货物的运输量使效益最优？

表 4.1 基本关系表

货 品	体 积	重 量	利 润
甲	6	5	30
乙	5	7	30
限制	36	35	

假设甲、乙两种货物的集装箱数分别为 x_1 和 x_2，显然集装箱的数量必须为整数。根据线性规划理论可建立该问题的数学模型：

$$\max Z = 30x_1 + 30x_2$$

$$\begin{cases} 6x_1 + 5x_2 \leqslant 36 \\ 5x_1 + 7x_2 \leqslant 35 \\ x_1, x_2 \text{正整数} \end{cases}$$

可以看到，和线性规划问题相比，整数约束是唯一的区别。

例 4.2 某公司计划在未来三年内针对 5 个项目进行投资决策，表 4.2 给出了每个项目每年的投入和预计的期望收益。问该如何进行投资决策？

表 4.2　例 4.2 基本信息表

项目	每年支出需求			收益
	第一年	第二年	第三年	
I	5	1	8	20
II	5	7	10	40
III	3	9	2	20
IV	7	4	1	15
V	8	6	10	30
资金限制	25	25	25	

这类问题是整数规划当中更特殊的一类，对每个项目只有"投资"和"不投资"两种选择，假设 x_i 为对项目 i 的决策变量，常用的处理方式是将变量取值引入二元变量来反映：

$$x_i = \begin{cases} 0, & \text{不投资项目} i \\ 1, & \text{投资项目} i \end{cases}$$

此时的数学模型可表示为

$$\max Z = 20x_1 + 40x_2 + 20x_3 + 15x_4 + 30x_5$$

$$\begin{cases} 5x_1 + 5x_2 + 3x_3 + 7x_4 + 8x_5 \geqslant 25 \\ x_1 + 7x_2 + 9x_3 + 4x_4 + 6x_5 \geqslant 25 \\ 8x_1 + 10x_2 + 2x_3 + x_4 + 10x_5 \leqslant 25 \\ x_1, x_2, x_3, x_4, x_5 = 0/1 \end{cases}$$

该问题中决策变量不仅是整数，取值更是仅为 0 或 1，此类问题称为 0-1 型整数规划问题。

拓展角：一般整数线性规划问题模型的决策变量都可以转换为二元（0-1）变量形式。假设变量 x_i 满足 $0 \leqslant x_i \leqslant u_i$，$u_i$ 为其有限上界。则变量 x_i 可以表示为

$$x_i = 2^0 y^0 + 2^1 y^1 + \cdots + 2^k y^k$$

变量 y_j（$j=0, 1, \cdots, k$）为二元变量，其中 k 为满足 $u_i \leqslant 2^{k+1} - 1$ 的最小整数。

整数规划中约束条件要求部分或所有的决策变量取值为整数。显然，上述两个问题都可以通过线性规划进行求解，但增加整数约束后，其求解又存在一些变化。一般而言，整数规划问题的求解策略可以分为以下三个步骤。

（1）首先忽略对决策变量的整数约束限制，对原问题可行解空间进行松弛，松弛后的解空间包含原问题的解空间。

（2）忽略整数约束限制后，决策变量可连续变化，新问题可通过线性规划理论进行求解，得到对应的最优解。

（3）基于线性规划理论求得的最优解，通过增加一些特殊的约束实现对决策变量取

值为整数的要求，得出原问题最优解。

常用的增加特殊约束实现决策变量取整的方法有两种：分支定界法和割平面法。割平面法的整体思路和分支定界法相似，都是基于连续线性规划问题的最优解开始，通过对非整数解的切割，实现对整数约束最优解的求解。但割平面法计算过程中需要进行单纯形法和对偶单纯形的交错计算，且为保证变量取整的约束，存在系数取值较大的问题，使得计算过程较为复杂。经验上看，分支定界法的效果远好于割平面法。

4.1.2 分支定界法

分支定界法是 A. 兰德和 G. 多伊格在 1960 年设计的求解一般混合整数线性规划和纯整数线性规划问题的方法。针对有约束条件的最优化问题，在其有限规模的所有可行解空间进行系统搜索。分支，即将解空间反复地分割为越来越小的子集；定界，即对每个子集内的解集计算一个目标下界（对于最小值问题）。在每次分支后，若某个已知可行解集的目标值不能达到当前的界限，则将这个子集舍去，该过程称为剪支。分支定界法比穷举法优越之处在于仅针对部分可行解进行整数约束下的寻优，可以减少计算量，但对大规模变量问题，该方法仍然存在计算复杂性高的缺陷。

假设 A 为原整数规划问题，B 为取消整数约束后的线性规划问题，分支定界法的基本步骤如下。

Step1：依据观察或经验，将 A 问题的某一可行解设立为下界 $\underline{Z}$，将 B 问题得到的最优值记为该问题的上界 $\bar{Z}$（以最大化问题为例）。最优解 Z^* 必然满足 $\underline{Z} \leqslant Z^* \leqslant \bar{Z}$。以 B 问题求解得到的最优解为基准，任意选择一个非整数决策变量 x_i 进行操作。

（1）对 B 问题增加约束 $x_i \leqslant [x_i]$，形成一个新的子问题模型 B_1，$[x_i]$ 表示对 x_i 下取整；

（2）对 B 问题增加约束 $x_i \geqslant [x_i]+1$，形成一个新的子问题模型 B_2。

Step2：针对子问题 B_1 和 B_2 分别进行线性规划求解，存在以下几种可能。

（1）子问题 B_i 的最优解若满足 $Z_i < \underline{Z}$，则剪除该分支；

（2）子问题 B_i 的最优解满足整数约束且 $Z_i > \underline{Z}$，则更新下界 $\underline{Z} = Z_i$；

（3）子问题 B_i 的最优解满足 $Z_i > \underline{Z}$，则对该子问题按 Step1 进行操作，形成新的分支进行计算。

当所有的分支都被计算完成，此时的下界 $\underline{Z}$ 即为 A 问题的最优解。

对例 4.1 进行分支定界法求解。

$$\max Z = 30x_1 + 30x_2$$
$$\begin{cases} 6x_1 + 5x_2 \leqslant 36 \\ 5x_1 + 7x_2 \leqslant 35 \\ x_1, x_2 \text{正整数} \end{cases}$$

先不考虑决策变量取整的约束，进行线性规划求解，可行域 B_1 中得到最优解 x_1=4.53，x_2=1.76，最优值为 Z=188.8，如图 4.1 所示。

显然，该最优解不满足整数约束。因此，记上界为 $\bar{Z} = 188.8$，观察可发现原点为该原问题的一个可行解，则下界记为 $\underline{Z} = 0$。

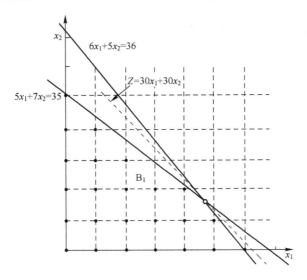

图 4.1 图解示例图

任意选取一个变量进行分支操作。假设选择变量 x_1，因为 $4<x_1<5$，因此可以将解空间进行分割，形成如图 4.2 所示的 2 个解空间 B_2 和 B_3。由于删除的解空间 S 中变量 x_1 的取值不可能是整数，因此，对解空间 S 的删除不会对原问题的最优解产生影响。对原问题的最优解求解，可以转变成从以下两个解空间集合中寻找最优解。

$$B_2: \begin{cases} \max Z = 30x_1 + 30x_2 \\ 6x_1 + 5x_2 \leqslant 36 \\ 5x_1 + 7x_2 \leqslant 35 \\ 0 \leqslant x_1 \leqslant 4, x_2 \geqslant 0 \end{cases} \qquad B_3: \begin{cases} \max Z = 30x_1 + 30x_2 \\ 6x_1 + 5x_2 \leqslant 36 \\ 5x_1 + 7x_2 \leqslant 35 \\ x_1 \geqslant 5, x_2 \geqslant 0 \end{cases}$$

同样，通过线性规划求解得到上述两个解空间中的最优解分别为 B_2（$x_1=4$, $x_2=2.14$），$Z_{B1}=184.3$；B_3（$x_1=5$, $x_2=1.2$），$Z_{B2}=186$。

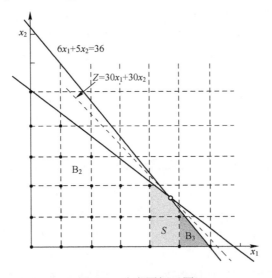

图 4.2 分支图解示图

分别针对子问题 B_2 和 B_3 进行分支，分支变量均为 x_2。具体求解过程如图 4.3 所示。

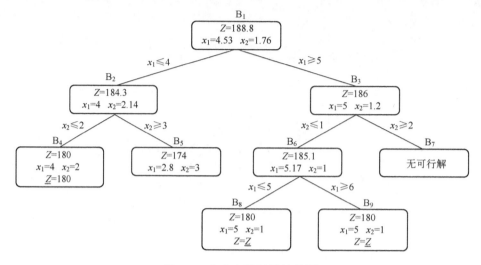

图 4.3　分支定界树状结构图

在计算子问题 B_4 时，得到一组满足整数约束的可行解 $x_1=4$, $x_2=2$，更新其下界 $\underline{Z}=180$。继续计算，最终实现，得到最优值为 $Z=180$，最优解有三组，分别是 $x_1=4$, $x_2=2$；$x_1=5$, $x_2=1$；$x_1=6$, $x_2=0$。

4.2　指派问题及匈牙利解法

4.2.1　指派问题及标准化模型

指派问题（Assignment Problem）是一类特殊的 0-1 型整数规划问题。在现实生活中，有各种性质的指派问题。例如，有若干项目组需要安排到对应的工地去完成任务；有若干项合同需要招标相应的承包商来完成；有若干参赛队需要安排在合适的训练场训练等。诸如此类问题，它们的基本要求是在满足特定的指派要求条件下，使指派方案的总体效果最佳。

指派问题的标准形式（以人和事为例）：有 n 个人和对应的 n 件事，已知第 i 个人做第 j 件事的费用为 c_{ij}，要求确定人和事之间一一对应的匹配方案，使完成这 n 件事的费用最少。

一般称矩阵 C 为指派问题的系数矩阵（Coefficient Matrix）。

$$C=(c_{ij})_{n\times n}=\begin{bmatrix} c_{11} & c_{12} & \cdots & c_{1n} \\ c_{21} & c_{22} & \cdots & c_{2n} \\ \cdots & \cdots & \cdots & \cdots \\ c_{n1} & c_{n2} & \cdots & c_{nn} \end{bmatrix}$$

在实际问题中，根据 c_{ij} 的具体意义，矩阵 C 可以有不同的含义，如费用、成本、时间等。系数矩阵 C 中，第 i 行中各元素表示第 i 个人做各事的费用，第 j 列各元素表示第 j 项事由各人做的费用。

为了建立标准指派问题的数学模型，引入 n^2 个 0-1 变量：

$$x_{ij} = \begin{cases} 1, & 若指派第i人做第j事 \\ 0, & 若不指派第i人做第j事 \end{cases} (i,j=1,2,\cdots,n)$$

这样，指派问题的数学模型可写成

$$\min W = \sum_{i=1}^{n}\sum_{j=1}^{n} c_{ij}x_{ij}$$

$$\begin{cases} \sum_{i=1}^{n} x_{ij} = 1, & j=1,2,\cdots,n \\ \sum_{j=1}^{n} x_{ij} = 1, & i=1,2,\cdots,n \\ x_{ij} = 0或1, & i,j=1,2,\cdots,n \end{cases}$$

上述数学模型中，第一个约束条件表示每件事有且只有一个人去做，第二个约束条件表示每个人有且只能做一件事。

对于指派问题的每一个可行解，可用解矩阵 X 来表示。

$$X = (x_{ij})_{n \times n} = \begin{bmatrix} x_{11} & x_{12} & \cdots & x_{1n} \\ x_{21} & x_{22} & \cdots & x_{2n} \\ \cdots & \cdots & \cdots & \cdots \\ x_{n1} & x_{n2} & \cdots & x_{nn} \end{bmatrix}$$

当然，作为可行解，根据约束条件限制，每列各元素中有且只有一个元素取值为 1，每行各元素中也有且只有一个元素取值为 1，其余均为 0。因此，指派问题共存在 $n!$ 个可行解。当指派问题的维度 n 足够大时，与此对应的方案呈指数型增长，存在组合爆炸的问题。

例 4.3 某商业公司计划在五个城市各开办 1 家新商店。为了尽早建成营业，商业公司决定由 5 家建筑公司分别承建。已知建筑公司 A_i ($i=1,2,\cdots,5$) 对新商店 B_j ($j=1,2,\cdots,5$) 的建造费用的报价（万元）为 c_{ij} ($i,j=1,2,\cdots,5$)，如表 4.3 所示。商业公司应当对 5 家建筑公司怎样分配建造任务，才能使总的建造费用最少？

表 4.3 制造任务费用表

参数	B_1	B_2	B_3	B_4	B_5
A_1	4	8	7	15	12
A_2	7	9	17	14	10
A_3	6	9	12	8	7
A_4	6	7	14	6	10
A_5	6	9	12	10	6

这是一个标准的指派问题。若设 0-1 变量为

$$x_{ij} = \begin{cases} 1, & \text{当}A_i\text{承建}B_j\text{时} \\ 0, & \text{当}A_i\text{不承建}B_j\text{时} \end{cases} \quad (i, j = 1, 2, \cdots, 5)$$

则问题的数学模型可表示为

$$\min W = 4x_{11} + 8x_{12} + \cdots + 10x_{54} + 6x_{55}$$

$$\begin{cases} \sum_{i=1}^{5} x_{ij} = 1, & j = 1, 2, \cdots, 5 \\ \sum_{j=1}^{5} x_{ij} = 1, & i = 1, 2, \cdots, 5 \\ x_{ij} = 0\text{或}1, & i, j = 1, 2, \cdots, 5 \end{cases}$$

4.2.2 匈牙利解法

20 世纪 50 年代，许多学者对指派问题进行研究，弗劳德认为指派问题属于"运输问题"的退化模型；沃托和奥登在 1951 年 6 月召开的"线性不等式和线性规划独家研讨会"中从多种视角分析指派问题的模型构建与求解思路；而对匈牙利解法最为重要的研究参考来源于丹齐格和冯·诺依曼为提升计算效率，强调将对偶线性规划方法应用与指派问题的组合优化求解。在此基础上，美国数学家库恩结合两位匈牙利数学家康尼格和艾格尔夫比提出的独立零元素定理，按照对偶线性规划求解范式，开发设计了求解指派问题的新方法，于 1955 年 3 月在《海军研究物流》期刊上正式发表。考虑到两位匈牙利数学家的研究工作均早于线性规划问题，因此，这一新方法被命名为匈牙利解法。

通过简化的指派问题求解过程对康尼格和艾格尔夫比提出的独立零元素定理以及其在指派问题中的应用方式进行说明。

考虑如下所示的简化指派问题模型，假设有四名工作人员（表示为 $i=1, 2, 3, 4$）可供指派，有四项工作（表示为 $j=1, 2, 3, 4$）需要完成。工作人员对各项工作的胜任能力如下所示。

$$\text{工作人员} \begin{cases} 1 \\ 2 \\ 3 \\ 4 \end{cases} \text{可胜任工作情况} \begin{cases} 1,2,3 \\ 3,4 \\ 4 \\ 4 \end{cases}$$

通过布尔逻辑数 $\{0, 1\}$ 表示每名工作人员完成各项工作的胜任情况，因此，可得到矩阵的形式描述工作人员与工作胜任情况的映射关系，称该矩阵为资格矩阵 $\boldsymbol{Q}$。

$$\boldsymbol{Q} = \begin{bmatrix} 1 & 1 & 1 & 0 \\ 0 & 0 & 1 & 1 \\ 0 & 0 & 0 & 1 \\ 0 & 0 & 0 & 1 \end{bmatrix}$$

其中，$Q_{ij}=1$ 表示工作人员 i 胜任工作 j，$Q_{ij}=0$ 表示不胜任该工作。通过观察资格矩阵 **Q** 可以发现，矩阵中各行表示工作人员胜任各项工作的情况，各列表示该工作能够被哪些工作人员完成。根据上述定义，简化条件下的指派问题，可描述为如何根据工作人员的胜任情况，按照每人只安排一项任务完成任务指派，使得任务完成数最大。若根据资格矩阵 **Q** 对问题进行定义，则可描述为如何根据资格矩阵 **Q** 安排指派方案使得任务完成数值最大。在简化条件下的指派问题中，工作人员除工作胜任情况不同外，在选择任务时是等可能的，影响指派方案的关键在于如何实现最大化地完成规定任务，即在不产生指派冲突的情况下，尽可能多地完成任务；同时，为区别各项任务是否被指派，采用"*"号标记拟指派任务。

矩阵所示：

$$\begin{bmatrix} 1 & 1 & 1^* & 0 \\ 0 & 0 & 1 & 1^* \\ 0 & 0 & 0 & 1 \\ 0 & 0 & 0 & 1 \end{bmatrix}$$

在上述矩阵中，工作人员（$i=1$）被指派完成工作（$j=3$），工作人员（$i=2$）被指派完成工作（$j=4$），根据指派问题假设，工作人员（$i=3,4$）已无法被指派新的任务，可认为初步指派工作完成，此时该指派方案下的最大工作完成数量为 2。在初步指派工作完成的情况下，可采取任务转移的方法来调整当前指派方案进而有效提升任务指派的最大化目标。显然，可以通过调整工作人员（$i=1$）完成工作（$j=2$），工作人员（$i=2$）指派完成工作（$j=3$）的方式，使工作（$j=4$）变成空闲状态，在此基础上，增派工作人员（$i=4$）完成工作（$j=4$），使得新方案下的最大工作完成数增长到 3，任务完成能力得到显著提升。

$$\begin{bmatrix} 1 & 1^* & 1 & 0 \\ 0 & 0 & 1^* & 1 \\ 0 & 0 & 0 & 1 \\ 0 & 0 & 0 & 1^* \end{bmatrix}$$

实际上，在上述第二阶段的方案调整过程中，可能存在多种不同的指派选择，如调整工作人员（$i=1$）完成工作（$j=1$），或增派工作人员（$i=3$）完成对工作（$j=4$）的指派。尽管这些属于不同的指派方案，但所得到的最大工作完成数是一致的。这也意味着在简化条件下的指派问题，通常存在多种最优解。

$$\begin{bmatrix} 1^* & 1 & 1 & 0 \\ 0 & 0 & 1^* & 1 \\ 0 & 0 & 0 & 1 \\ 0 & 0 & 0 & 1^* \end{bmatrix} \begin{bmatrix} 1^* & 1 & 1 & 0 \\ 0 & 0 & 1^* & 1 \\ 0 & 0 & 0 & 1^* \\ 0 & 0 & 0 & 1 \end{bmatrix} \begin{bmatrix} 1 & 1^* & 1 & 0 \\ 0 & 0 & 1^* & 1 \\ 0 & 0 & 0 & 1^* \\ 0 & 0 & 0 & 1 \end{bmatrix}$$

在执行初步指派和任务转移两个阶段工作时，其目的总是期望指派方案能够尽可能扩大任务完成数，这种操作方式在处理指派问题时通常都是有效的。

1）简化的指派问题求解一般化过程

假设安排 n 名工作人员完成 n 项工作任务，建立资格矩阵 **Q** 用以表示各工作人员对各项工作的胜任情况，其中用 $Q_{ij}=1$ 表示第 i 名工作人员能够胜任第 j 项工作，反之则不能胜任。在不要求实现最大化任务指派时，可将胜任某项工作的工作人员进行指派，直至无工作人员可指派或无任务可被指派的情况，即为完成指派。若要实现最大化任务指派，则需采用任务转移的方式，优化任务指派结构，将工作人员和工作任务按照顺序进行排列，以二分图的形式完成指派，如图4.4所示。

图 4.4　指派方案设计流程

为规范图 4.4 中指派方案，引入文献[4]中相关引理和推论对必要工作人员和必要工作任务进行描述。

引理 4.1：对于一个确定的任务指派映射，如果工作人员被安排完成一项工作，则该工作人员或工作被认定为必要人员（或必要工作）。

推论 4.1：对于所有的任务指派映射，被指派完成工作的工作人数等于必要人员和必要工作数量的总和。

引理 4.2：对于一个确定的任务指派映射，如果工作人员在被指派完成某项工作的同时，具备完成另一项未被指派的工作的资格，该工作人员被认定为必要人员。

引理 4.3：对于一个确定的任务指派映射，如果每次转移操作都能保持被指派的任务，被认定为必要任务。

由引理 4.1～引理 4.3，可得到求解指派问题的重要定理。

定理 4.1：对于一个确定的任务指派映射，如果每次转移操作都会带来一次完全指派，那么，在每一个人员—工作配对中，工作人员或工作任务被认定是必要的，也可能两者都是必要的。

证明：假设工作人员 i 有完成工作任务 j 的资格。若指派人员 i 完成任务 j，则根据引理 4.1，人员 i 或任务 j 是必要的；若指派人员 i 完成其他任务，那么任务 j 变为未指派状态，则根据引理 4.2，人员 i 是必要的；若人员 i 未被指派那么每次转移将使任务 j 保持连接状态（否则指派方案为非完全指派），则根据引理 4.3，任务 j 是必要的。证毕。

上述定理的提出意味着，从任意确定的指派方案开始，要么在每次转移过程中，保持完全指派，要么在若干次转移过程后，产生至少一个新的工作人员和工作任务的指派映射。因此，至多有 n 个工作人员被安排工作任务，得到定理 4.2。

定理 4.2：指派问题中，在经过每一种可能的转移操作后，将达到完全指派。

下面从对偶问题的角度去看待上述指派问题。考虑符合任务完成资格的人员在被指派任务后获得一定预算（budget），该预算将会分配一个或者 0 个给每个人或者任务。只有当每个人都符合任务完成的需要，每个人或任务会获得一个单位的预算，则称预算是充足的。

定理 4.3：任意可进行完全分配的充足预算数量应该不少于针对符合任务完成资格人员被指派的任务总数。

定理 4.4：存在一个充足的预算和分配方案，使得预算的总分配数量等于符合任务完成资格人员被指派的任务总数。

由于定理 4.3 表明定理 4.4 中的分配方案是最优的，我们可以得到以下简化指派问题的求解方案：可分配和符合任务完成资格人员的最大任务数等于任意充足预算中的最小预算分配总数，当且仅当经过每一种可能的转移操作后的完全指派，该指派方案为最优指派方案。

2）标准的指派问题求解一般化过程

上一步针对简化的指派问题建立了基础模型，并通过四个定理完成了对其最优指派方案选择的分析。接下来给出标准的指派问题的通用描述。

假设有 n 个人（$i=1,\cdots,n$）用于指派给 n 个任务（$j=1,\cdots,n$），且评价矩阵 $\boldsymbol{R}=(r_{ij})$ 已经给出，矩阵中元素均为正整数。一项指派方案中包含被选定的人员和对应指派任务，每项任务只能由一个人完成，每个人也仅能被指派到一个任务。因此，当所有任务被指派后，指派方案将形成一组由（1, 2, 3,$\cdots$, n）构成的序列：

$$\begin{pmatrix} 1 & 2 & 3 & \cdots & n-1 & n \\ j_1 & j_2 & j_3 & \cdots & j_{n-1} & j_n \end{pmatrix}$$

由以上序列构成的指派方案可描述为

$$r_{1,j_1} + r_{1,j_2} + \cdots + r_{1,jn}$$

一般指派问题需要求哪一种指派方案的综合评价值最大。

而上述指派问题的对偶问题则是考虑存在充足的预算，参与任务指派的第 i 个个体和第 j 个任务均被分配到非负整数个预算，在这种情况下，其分配的预算总额应不小于这项任务的评价值。即：

$$u_i+v_j \geqslant r_{ij}, \quad i,j=1, 2,\cdots, n$$

因此，该对偶问题需要求出哪一种指派方案所需的预算分配总数最少。

结合定理 4.3 可以得到适用于上述问题的定理 4.5。

定理 4.5：任意充足预算的分配总额不少于任意分配方案的总评价值。

结合定理 4.4 与定理 4.5，可以给出一般指派问题的匈牙利解法。

求解原理：对于给定的一般指派问题，其目标为寻找一组综合评价总值最大的指派方案 $r_{1,j_1} + r_{1,j_2} + \cdots + r_{1,jn}$，其线性规划对偶问题则是寻找一组满足 $u_i+v_j \geqslant r_{ij}$ 的最小非负整数组 $u_1+u_2+\cdots+u_n$ 和 $v_1+v_2+\cdots+v_n$。当一对非负整数集（u_i, v_j）满足以上不等式时，被称为一组覆盖，并在矩阵中对应位置（i,j)处用星号(*)标记。当星号标记元素所在行列中再无星号元素，则被称为独立标记元素。结合康尼格独立零元素定理可知，当评价矩阵 $\boldsymbol{R}_{m\times m}$ 中存在 m 个独立标记元素，则可用 m 条直线完全覆盖评价矩阵的所有独立标记元素，即确定最终指派方案。若独立标记元素小于 m，则可通过直线覆盖评价矩阵所有独立标记元素的方式，寻找新的独立标记元素，提升覆盖范围。

下面以符号形式给出匈牙利解法的求解过程。

令 $a_i = \max\limits_j r_{ij}$，$b_j = \max\limits_i r_{ij}$ 其中 $i,j=1, 2,\cdots, n$，并令 $a = \sum_i a_i$，$b = \sum_j b_j$。

若 $a \leqslant b$ 则定义 $u_i=a_i(i=1,2,\cdots,n)$，$v_j=0(j=1,2,\cdots,n)$；反之，则定义 $u_i=0$ $(i=1,2,\cdots,n)$，$v_j=b_j(j=1,2,\cdots,n)$。

接下来，结合评价矩阵 $\boldsymbol{R}$，预算参数 u_i 和 v_j 构建指派矩阵 $\boldsymbol{Q}$，构建方式如下所示。

$$q_{ij} = \begin{cases} 1, & u_i + v_j = r_{ij} \\ 0, & \text{其他} \end{cases}$$

其中 $q_{ij}=1$ 的元素，即为星号标记元素，紧接着需要确定独立标记元素。当 $a \leqslant b$ 时，以行序列为顺序寻找独立标记元素（从上至下），将各行首个出现的元素"1"标记为"1*"；反之，则以列序列为顺序进行寻找。

在初步完成标记元素后，匈牙利解法采用两阶段迭代完成对最优指派方案的选择，如图 4.5 所示。

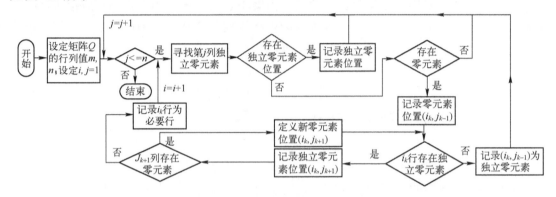

图 4.5 匈牙利解法实现流程

例 4.4 有四名技术人员{甲、乙、丙、丁}需安排其分别完成四项任务{A、B、C、D}，每名技术人员完成各项任务的效果评价矩阵 $\boldsymbol{R}$ 如下所示，试采用匈牙利解法求解最优指派方案。

$$\boldsymbol{R} = \begin{bmatrix} 8 & 7 & 9 & 9 \\ 5 & 2 & 7 & 8 \\ 6 & 1 & 4 & 9 \\ 2 & 3 & 2 & 6 \end{bmatrix}$$

解：首先根据指派问题的对偶形式，给出上述评价矩阵在行和列方向上的最大行和与最大列和，分别为

$$\text{Column}_{\max} = \sum_{j=1}^{4} \max_i R_{ij} = 8+7+9+9 = 33$$

$$\text{Row}_{\max} = \sum_{i=1}^{4} \max_j R_{ij} = 9+8+9+6 = 32$$

显然，$\text{Row}_{\max} < \text{Column}_{\max}$，根据匈牙利解法的初始化方法，令 $u_i = \max_j R_{ij}$，$v_j=0$，根据约束条件 $u_i+v_j=r_{ij}$，可得到初始指派矩阵 $\boldsymbol{Q}$ 如下所示，$u=\{9,8,9,6\}$，$v=\{0,0,0,0\}$。

$$Q = \begin{bmatrix} 0 & 0 & 1^* & 1 \\ 0 & 0 & 0 & 1^* \\ 0 & 0 & 0 & 1 \\ 0 & 0 & 0 & 1 \end{bmatrix}$$

根据初始指派矩阵可知，完全匹配的组合方案仅为{(甲, C),(乙, D)}（仅考虑行转移操作的情况），无法进行转移操作，根据定理 4.1，四名技术人员当前均为非必要人员，而任务 C、D 均包含独立要素标记，且与非必要人员关联，属于必要任务。因此，根据图 4.5 的求解流程，令 $u=u-1$，$v_3=v_3+1$，$v_4=v_4+1$，再次根据约束条件 $u_i+v_j=r_{ij}$，确定第二阶段指派矩阵 Q，$u=\{8, 7, 8, 5\}$，$v=\{0, 0, 1, 1\}$。

$$Q = \begin{bmatrix} 1^* & 0 & 1 & 1 \\ 0 & 0 & 0 & 1^* \\ 0 & 0 & 0 & 1 \\ 0 & 0 & 0 & 1 \end{bmatrix}$$

根据第二阶段指派矩阵可知，完全匹配方案为{(甲, C),(乙, D)}和{(甲, A),(乙, D)}，因此，技术人员甲可进行转移操作，属于必要人员，任务 C 仅关联必要人员甲，属于非必要任务，而任务 D 仍为必要任务。因此，令 $u=u-1$，$v_4=v_4+1$，结合约束条件 $u_i+v_j=r_{ij}$ 确定第三阶段指派矩阵 Q，$u=\{8, 6, 7, 4\}$，$v=\{0, 0, 1, 2\}$。

$$Q = \begin{bmatrix} 1^* & 0 & 1 & 1 \\ 0 & 0 & 1^* & 1 \\ 0 & 0 & 0 & 1^* \\ 0 & 0 & 0 & 1 \end{bmatrix}$$

同理，在新的指派矩阵中，完美匹配包含三个指派序列，不存在同等数量指派序列的转移操作，所以四名技术人员当前均为非必要人员，任务 A、C、D 为必要任务，令 $u=u-1$，$v_1=v_1+1$，$v_3=v_3+1$，$v_4=v_4+1$，确定第四阶段指派矩阵 Q，$u=\{7, 5, 6, 3\}$，$v=\{1, 0, 2, 3\}$。

$$Q = \begin{bmatrix} 1^* & 1 & 1 & 1 \\ 0 & 0 & 1^* & 1 \\ 0 & 0 & 0 & 1^* \\ 0 & 1^* & 0 & 1 \end{bmatrix}$$

至此，指派矩阵中出现四个独立元素标记，形成独立的四个指派序列，即{(甲, C),(乙, C), (丙, D),(丁, B)}，最优指派方案的效果值为 27。

3）优化后的匈牙利解法求解过程

匈牙利解法的关健是利用了指派问题最优解的以下性质：若从指派问题的系数矩阵 $C=(c_{ij})_{n \times n}$ 的某行（或某列）各元素分别减去一个常数 k，得到一个新的矩阵 $C'=(c'_{ij})_{n \times n}$。由于系数矩阵的这种变化并不影响数学模型的约束方程组，而只是使目标函数值减小了确定的常数值，因此以 C' 和 C 为系数矩阵的两个指派问题有相同的最优解，最优解并不改变。

对于标准的指派问题，优化后的匈牙利解法的求解步骤更易于理解，一般步骤表述如下。

Step1：变换系数矩阵，构造零元素。先对各行元素分别减去本行中的最小元素，再对各列元素分别减去本列中最小元素。这样系数矩阵中每行及每列至少都有一个零元素，同时不出现负元素，转 Step2。

Step2：在变换后的系数矩阵中确定独立零元素。若独立零元素数量等于系数矩阵阶数 n，则已找到最优解；若独立零元素少于 n 个，则做能覆盖所有零元素的最少直线数目的直线集合，然后转 Step3。

对于系数矩阵非负的指派问题来说，若能在系数矩阵中找到 n 个位于不同行和不同列的零元素，则对应的指派方案总费用为零，从而一定是最优解。在选择零元素时，当同一行（或列）上有多个零元素时，如选择其一，则其余的零元素就不能再被选择。所以，关键并不在于有多少个零元素，而要看它们是否恰当地分布在不同行和不同列上，即独立零元素的数目是否满足矩阵的阶数。

为了确定独立零元素，可以在只有一个零元素的行（或列）中加圈（标记为◎），表示此人只能做该事（或此事只能由该人来做）。每圈一个"0"同时把位于同列和同行的其他零元素划去（标记为∅），这表示此事已不能再由其他人来做，且此人也不能做其他事了。如此反复进行，直至系数矩阵中所有零元素都被圈去或划去为止。在此过程中，如遇到在所有的行和列中，零元素都不止一个时（存在零元素的闭回路），可任选其中一个零元素加圈，同时划去同行和同列中其他零元素。当过程结束时，被画圈的零元素即是独立零元素。

如独立零元素有 n 个，则表示已可确定最优指派方案。此时，令解矩阵中和独立零元素对应位置上的元素为 1，其他元素为 0，即得最优解矩阵。但若独立零元素少于 n 个，则表示还不能确定最优指派方案。此时，需要确定能覆盖所有零元素的最少直线数目的直线集合。可按下面的方法来进行：

① 对没有◎的行打"√"；
② 在已打"√"的行中，对∅所在列打"√"；
③ 在已打"√"的列中，对◎所在行打"√"；
④ 重复②和③，直到再也不能找到可以打"√"的行或列为止；
⑤ 对没有打"√"的行画横线，对打"√"的列画垂线，这样就得到了覆盖所有零元素的最少直线数目的直线集合。

Step3：继续变换系数矩阵。方法是在未被直线覆盖的元素中找出一个最小元素。对未被直线覆盖的元素所在行（或列）中各元素都减去这一最小元素。这样，在未被直线覆盖的元素中势必会出现新的零元素，但同时又使已被直线覆盖的元素中出现负元素。为了消除负元素，只要对它们所在列（或行）中各元素都加上这一最小元素（可以看作减去这一最小元素的相反数）即可，返回步骤 Step2。

第 4 章　整数规划和运输问题

下面根据优化后的匈牙利解法的上述步骤来求解例 4.3。

已知例 4.3 指派问题的系数矩阵为

$$C = \begin{pmatrix} 4 & 8 & 7 & 15 & 12 \\ 7 & 9 & 17 & 14 & 10 \\ 6 & 9 & 12 & 8 & 7 \\ 6 & 7 & 14 & 6 & 10 \\ 6 & 9 & 12 & 10 & 6 \end{pmatrix}$$

先对各行元素分别减去本行的最小元素，然后对各列也如此操作，即：

$$C = \begin{pmatrix} 0 & 4 & 3 & 11 & 8 \\ 0 & 2 & 10 & 7 & 3 \\ 0 & 3 & 6 & 2 & 1 \\ 0 & 1 & 8 & 0 & 4 \\ 0 & 3 & 6 & 4 & 0 \end{pmatrix} \rightarrow \begin{pmatrix} 0 & 3 & 0 & 11 & 8 \\ 0 & 1 & 7 & 7 & 3 \\ 0 & 2 & 3 & 2 & 1 \\ 0 & 0 & 5 & 0 & 4 \\ 0 & 2 & 3 & 4 & 0 \end{pmatrix} = C'$$

此时，C' 中各行和各列均已出现零元素。

为了确定 C' 中的独立零元素，对 C' 加圈，即：

$$C' = \begin{bmatrix} \emptyset & 3 & \circledcirc & 1 & 8 \\ \circledcirc & 1 & 7 & 7 & 3 \\ \emptyset & 2 & 3 & 2 & 1 \\ \emptyset & \circledcirc & 5 & \emptyset & 4 \\ \emptyset & 2 & 3 & 4 & \circledcirc \end{bmatrix}$$

上述矩阵中只寻找到 4 个独立零元素，少于系数矩阵的阶数 $n=5$，故需要确定能覆盖所有零元素的最少直线数目的直线集合。采用 Step2 中的方法，结果如下：

$$C' = \begin{matrix} \vdots \\ \cdots \emptyset \cdots 3 \cdots \circledcirc \cdots 11 \cdots 8 \cdots \\ \vdots \\ \circledcirc \quad 1 \quad 7 \quad 7 \quad 3 \\ \vdots \\ \emptyset \quad 2 \quad 3 \quad 2 \quad 1 \\ \vdots \\ \cdots \emptyset \cdots \circledcirc \cdots 5 \cdots \emptyset \cdots 4 \cdots \\ \vdots \\ \cdots \emptyset \cdots 2 \cdots 3 \cdots 4 \cdots \circledcirc \cdots \\ \vdots \end{matrix}$$

为了使 C' 中未被直线覆盖的元素中出现零元素，将第二行和第三行中各元素都减去未被直线覆盖的元素中的最小元素 1。但这样一来，第一列中出现了负元素。为了消除负元素，再对第一列各元素分别加上 1，即

$$C' \rightarrow \begin{pmatrix} 0 & 3 & 0 & 11 & 8 \\ -1 & 0 & 6 & 6 & 2 \\ -1 & 1 & 2 & 1 & 0 \\ 0 & 0 & 5 & 0 & 4 \\ 0 & 2 & 3 & 4 & 0 \end{pmatrix} \rightarrow \begin{pmatrix} 1 & 3 & 0 & 11 & 8 \\ 0 & 0 & 6 & 6 & 2 \\ 0 & 1 & 2 & 1 & 0 \\ 1 & 0 & 5 & 0 & 4 \\ 1 & 2 & 3 & 4 & 0 \end{pmatrix} = C''$$

C'' 中已有 5 个独立零元素，故可确定指派问题的最优指派方案。本例的最优解为

$$X^* = \begin{pmatrix} 0 & 0 & 1 & 0 & 0 \\ 0 & 1 & 0 & 0 & 0 \\ 1 & 0 & 0 & 0 & 0 \\ 0 & 0 & 0 & 1 & 0 \\ 0 & 0 & 0 & 0 & 1 \end{pmatrix}$$

也就是说，最优指派方案是：让 A_1 承建 B_3，A_2 承建 B_2，A_3 承建 B_1，A_4 承建 B_4，A_5 承建 B_5。这样安排能使总的建造费用最少，共需 7+9+6+6+6=34（万元）。

4.2.3 非标准形式的指派问题

在实际应用中，常会遇到各种非标准形式的指派问题。通常的处理方法是先将它们转化为标准形式，然后再用匈牙利解法解之。

（1）最大化指派问题。设最大化指派问题系数矩阵 $C=(c_{ij})_{n \times n}$，其中最大元素为 m。令矩阵 $B=(b_{ij})_{n \times n}=(m-c_{ij})_{n \times n}$ 则以 B 为系数矩阵的最小化指派问题和以 C 为系数矩阵的原最大化指派问题有相同最优解。

例 4.5 针对以下矩阵进行效益最大化的任务指派

$$C = \begin{pmatrix} 2 & 15 & 13 & 4 \\ 10 & 4 & 14 & 15 \\ 9 & 14 & 16 & 13 \\ 7 & 8 & 11 & 9 \end{pmatrix}$$

矩阵的最大元素为 $C_{33}=16$，取 $m=16$，令

$$B = \begin{pmatrix} 16-2 & 16-5 & 16-13 & 16-4 \\ 16-10 & 16-4 & 16-14 & 16-15 \\ 16-9 & 16-14 & 16-16 & 16-13 \\ 16-7 & 16-8 & 16-11 & 16-9 \end{pmatrix} = \begin{pmatrix} 14 & 1 & 3 & 12 \\ 6 & 12 & 2 & 1 \\ 7 & 2 & 0 & 3 \\ 9 & 8 & 5 & 7 \end{pmatrix}$$

则以 C 为系数矩阵的最大化指派问题和以 B 为系数矩阵的最小化指派问题最优解相同。

（2）人数和事数不等的指派问题。若人少事多，则添上一些虚拟的"人"，这些虚拟的"人"做各件事的费用系数可取 0，理解为这些费用实际上不会发生。若人多事少，则添上一些虚拟的"事"。这些虚拟的"事"被每个人做的费用系数同样也取 0。

（3）一个人可做多件事的指派问题。若某个人可同时做多件事，如个体 i 可同时胜任 m 件事，则可在矩阵中增加 $m-1$ 个和个体 i 具有相同工作能力的替身进行任务指派。求解的最优指派结果中安排给个体 i 和 $m-1$ 个替身的任务，即为个体 i 最终需要同时承担的任务。

（4）某事一定不能由某人做的指派问题。若某事一定不能由某个人做，则可将相应的费用系数取足够大的数 M，以避免被匹配。

例 4.6 对于例 4.5 的指派问题，为了保证工程质量，经研究决定，舍弃建筑公司 A_4 和 A_5，而让技术力量较强的建筑公司 A_1、A_2 和 A_3 来承建。根据实际情况，可以允许每家建筑公司承建一家或二家商店，求使总费用最少的指派方案。

反映投标费用的系数矩阵为

$$\begin{array}{c} \begin{array}{ccccc} B_1 & B_2 & B_3 & B_4 & B_5 \end{array} \\ \begin{pmatrix} 4 & 8 & 7 & 15 & 12 \\ 7 & 9 & 17 & 14 & 10 \\ 6 & 9 & 12 & 8 & 7 \end{pmatrix} \begin{array}{c} A_1 \\ A_2 \\ A_3 \end{array} \end{array}$$

由于每家建筑公司最多可承建两家新商店，因此，把每家建筑公司化作相同的两家建筑公司（A_i 和 A'_i, i=1, 2, 3），这样，系数矩阵变为

$$\begin{array}{c} \begin{array}{ccccc} B_1 & B_2 & B_3 & B_4 & B_5 \end{array} \\ \begin{pmatrix} 4 & 8 & 7 & 15 & 12 \\ 4 & 8 & 7 & 15 & 12 \\ 7 & 9 & 17 & 14 & 10 \\ 7 & 9 & 17 & 14 & 10 \\ 6 & 9 & 12 & 8 & 7 \\ 6 & 9 & 12 & 8 & 7 \end{pmatrix} \begin{array}{c} A_1 \\ A'_1 \\ A_2 \\ A'_2 \\ A_3 \\ A'_3 \end{array} \end{array}$$

显然，系数矩阵有 6 行 5 列为非标准指派问题，为了使"人"和"事"的数目相同，引入一件虚事 B_6，使之成为标准指派问题的系数矩阵：

$$C = \begin{array}{c} \begin{array}{cccccc} B_1 & B_2 & B_3 & B_4 & B_5 & B_6 \end{array} \\ \begin{pmatrix} 4 & 8 & 7 & 15 & 12 & 0 \\ 4 & 8 & 7 & 15 & 12 & 0 \\ 7 & 9 & 17 & 14 & 10 & 0 \\ 7 & 9 & 17 & 14 & 10 & 0 \\ 6 & 9 & 12 & 8 & 7 & 0 \\ 6 & 9 & 12 & 8 & 7 & 0 \end{pmatrix} \begin{array}{c} A_1 \\ A'_1 \\ A_2 \\ A'_2 \\ A_3 \\ A'_3 \end{array} \end{array}$$

通过匈牙利解法解以 C 为系数矩阵的最小化指派问题得最优指派方案为 A_1 承建 B_1 和 B_3，A_2 承建 B_2，A_3 承建 B_4，B_5。这样指派对应的建造费用最省，为 4+7+9+8+7=35（万元）。

4.3 运输问题及表上作业法

4.3.1 运输问题模型及特点

运输问题一般是研究把某种商品从若干产地运至若干个销地而使总运费最小的一类

问题，它是一种特殊的线性规划问题。

例 4.7 某公司经营某农产品，该公司下设 A_1、A_2、A_3 三个生产基地，B_1、B_2、B_3、B_4 四处销售点。各基地日产量、各销售点日销量，及从工厂到销售点单位产品运价如表 4.4 所示。

表 4.4 运输价格表

参数	B_1	B_2	B_3	B_4	产量(a_i)
A_1	5	7	5	12	9
A_2	3	11	4	10	8
A_3	9	6	12	7	11
销量(b_j)	5	8	7	8	

问该公司应如何调运产品，在满足各销售点需要的前提下，使总运费最小。

通过对问题进行分析可知，运输问题的研究主体是物资运载量，通过确定不同工厂的物资运输到对应销售点的方案，得到运输物资所耗费的总代价（或总收益）。按照线性规划模型的三要素，对问题进行剖析，决策变量可指代工厂到销售点的指派方案，目标函数可设计为确定运输方案后的总运费，而约束条件则可设定为销售地点的物资需求量约束、工厂的物资生产能力约束，运输的费用约束，以及运输地点的选择约束等。

设 x_{ij} 代表从第 i 个产地到第 j 个销售地的运输量（$i=1, 2, 3; j=1, 2, 3, 4$），用 c_{ij} 代表从第 i 个产地到第 j 个销售地的运价，于是可构造如下数学模型：

$$\min W = \sum_{i=1}^{3}\sum_{j=1}^{4} c_{ij} x_{ij}$$

$$\begin{cases} \sum_{j=1}^{4} x_{ij} = a_i \\ \sum_{i=1}^{3} x_{ij} = b_j \\ x_{ij} \geqslant 0 \end{cases}$$

上式即为典型的运输问题模型。可将其进行一般性推广，即假设有 m 个产地，n 个销售地的运输问题的一般模型：

$$\min W = \sum_{i=1}^{m}\sum_{j=1}^{n} c_{ij} x_{ij}$$

$$\begin{cases} \sum_{j=1}^{n} x_{ij} = a_i, \quad i=1,2,\cdots m \\ \sum_{i=1}^{m} x_{ij} = b_j, \quad j=1,2,\cdots n \\ x_{ij} \geqslant 0 \end{cases}$$

运输问题的特点在于 $m+n$ 个约束条件中只存在 $m+n-1$ 个独立的关系。其技术系数矩阵具有特殊的结构，$m \times n$ 个决策变量在约束函数中的矩阵关系满足以下特征。

$$\begin{bmatrix} 1 & 1 & \cdots & 1 & & & & & & & & \\ & & & & 1 & 1 & \cdots & 1 & & & & \\ & & & & & & & & \ddots & & & \\ & & & & & & & & & 1 & 1 & \cdots & 1 \\ 1 & & & & 1 & & & & & 1 & & \\ & 1 & & & & 1 & & & & & 1 & \\ & & \ddots & & & & \ddots & & & & & \ddots \\ & & & 1 & & & & 1 & & & & & 1 \end{bmatrix}_{(m+n)\times(mn)} \times \begin{bmatrix} x_{11} \\ x_{12} \\ \vdots \\ x_{1m} \\ x_{21} \\ x_{22} \\ \vdots \\ x_{mn} \end{bmatrix}_{(mn)\times 1} = \begin{bmatrix} a_1 \\ a_2 \\ \vdots \\ a_m \\ b_1 \\ b_2 \\ \vdots \\ b_n \end{bmatrix}_{(m+n)\times 1}$$

对任意一个决策变量 x_{ij}，其系数向量中只有两个元素的取值为 1，其余均为 0。这些特点使得在求解过程中可以进行一些更简洁的操作。注意，在此仅限于探讨总产量等于总销量的产销平衡运输问题，而产销不平衡运输问题将在本章的后续内容中探讨。

4.3.2 表上作业法

运输问题的求解可采用表上作业法，该方法是单纯形法求解运输问题的一种特定形式，它与单纯形法有着完全相同的解题步骤，所不同的只是完成各步骤采用的具体形式。表上作业法的基本步骤可参照单纯形法归纳如下。

Step1：找初始基可行解，即在 $m \times n$ 阶产销平衡表上给出"$m+n-1$"个数字格（基变量）。

Step2：求各非基变量（空格）的检验数，判断当前的基可行解是否是最优解，如已得到最优解，则停止计算，否则转到下一步。

Step3：确定入基变量，根据求解条件变化表格形成新的入基变量。

Step4：确定出基变量，找出入基变量的闭合回路，在闭合回路上最大限度地增大入基变量的值，那么闭合回路上首先减小为"0"的基变量即为出基变量。

Step5：在表上用闭合回路法调整运输方案。

Step6：重复 **Step2**～**Step5** 步骤，直到得到最优解。

与一般的线性规划不同，产销平衡的运输问题一定具有可行解。确定初始基可行解的方法有很多，在此介绍比较简单但能给出较好初始方案的最小元素法和伏格尔法。

1）最小元素法

最小元素法的基本思想是按价格由小到大选择供需，即从单位运价表中最小的运价开始确定产销关系，以此类推，一直到给出基本方案为止。下面以例 4.7 阐述最小元素法的应用。

Step1：从表 4.4 中找出产地或销地由有余量的行/列中的最小运价"3"，即将 A_2 生产的产品供应给 B_1 的运费最小。因此，B_1 销售点的需求优先由 A_2 基地供应。由于 A_2 每天能生产 8 个单位产品，而 B_1 每天需求 5 个单位产品，即 A_2 每天生产的产品除满足 B_1 的全部需求外，还可多余 3 个单位产品。在（A_2，B_1）的交叉格处填上"5"，形成表 4.5；将运价表的 B_1 列运价划去得到表 4.6（灰色代表划去的内容），划去 B_1 列表明 B_1

的需求已经得到满足。

表 4.5 最小元素法变化运输表-1

参数	B_1	B_2	B_3	B_4	产量(a_i)
A_1					9
A_2	5				8
A_3					11
销量(b_j)	5	8	7	8	

表 4.6 运价表-1

参数	B_1	B_2	B_3	B_4
A_1	5	7	5	12
A_2	3	11	4	10
A_3	9	6	12	7

Step2：在表 4.6 的未被划掉的元素中再找出最小运价"4"，最小运价所确定的供应关系为（A_2，B_3），即将 A_2 余下的 3 个单位产品供应给 B_3，表 4.5 转换成表 4.7。划去 A_2 行的运价，表明 A_2 所产生的产品已全部运出，表 4.6 转换成表 4.8。

表 4.7 最小元素法变化运输表-2

参数	B_1	B_2	B_3	B_4	产量(a_i)
A_1					9
A_2	5		3		8
A_3					11
销量(b_j)	5	8	7	8	

表 4.8 运价表-2

参数	B_1	B_2	B_3	B_4
A_1	5	7	5	12
A_2	3	11	4	10
A_3	9	6	12	7

Step3：在表 4.8 未被划掉的元素中再找出最小运价"5"，如此逐步进行计算，直到单位运价表上的所有元素均被划去为止。在最优产销平衡表上得到一个调运方案，表 4.9 表明这一方案的总运费为 176 个单位。

表 4.9 最小元素法变化运输表-3

参数	B_1	B_2	B_3	B_4	产量(a_i)
A_1			4	5	9
A_2	5		3		8
A_3		8		3	11
销量(b_j)	5	8	7	8	

最小元素法各步在运价表中划掉的行或列是需求得到满足的列或产品被调空的行。一般情况下，每填入一个数，相应地划掉对应行或列。这样最终将得到一个具有"$m+n-1$"个数字格（基变量）的初始基可行解。然而，问题并非总是如此，有时也会出现这样的情况：在供需关系格（i, j）处填入一个数字，刚好使第 i 个产地的产品调空，同时也使第 j 个销售地的需求得到满足。按照前述的处理方法，此时需要在运价表上相应地划去第 i 行和第 j 列。填入一个数字，同时划去了一行和一列，如果不加入任何补救措施，那么最终必然无法得到一个具有"$m+n-1$"个数字格的初始基可行解。为了使在产销平衡表上有"$m+n-1$"个数字格，需要在第 i 行或第 j 列此前未被划掉的任意一个空格上填一个"0"，填"0"格虽然所反映的运输量同空格没有区别，但它表示所对应的变量是基变量，而空格所对应的变量是非基变量。读者可以尝试采用这种方式求解表 4.10 中运输问题。

表 4.10 运输价格表（调整后）

参数	B_1	B_2	B_3	B_4	产量(a_i)
A_1	5	7	5	12	9
A_2	3	11	4	10	8
A_3	9	6	12	7	8
销量(b_j)	5	8	7	5	

2）伏格尔法

最小元素法只考虑了绝对价格的影响，却没有考虑相对价格下所对应的机会成本。伏格尔法通过计算每一行、每一列在没有选择最小元素时的费用增量，来确定最优或近似最优的方案。伏格尔法把费用增量定义为给定行或列次小元素与最小元素的差（如果存在两个或两个以上的最小元素费用增量定义为零）。最大差对应的行或列中的最小元素确定了产品的供应关系，即优先避免最大的费用增量发生。当产地或销售地中的一方在数量上供应完毕或得到满足时，划去运价表中对应的行或列，再重复上述步骤，即可得到一个初始的基可行解。

例 4.8 求解下列运输问题。

Step1：在表 4.11 中找出每行、每列两个最小元素的差额，并填入该表的右列和最下行，得到表 4.12。

表 4.11 运输价格表

参数	B_1	B_2	B_3	B_4	产量(a_i)
A_1	3	11	3	10	7
A_2	1	9	2	8	4
A_3	7	4	10	5	9
销量(b_j)	5	8	7	8	

表 4.12 运输价格表（伏格尔法）-1

参数	B_1	B_2	B_3	B_4	两最小元素之差
A_1	3	11	3	10	0
A_2	1	9	2	8	1
A_3	7	4	10	5	1
两最小元素之差	2	5	1	3	

Step2：从行和列的差额中选出最大者，选择它所在的行或列中的最小元素的位置确定供应关系。在表 4.12 中最大差额"5"所在的列为 B_2 列，B_2 列中的最小元素为"4"，从而确定了 A_3 与 B_2 间的供应关系。A_3 的产量为 9 个单位，而 B_2 的需求量为 6 个单位。因此，A_3 的产量可以完全供应 B_2 的需求，表 4.13 即反映了这一供应关系。同最小元素法一样，由于 B_2 的需求已得到满足，将运价表中的 B_2 划去。

Step3：对运价表中未划去的元素再分别计算出各行、各列两个最小运费的差，并填入该表的最右列和最下行，见表 4.14。重复上述步骤，直到给出一个初始基可行解，具体处理过程见表 4.15～表 4.23。

表 4.13 运输表（伏格尔法）-1

参数	B_1	B_2	B_3	B_4	产量(a_i)
A_1					7
A_2					4
A_3		6			9
销量(b_j)	3	6	5	6	

表 4.14 运输价格表（伏格尔法）-2

参数	B_1	B_2	B_3	B_4	两最小元素之差
A_1	3	11	3	10	0
A_2	1	9	2	8	1
A_3	7	4	10	5	2
两最小元素之差	2		1	3	

表 4.15 运输表（伏格尔法）-2

参数	B_1	B_2	B_3	B_4	产量(a_i)
A_1					7
A_2					4
A_3		6		3	9
销量(b_j)	3	6	5	6	

在表 4.16 中两个最小元素的最大差额是"2"，但最大差额"2"并不唯一，在此应按最大差额所对应的最小元素最小的原则确定供应关系，即选择 A_2 生产的产品运输给 B_1。

表4.16 运输价格表（伏格尔法）-3

参数	B_1	B_2	B_3	B_4	两最小元素之差
A_1	3	11	3	10	0
A_2	1	9	2	8	1
A_3	7	4	10	5	
两最小元素之差	2		1	2	

表4.17 运输表（伏格尔法）-3

参数	B_1	B_2	B_3	B_4	产量(a_i)
A_1					7
A_2	3				4
A_3		6		3	9
销量(b_j)	3	6	5	6	

表4.18 运输价格表（伏格尔法）-4

参数	B_1	B_2	B_3	B_4	两最小元素之差
A_1	3	11	3	10	7
A_2	1	9	2	8	6
A_3	7	4	10	5	
两最小元素之差			1	2	

表4.19 运输表（伏格尔法）-4

参数	B_1	B_2	B_3	B_4	产量(a_i)
A_1		5			7
A_2	3				4
A_3		6		3	9
销量(b_j)	3	6	5	6	

表4.20 运输价格表（伏格尔法）-5

参数	B_1	B_2	B_3	B_4	两最小元素之差
A_1	3	11	3	10	
A_2	1	9	2	8	
A_3	7	4	10	5	
两最小元素之差			2		

表4.21 运输价格表（伏格尔法）-5

参数	B_1	B_2	B_3	B_4	产量(a_i)
A_1		5			7
A_2	3			1	4
A_3		6		3	9
销量(b_j)	3	6	5	6	

表 4.22 运输价格表（伏格尔法）-6

参数	B$_1$	B$_2$	B$_3$	B$_4$	两最小元素之差
A$_1$	3	11	3	10	
A$_2$	1	9	2	8	
A$_3$	7	4	10	5	
两最小元素之差					

表 4.23 运输表（伏格尔法）-6

参数	B$_1$	B$_2$	B$_3$	B$_4$	产量(a_i)
A$_1$			5	2	7
A$_2$	3			1	4
A$_3$		6		3	9
销量(b_j)	3	6	5	6	

由以上求解过程可知，伏格尔法同最小元素法除在确定供求关系的原则上不同外，其余步骤是完全相同的。读者可尝试采用伏格尔法求解下列例题变体，如表 4.24 所示。

表 4.24 运输价格表-7

参数	B$_1$	B$_2$	B$_3$	B$_4$	产量(a_i)
A$_1$	3	11	3	10	7
A$_2$	1	9	2	8	5
A$_3$	7	4	10	5	6
销量(b_j)	3	6	5	6	

4.3.3 最优性检验与调整

表上作业法的最优性检验与调整仍然可以依赖检验数来实现。决策变量的系数向量具有明显的特征，变量 x_{ij} 的系数向量为 $\boldsymbol{p}_{ij}=e_i+e_{m+j}$，其检验数可表示为 $\sigma_{ij}=c_{ij}-\boldsymbol{C}_B\boldsymbol{B}^{-1}\boldsymbol{p}_{ij}$。根据对偶理论，$\boldsymbol{C}_B\boldsymbol{B}^{-1}=[u_1, u_2,\cdots, u_m, v_1, v_2,\cdots, v_n]$，其中 u_i (i=1, 2,$\cdots$, m), v_j (j=1, 2,$\cdots$, n)为对偶变量。因此，变量 x_{ij} 的检验数可表示为

$$\sigma_{ij}=c_{ij}-(u_i+v_j)$$

若 x_{ij} 为基变量，检验数满足 σ_{ij}=0。因此，给定一个 u_i 的取值，根据 $m+n-1$ 个等式可以实现所有检验数的求解。例如 4.7 的初始解已确定（表 4.23）。各基变量的检验数表达式如表 4.25 所示。

表 4.25 基变量检验数计算

基变量	检验数	基变量	检验数
x_{13}	$c_{13}-(u_1+v_3)=0$	x_{24}	$c_{24}-(u_2+v_4)=0$
x_{14}	$c_{14}-(u_1+v_4)=0$	x_{32}	$c_{32}-(u_3+v_2)=0$
x_{21}	$c_{21}-(u_2+v_1)=0$	x_{34}	$c_{34}-(u_3+v_4)=0$

令 u_1=0，根据表 4.25 中检验数的表达式，计算得 u_2=-2, u_3=-5, v_1=3, v_2=9, v_3=3, v_4=10。

根据求得的对偶变量值和检验数计算公式可以计算其他非基变量的检验数,如表 4.26 所示。

表 4.26 各变量检验数值

参数	B_1	B_2	B_3	B_4	u_i
A_1	0	2	0	0	0
A_2	0	2	1	0	−2
A_3	9	0	12	0	−5
v_j	3	9	3	10	

发现表 4.26 中非基变量的检验数不存在负数,因此该最小化问题的解为最优解。

若非基变量检验数中存在负数,则说明未取得最优解,需要进一步调整。表上作业法的调整与单纯形法类似,可直接在表中进行操作,基本流程如下:

(1)若存在多个检验数为负数,选取数值最小的检验数所对应非基变量为换入变量;

(2)以此非基变量所在空格为出发点,做一闭环路,即用水平或垂直直线从该非基变量空格出发,碰到基变量空格则 90°转向,继续画线,直到返回起始格形成闭环。

(3)闭环路中为了维持产销平衡,其同行或同列中的相邻空格符号互异。如起始空格为正号(+),则其相邻同行和同列空格符号为负(−)。选择符号为负(−)的空格中基变量取值最小者为调整量。将闭环路中各空格取值,按符号正负进行调整。

(4)将调整后的结果进行检验,判断是否达到最优解。若未达到,继续进行调整,直到所有检验数满足非负,结束。

4.4 运输问题扩展及算法实现

根据求解的目标,通常将运输问题进行分类。现已发现的运输型问题主要分为以下 6 类:

(1)一般运输问题,又称希契科克运输问题,简称 H 问题;
(2)网络运输问题,又称图上运输问题,简称 T 问题;
(3)最大流量问题,简称 F 问题;
(4)车辆路径问题,简称 S 问题;
(5)任务分配问题,又称指派问题,简称 A 问题;
(6)生产计划问题,又称日程计划问题,简称 CPS 问题。

在上一节中介绍的指派模型为任务分配问题,即 A 问题。在本节中将详细介绍运输问题中最为常见的车辆路径规划问题,即 S 问题。

4.4.1 车辆路径问题

车辆路径问题(Vehicle Routing Problem,VRP)是指一定数量的客户,其各自有不同数量的货物需求,然后由配送中心向顾客提供其所需要的一定数量的货物,由一个车队为这些顾客进行配送,组织适当的行车路线,目标是在满足顾客需求的基础上,达到诸如时间最短或者成本最低、路途最短的目的。

车辆调度问题和路径优化问题是现代物流运输体系中必不可少的决策优化部分，而且VRP决策方案的合理性很大程度上直接影响到物流成本以及客户的满意度。车辆路径问题被提出后首先被应用于研究亚特兰大的炼油企业和其下属加油站之间的运油车的路径规划问题，之后其被证明为NP难组合优化问题，再之后由于物流客户需求的多样化趋势以及车辆调度效率低下的矛盾越发突出，引起国内外的专家学者和企业家的深入研究。在近些年对VRP的研究主要是增加不同的约束条件、更改假设条件或和其他领域的问题进行混合的方式来产生变种问题进行研究，其主要的研究主要分为以下几个方面：

（1）多配送中心的车辆路径问题。传统的车辆路径问题只存在一个配送中心，所有的客户由同一个配送中心装配货物，由配送中心决定运输车辆需要进行配送的节点城市，以及配送路线，配送车辆配送完后再返回配送中心。在多配送中心的配送车辆的运输路径问题中，每个配送中心都有能力直接满足客户的配送需求，因而多配送中心问题可以更高效、快速地解决配送问题，可以更好地利用资源，但是研究问题的复杂性大大增加。

（2）开放式车辆路径问题。开放式车辆路径问题（OVRP）是VRP的拓展问题。在传统车辆路径问题中，配送车辆的运输路线表现为哈密尔顿巡回，其要求完成配送任务后的运输车辆必须回到运输中心。开放式车辆路径问题中的车辆运输路线是哈密尔顿路径，即不要求运输车辆在完成配送任务后回到配送中心，因而不需承担相应的空车费用。

（3）带时间窗约束的车辆路径问题。随着车辆路径问题的深入研究，客户需求的增加使得研究必须考虑配送车辆的到达时间，因而增加时间窗的约束，出现了带时间窗约束的车辆路径问题。该问题中，除了需要考虑运输车辆的行驶成本，还需要考虑由于客户的需求而需要提供的等待时间和客户要求的服务时间；时间窗可以分为硬时窗和软时窗。硬时间窗是指有明确规定的时间范围给运输车辆，必须早到等待客户，晚到则货物会遭到拒收，承担损失。软时间窗则放宽了要求，即运输车辆可以不用必须在规定时间场内到达，但是在时间窗以外的时间内到达必须要接受处罚，因而两者最大的不同就是软时间窗用处罚代替了拒收。

（4）动态需求车辆问题。动态车辆路径问题（DVRP）是指在顾客需求信息、车辆信息以及运输路径网络状态信息等各种信息实时更新的状态下，配送中心整合信息再安排运输车辆对顾客进行配送，但是因为运输车辆的状态信息、运输路径的路况等都是实时变化的，属于不确定信息。相对于静态车辆路径问题，动态车辆路径问题更加符合实际的货物配送情况，因此越来越成为研究重点。它主要有以下特征：

① 未来的信息是不确定的或不可知的；
② 要求对于新接收的信息进行及时的反馈；
③ 在制定配送计划以及配送过程中，可以接收新信息并且对计划进行适时地调整；
④ 动态车辆路径问题的目标函数更繁杂。

基于动态信息的模糊性和随机性，把动态车辆路径问题按照信息的性质进行分类，可以分成随机车辆路径问题和模糊车辆路径问题。随机车辆路径问题主要包括不同客户对货物的需求量、需求货物的时间以及配送车辆的状态信息、配送人员和运输路径网络的随机性问题；模糊车辆路径问题是指表达需求的客户其需求不明确，只掌握了关于顾客的不完整信息。

（5）集带送货一体的车辆路径问题。集带送货一体化车辆路径问题（VRPSPD）是在传统问题上延伸得到的，其目的是在保证完成现有的配送任务的前提下，实现运输车辆的路程最短，通过装载量限定车辆既要完成每一个节点货物配送，还要在客户的手里取货带回配送中心。集带送货一体相对于单一的配送在一定程度上可以较好地提高运输车辆的利用效率，降低空车率，在一定程度上降低了物流成本，尤其是在目前因电商发展带来的物流行业的快速发展，对配送中心提出了更高的要求。一是按照顾客需求进行配送，二是按照客户需求带回进行发货，因而集带送货一体化车辆路径问题对于现实问题更加具有研究价值，所以越来越多的专家学者进行研究。

（6）依赖时间的车辆路径问题。时间依赖性车辆路径问题（TDVRP）相对于假设运输车辆速度不变，客户间距离为欧几里得距离的传统车辆路径问题而言，更加符合真实环境中的车辆路径问题，在真实环境里车辆在交通网络中的运行速度是不断变化的，会因为交通的拥堵状况、天气的恶劣情况以及不可预测的突发因素的影响，车辆的行驶速度、某段路程的行驶时间往往会随着影响因素的出现而变化，因而传统的车辆路径问题对于现实问题作用下降；加之随着社会的发展，车辆的不断普及，使得交通负载不断变化，而且不同地区由于经济、人口等各种因素变现出来的交通拥堵状况不同，因而时间依赖性车辆路径问题作用显现，对于降低成本、降低燃耗、提高效率以及合理高效利用路径负载具有很大作用。

4.4.2 车辆路径基本模型

首先给出车辆路径问题的问题描述：有一批物资需要从城市 M 运送到目的地 N，货运量为 u（单位为 t），货运车辆数量为 C，在到达目的地的途中会经历若干城市节点构成的路径网络，路径网络中部分城市节点提供配送需求，需要配送中心指定车辆和路线进行配送。所有相邻的两个节点城市之间运输速度和单位货物量的运输单价相同，所以两个节点城市之间，运输时间由运输距离决定，运输费用由运输货物量决定。

车辆路径问题的优化目标：在不超过规定时限 GT 的前提下，对货物运输的路径进行规划，使得总的运输费用最小，路径距离尽可能小。

车辆路径问题的假设条件：

（1）每辆车对于节点城市只进行一次配送服务；

（2）每个节点城市具有规定的接受服务的时间；

（3）车辆配送结束后返回起点。

通过上述基本模型的问题描述，可得到用于构建模型的线性规划模型三要素，即决策变量、目标函数和约束条件。

V 表示节点城市集合，$V=\{v_1, v_2, \cdots, v_i\}$，其中 $|V|=x$ 表示网络中节点城市总数量为 x，E 表示节点城市之间连接路径的集合，例如用 $e_{ij}=(v_i, v_j)$ 来表示城市节点 v_i、v_j 之间的运输路径；$|E|=y$ 表示该网络中两两节点之间的连接路径共有 y 条。

$L=[l_{i,j}]$ 表示两个节点城市 v_i、v_j 之间的路径距离；

$W=[w_{i,j}]$ 表示在两个节点城市 v_i、v_j 的运输货物时单位货物量单位运输距离的货价，当 v_i、v_j 之间不存在运输路径，那么两个节点不直接互通，则 $w_{i,j}$ 为无穷大；

$T=[t_{i,j}]$ 表示在两城市节点 v_i、v_j 之间运输货物时，单位距离所花费的时间，假设当 v_i、v_j 之间不存在运输路径，则两个节点不互通，即 $t_{i,j}$ 为无穷大；

$A_{ijc}=1$ 表示第 c 辆车经过节点城市 v_i 和城市 v_j；

通过传统车辆路径问题描述，给定系统状态与环境参数、约束条件和目标函数等内容，建立联合运输车辆路径问题模型：

$$\min W = \sum_{v_i \in V} \sum_{v_j \in V} e_{i,j} l_{i,j} \tag{4.1}$$

$$t = \sum_{v_i \in V} \sum_{v_j \in V} t_{i,j} l_{i,j} \tag{4.2}$$

$$\sum_{v_i \in V} \sum_{v_j \in V} \sum_{c \in C} A_{ijc} = 1 \tag{4.3}$$

$$A_{ijc} = A_{jdc} = 1 \tag{4.4}$$

式(4.1)是模型的目标函数，即希望运输方案的总费用 W 最小，其中包括路径上的运输费用和节点城市的转运费用；式（4.2）是整个运输方案的总时间，根据题意必须不大于限定的时间；式（4.3）是由车辆 c 经过节点城市 v_i 给节点城市 v_j 进行配送；式（4.4）是确保车辆 c 结束节点城市 v_j 的配送后，对节点城市 d 进行配送，确保运输方案中到达和离开同一个节点城市的车辆是不变的。由式（4.1）～式（4.4）构成的车辆路径问题模型即为基础车辆路径运输问题模型。

4.4.3 算法设计

对车辆路径问题的求解主要可采用确定性算法和概率性算法完成对最优方案的求解。车辆路径问题是典型的 NP-难问题，在多项式时间内难以通过确定性算法求解其最优方案，在现有研究成果中，多采用启发式（遗传算法、粒子群算法等）或元启发式搜索算法（模拟退火算法、花粉算法等）对问题的求解过程进行优化，尽可能快地得到车辆路径问题的最优方案。结合 4.4.2 节所给出的车辆路径问题模型，本节介绍元启发式搜索算法——花粉算法（FPA）求解车辆路径问题。

花粉算法是一种典型的受自然启发的智能算法，其思想来源于植物的授粉过程。授粉是植物的重要特性，其授粉方式可分成自花授粉与异花授粉。自花授粉是指由植物花粉对自身雌蕊进行授粉的过程，也可是同序植物间的相互授粉；异花授粉则指花粉通过传粉媒介（具体还可分为生物媒介与非生物媒介）在较远的距离向另一株植物进行授粉的过程。通过分析植物的两类授粉过程，可抽象出四条规则：

（1）将异花授粉定义为全局授粉过程，其中传粉者服从 Lévy 飞行特性；
（2）将自花授粉定义为局部授粉过程；
（3）花株不变形定义为复制概率，与授粉过程中两花的相似度成比例关系；
（4）局部授粉与全局授粉通过切换概率 $p \in [0,1]$ 控制。由于物理上临近以及其他诸如风等因素的存在，局部授粉过程在整个授粉过程中占较大比例。

按照上述规则，便可实现花粉算法的基本算法框架。显然，针对全局授粉与局部授粉的数学定义是实现花粉算法的关键因素。

其中，全局授粉过程的数学描述为

$$x_i^{t+1} = x_i^t + L(x_i^t - g_*) \tag{4.5}$$

式中：x_i^t 为第 t 次迭代中解向量 x_i；g_* 为本次迭代中的最优解向量；参数 L 表示传粉者移动的距离，即为数学意义上的全局随机游走过程。

利用 Lévy 飞行可有效模拟其步长变化特性，这里取 $L>0$ 服从 Lévy 分布，如式（4.6）所示。

$$L \sim \frac{\lambda \Gamma(\lambda) \sin(\pi \lambda / 2)}{\pi} \frac{1}{s^{1+\lambda}} \tag{4.6}$$

式中：$\Gamma(\lambda)$ 为标准伽马函数，当步长 $s>0$ 时分布有效。

局部授粉过程的数学描述如式(4.7)所示。

$$x_i^{t+1} = x_i^t + \varepsilon(x_j^t - x_k^t) \tag{4.7}$$

式中：x_j^t 与 x_k^t 为来自同序植物的不同花株的花粉，用于模拟临近花株的不变性。

在数学意义上，当 x_j^t 与 x_k^t 取自相同种群，式（4.7）可理解为 ε 服从[0,1]间均匀分布的局部随机游走过程。综合以上规则定义与数学描述，给出花粉算法伪代码如图 4.6 所示。

```
目标函数 f(x), x =(x₁, x₂,⋯, x_D)ᵀ
初始化种群 x_i (i=1, 2,⋯, N)
在初始种群中寻找最优解记为 g*
定义切换概率 p∈[0,1]
while (t <最大迭代次数)
    for i=1：n(全体花株种群)
        if(rand< p)
            取服从 Lévy 分布的 d 为步长向量 L
            通过公式(4.5)计算全局授粉
        else
            取服从均匀分布的随机数 ε
            从全部解随机选择 j 和 k 列解向量
            通过公式(4.7)计算局部授粉
        end if
        评估新解是否更优
        若新解更优，则在种群中进行更新
    end for
    寻找当前最佳解向量 g*
end while
```

图 4.6　FPA 算法伪代码

根据花粉算法的优化思想，可构建适用于车辆路径问题的优化算法框架，实现车辆路径问题的优化仿真计算。

习　题

1. 用分支定界法求解下列问题。

（1） max $Z = 3x_1 + 4x_2$

$$\begin{cases} 2x_1 + 3x_2 \leqslant \dfrac{33}{2} \\ 4x_1 + 2x_2 \leqslant \dfrac{41}{2} \\ x_1, x_2 \text{取非负整数} \end{cases}$$

（2） max $Z = x_1 + x_2$

$$\begin{cases} x_1 + \dfrac{5}{9}x_2 \leqslant \dfrac{28}{9} \\ -2x_1 + x_2 \leqslant \dfrac{1}{3} \\ x_1, x_2 \text{取非负整数} \end{cases}$$

（3） max $Z = 4x_1 + 5x_2 + 3x_3$

$$\begin{cases} 3x_1 + x_2 + 3x_3 \leqslant 12 \\ 2x_1 + 2x_2 + x_3 \leqslant 10 \\ x_1 + x_2 + 3x_3 \leqslant 6 \\ x_1, x_2, x_3 \text{取非负整数} \end{cases}$$

（4） max $Z = 3x_1 + 4x_2 + 5x_3$

$$\begin{cases} 2x_1 + x_2 + 3x_3 \leqslant 8 \\ x_1 + 2x_2 + 3x_3 \leqslant 5 \\ x_1, x_2, x_3 \text{取非负整数} \end{cases}$$

2. 公司组织团建，4 人一组，每人需完成 1 项游戏，每人身体素质不同，不同人员完成不同游戏所能获得的分数预计如表 4.27 所示，如何安排此项工作，可以使综合得分最高？

表 4.27　第 2 题基本信息表

参数	A	B	C	D
甲	15	18	21	24
乙	19	23	22	18
丙	25	17	16	19
丁	19	21	23	17

3. 有六项工作需要分别派遣一人去完成，每人的工作能力不同，完成各项工作的所需时间如表 4.28 所示。问如何安排可使所需总时间最少？

表 4.28　第 3 题基本信息表

时间/min	A	B	C	D	E	F
1	36	52	29	41	18	37
2	14	21	39	55	64	43
3	19	28	46	39	28	32
4	33	41	22	26	33	39
5	16	33	24	50	28	26
6	66	40	32	48	41	22

4. 用表上作业法求解表 4.29、表 4.30、表 4.31 中的运输问题的最优解（M 表示无穷大）。

表 4.29 第 4 题基本信息表 1

产地	甲	乙	丙	丁	产量
1	8	4	5	6	6
2	5	3	8	3	6
3	3	6	7	4	5
销量	6	4	5	3	

表 4.30 第 4 题基本信息表 2

产地	甲	乙	丙	丁	产量
1	10	18	15	13	80
2	13	10	8	13	74
3	9	M	17	10	66
4	16	8	14	M	90
销量	110	80	70	50	

表 4.31 第 4 题基本信息表 3

产地	甲	乙	丙	丁	戊	产量
1	10	18	5	9	10	8
2	5	10	8	23	6	6
3	3	12	7	10	4	5
4	8	6	14	7	6	9
销量	6	4	2	3	5	

5. 粮食运输信息表如表 4.32 所示。

表 4.32 第 5 题粮食运输基本信息表

产地	甲	乙	丙	丁	戊	产量（吨）
1	1600	1200	500	900	1000	1000
2	800	1000	800	1200	700	600
3	600	400	1400	1000	400	800
4	800	600	400	700	800	700
销量/吨	500	800	400	500	600	

（1）根据表中信息，制定运输计划。

（2）产地 4 因灾害情况，年产量降为 300t。制定此时的运输计划。

（3）产地 3 采用新技术，产量提高为 1000t，运输计划需要作何改变。

参 考 文 献

[1]《运筹学》教材编写组. 运筹学[M]. 3 版. 北京：清华大学出版社，2005.

[2] 郝英奇，等. 实用运筹学[M]. 北京：机械工业出版社，2016.

[3] 宋志华，周中良. 运筹学基础[M]. 西安：西安电子科技大学出版社，2020.

[4] H.W.Kuhn. The hungarian method for the assignment problem[J].Naval Research Logistics,1951(1):83-97.

[5] 杨德庆，朱金文. 船舶舱室总体声学布局优化设计通用模型及解法[J]. 中国造船，2014, 2(55):38-48.

第 5 章　动态规划求解思想与应用

动态规划（Dynamic Programming）是一种求解多阶段决策（优化）问题的算法设计技术，其主要思想是将原问题拆分为规模较小、结构相同的子问题，建立原问题与子问题优化函数间的依赖关系，从规模最小的子问题开始，利用上述依赖关系求解规模更大的子问题，直到得到原始问题的解为止。本章在讲解动态规划方法的基本概念和原理的基础上，通过深入分析其递归特性，结合具体案例——背包问题及改航路径规划问题，完成对动态规划优化设计方法的实践。

5.1　动态规划的基本概念和原理

5.1.1　动态规划基本概念

使用动态规划方法解决多阶段决策问题，首先要将实际问题转变成动态规划模型，此时用到以下几个概念：

（1）阶段；
（2）状态；
（3）决策和策略；
（4）状态转移；
（5）指标函数。

我们结合例题对这些概念进行说明。

例 5.1　最短路线问题

如图 5.1 所示，给定一个线路网络图，要从 A 区地向 F 区地铺设一条输油管道，各点间连线上的数字表示距离，问应选择什么路线，可使总距离最短？

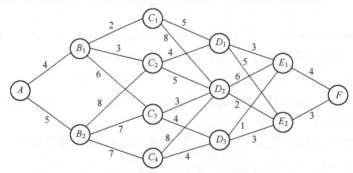

图 5.1　输油管道示意图

（1）阶段。将所给问题的过程，按时间或空间特征分解成若干互相联系的阶段，以便按次序去求各阶段的解，常用字母 k 表示阶段变量。例 5.1 中，从 A 地到 F 地可以按空间分成从 A 区到 B 区（B 有两种选择 B_1，B_2），从 B 区到 C 区（C 区有四种选择 C_1，C_2，C_3，C_4），从 C 区到 D 区（D 区有三种选择 D_1，D_2，D_3），从 D 区到 E 区（E 区有两种选择 E_1，E_2），再从 E 区到 F 区五个阶段，即 $k=1,2,3,4,5$。

（2）状态。各阶段开始时的客观条件称为状态。描述各阶段状态的变量称为状态变量，常用 s_k 表示第 k 阶段的状态变量，状态变量 s_k 的取值集合称为状态集合，用 S_k 表示。

动态规划中的状态应具有如下性质：当某阶段状态确定以后，在该阶段以后过程的发展不受该阶段以前各阶段状态的影响。也就是说，当前的状态是过去历史的一个完整总结，过程的过去历史只能通过当前状态去影响它未来的发展，这称为无后效性（马尔可夫性）。如果所选定的变量不具备无后效性，就不能作为状态变量来构造动态规划模型。

在例 5.1 中，第一阶段状态变量 s_1 的集合表示为 $S_1=\{A\}$，具体状态为 $s_1=A$；第二阶段则有两个状态 B_1、B_2，后面各段的状态集合分别是

$$S_2=\{B_1, B_2\}；S_3=\{C_1, C_2, C_3, C_4\}；S_4=\{D_1, D_2, D_3\}；S_5=\{E_1, E_2\}$$

当某阶段的初始状态已选定某个点（状态）时，从这个点以后的路线只与该点有关，不受以前的铺管路线影响，所以满足状态的无后效性。

（3）决策和策略。当前阶段的状态确定以后，就可以根据其当前状态下的可选择范围做出不同的选择，以确定下一阶段的状态，这种决定称为决策。表示决策的变量，称为决策变量，常用 $u_k(s_k)$ 表示第 k 阶段下处于状态 s_k 时做出的决策。决策变量在 s_k 状态下的可选择范围称为允许决策集合，常用 $D_k(s_k)$ 表示第 k 阶段从状态 s_k 出发的允许决策集合，满足 $u_k(s_k) \in D_k(s_k)$。

在例 5.1 中，若从第二阶段的状态 B_1 出发，则第三阶段中的 C_1，C_2，C_3 为其允许决策集合，即

$$D_2(B_1)=\{C_1, C_2, C_3\}$$

如果我们决定选择 C_3，则可表示为

$$u_2(B_1)=C_3$$

各阶段决策确定后，整个问题的决策序列就构成一组策略，用 $p_{1,n}\{u_1(s_1), u_2(s_2), \cdots, u_n(s_n)\}$ 表示。对每个实际问题，可供选择的策略有一定范围，称为允许策略集合，记作 $P_{1,n}=\{p_{1,n}^1, \cdots, p_{1,n}^x\}$。使整个问题达到最优效果的策略就是最优策略。

（4）状态转移方程。动态规划中本阶段的状态往往是由上一阶段状态和上一阶段的决策结果所决定。如果给定了第 k 段的状态 s_k，该阶段决策为 $u_k(s_k)$，则第 $k+1$ 段的状态 s_{k+1} 也就完全确定，它们的关系可用如下表达式表示。

$$s_{k+1}=T_k(s_k, u_k)$$

由于它表示了由 k 段到 $k+1$ 段的状态转移规律，所以称为状态转移方程。

例 5.1 中，状态转移方程可表示为

$$s_{k+1}=u_k(s_k)$$

如第二阶段的状态 B_1 出发决定选择第三阶段的状态 C_3，此时的状态转移式为

$C_3=u_2(B_1)$。

（5）指标函数。用于衡量所选定策略优劣的量化指标称为指标函数。一个 n 段决策过程，从 1 到 n 叫作问题的原过程，对于任意一个给定阶段 $k(1 \leqslant k \leqslant n)$，从第 k 段到第 n 段的过程称为原过程的一个后部子过程。$V_{1,n}(s_1,p_{1,n}^x)$ 表示初始状态为 s_1，采用策略 $p_{1,n}^x$ 时原过程的指标函数值；而 $V_{k,n}(s_k,p_{k,n}^x)$ 表示在第 k 段状态为 s_k 采用策略 $p_{k,n}^x$ 时，后部子过程的指标函数值。最优指标函数记为 $f_k(s_k)$，它表示从第 k 段状态 s_k 采用最优策略 $p_{k,n}^*$ 到过程终止时的最佳效益值。$f_k(s_k)$ 与 $V_{k,n}(s_k,p_{k,n}^x)$ 间的关系为

$$f_k(s_k) = V_{k,n}(s_k, p_{k,n}^*) = \underset{p_{k,n}^x \in P_{k,n}}{\text{opt}} V_{k,n}(s_k, p_{k,n}^x)$$

式中，opt 是 optimum 的缩写，表示最优化，根据具体问题分别表示为 max 或 min，当 $k=1$ 时，$f_1(s_1)$ 就是从初始状态 s_1 到全过程结束的整体最优函数。

例 5.1 中，指标函数表示距离。如第 2 阶段，状态为 B_1 时，$V_{2,n}(B_1,p_{2,n}^x)$ 表示从 B_1 到 F 采取策略 $p_{2,n}^x$ 的距离，而 $f_2(B_1)$ 则表示从 B_1 到 F 的最短距离。本问题的总目标是求 $f_1(A)$，即从起点 A 到终点 F 的最短距离。

5.1.2 动态规划基本思想与原理

下面结合例 5.1 最短路线问题介绍动态规划的基本思想。

5.1.1 节我们已经通过阶段划分、状态识别、决策变量设置，确定状态转移方程以及明确指标函数五个步骤实现了问题的多阶段模型转变。下面采用逆序法，对该问题进行最优化求解。用 $d(s_k,u_k)$ 表示由状态 s_k 点出发，采用决策 u_k 到达下一阶段 s_{k-1} 点时的两点距离。

Step1：从阶段 $k=5$ 开始，状态变量 s_5 可取两种状态 E_1、E_2，它们到终点 F 点的路长分别为 $d=4$ 和 $d=3$。即

$$f_5(E_1)=4; \quad f_5(E_2)=3$$

Step2：前移一个阶段 $k=4$，此时状态变量 s_4 可取 D_1、D_2、D_3 中的一个，该阶段是需要以第 5 阶段中的一个点作为中途点，才能到达终点 F 的两级决策问题。对状态点 D_1 而言，从 D_1 到 F 有两条路线，需加以比较，取其中最短路线，即

$$f_4(D_1) = \min \begin{Bmatrix} d(D_1,E_1)+f_5(E_1) \\ d(D_1,E_2)+f_5(E_2) \end{Bmatrix} = \min \begin{Bmatrix} 3+4 \\ 5+3 \end{Bmatrix} = 7$$

这说明由 D_1 到终点 F 最短距离为 7，其路径为 $D_1 \to E_1 \to F$。相应决策为 $u_4^*(D_1)=E_1$。同理，从 D_2 到 F 的最短路线满足

$$f_4(D_2) = \min \begin{Bmatrix} d(D_2,E_1)+f_5(E_1) \\ d(D_2,E_2)+f_5(E_2) \end{Bmatrix} = \min \begin{Bmatrix} 6+4 \\ 2+3 \end{Bmatrix} = 5$$

即 D_2 到终点最短距离为 5，其路径为 $D_2 \to E_2 \to F$。相应决策为 $u_4^*(D_3)=E_2$。从 D_3 到 F 的最短路线满足

$$f_4(D_3) = \min \begin{cases} d(D_3, E_1) + f_5(E_1) \\ d(D_3, E_2) + f_5(E_2) \end{cases} = \min \begin{cases} 1+4 \\ 3+3 \end{cases} = 5$$

即 D_3 到终点最短距离为 5，其路径为 $D_3 \to E_1 \to F$。相应决策为 $u_4^*(D_3) = E_1$。

继续将阶段向前移，类似地，可计算得到：

$k=3$ 时，有

$$f_3(C_1) = 12 \quad u_3^*(C_1) = D_1$$
$$f_3(C_2) = 10 \quad u_3^*(C_2) = D_2$$
$$f_3(C_3) = 8 \quad u_3^*(C_3) = D_2$$
$$f_3(C_4) = 9 \quad u_3^*(C_4) = D_3$$

$k=2$ 时，有

$$f_2(B_1) = 13 \quad u_2^*(B_1) = C_2$$
$$f_3(B_2) = 15 \quad u_2^*(B_2) = C_3$$

$k=1$ 时，只有一个状态点 A，则有

$$f_1(A) = \min \begin{cases} d(A, B_1) + f_2(B_1) \\ d(A, B_2) + f_2(B_2) \end{cases} = \min \begin{cases} 4+13 \\ 5+15 \end{cases} = 17$$

即从 A 到 F 的最短距离为 17，而为取得最短距离所需在本阶段做出的决策为 $u_1^*(A) = B_1$。

以此类推，按计算顺序反推可得最优决策序列 $\{u_k\}$，即亦 $u_1^*(A) = B_1$，$u_2^*(B_1) = C_2$，$u_3^*(C_2) = D_2$，$u_4^*(D_2) = E_2$，$u_5^*(E_2) = F$。所以最优路线为

$$A \to B_1 \to C_2 \to D_2 \to E_2 \to F$$

从例 5.1 的计算过程可以看出，求解的各阶段都利用了第 k 段和第 $k+1$ 段的如下关系：

$$\begin{cases} f_k(s_k) = \min_{n_k} \{d_k(s_k, u_k) + f_{k+1}(s_{k+1})\}, & k = 5, 4, 3, 2, 1 \\ f_6(s_6) = 0 \end{cases}$$

这种递推关系称为动态规划的基本方程，第二式称为边界条件。

动态规划方法的基本思想总结如下。

（1）将多阶段决策过程划分阶段，恰当地选取状态变量、决策变量及定义最优指标函数从而把问题化成一簇同类型的子问题，然后逐个求解。

（2）求解时从边界条件开始，逆（或顺）过程行进方向，逐段递推寻优。在每一个子问题求解时，都使用它前面已求出的子问题的最优结果，最后一个子问题的最优解就是整个问题的最优解。

（3）动态规划方法是既把当前阶段与未来各阶段分开，又把当前效益和未来效益结合起来考虑的一种最优化方法，因此每个阶段的最优决策选取是从全局考虑的，通常与该阶段下的最优选择是不同的。

动态规划的基本方程是递推逐段求解的根据，一般的动态规划逆序基本方程可以表示为

$$\begin{cases} f_k(s_k) = \operatorname*{opt}_{u_k \in D_k(s_k)} [u_k(s_k, u_k) + f_{k+1}(s_{k+1})], & k = n, n-1, \cdots, 1 \\ f_{n+1}(s_{n+1}) = 0 \end{cases}$$

式中，opt 可根据题意取 min 或 max，$u_k(s_k, u_k)$ 为状态 s_k 决策时对应的第 k 阶段的指标函数值。

动态规划方法的基本原理是基于贝尔曼（R Bellman）等提出的最优化原理，这个最优化原理指出："一个过程的最优策略具有这样的性质：即无论初始状态及初始决策如何，对于先前决策所形成的状态而言，其以后的所有决策应构成最优策略。"基本要求是划分的阶段序列相邻状态之间的转移关系满足无后效性。利用这个原理，可以把多阶段决策问题求解过程表示成一个连续的递推过程，由后向前逐步计算。在求解时，前面的各状态与决策，对后面的子过程来说，只相当于初始条件，并不影响后面子过程的最优决策。

> **思考题**：蒙提霍尔问题游戏是这样设定的：三扇关闭了的门，其中一扇的后面有一辆汽车，另外两扇门后面则各藏有一只山羊。你选择了一扇门，假设是一号门，然后，知道门后面有什么的主持人，开启了另一扇后面有山羊的门，假设是三号门；他然后问你："你想换选二号门吗？"转换你的选择对你来说是一种优势吗？常识下每扇门中奖的概率为 1/3。用动态思想来理解，第一次选择中奖的概率为 1/3；未被选的两扇门中奖的概率为 2/3；当主持人将未被选择的一扇门打开排除中奖可能后，此时，2/3 的中奖概率落在了另一扇未被选择的门上。此时，未被打开的两扇门中奖概率分别为 1/3（选择）和 2/3（未选），而不是大家常识认知下的 1/2，即换选中奖的概率为 2/3，不中的概率为 1/3。因此，换选是最佳选择。

5.2 动态规划的递归求解

5.2.1 动态规划模型的建立

建立动态规划的模型，就是分析问题并建立问题的动态规划基本方程。成功应用动态规划方法的关键，在于识别问题的多阶段特征，将问题分解成为可用递推关系式联系起来的若干子问题，或者说正确地建立具体问题的基本方程，这需要经验与技巧。而正确建立基本递推关系方程的关键又在于正确选择状态变量，保证各阶段的状态变量具有无后效性和递推的状态转移关系 $s_{k+1} = T_k(s_k, u_k)$。

下面以资源分配问题为例介绍动态规划的建模条件及解法。资源分配问题是动态规划的典型应用之一，资源可以是资金、原材料、设备、劳力等，资源分配就是将一定数量的一种或几种资源恰当地分配给若干使用者，以获取最大效益。

例 5.2 某公司有资金 10 万元，若投资于项目 i ($i=1, 2, 3$) 的投资额为 x_i 时，其收益分别为 $g(x_1)=4x_1$，$g_2(x_2)=9x_2$，$g_3(x_3)=2x_3^2$，问应如何分配投资数额才能使总收益最大？

这是一个与时间无明显关系的静态最优化问题，可列出其非线性模型：

$$\max Z = 4x_1 + 9x_2 + 2x_3^2$$
$$\text{s.t.} \begin{cases} x_1 + x_2 + x_3 = 10 \\ x_i \geq 0, i = 1, 2, 3 \end{cases}$$

为了应用动态规划方法求解，可以人为地赋予"时段"的概念，将投资项目排序，首先考虑对项目 1 投资，其次考虑对项目 2 投资，最后投资项目 3，如此即把问题划分为 3 个阶段，每个阶段只决定对一个项目应投资的金额。这样问题转化为一个 3 段决策过程，求解的关键转变成了如何正确选择状态变量，使各后部子过程之间具有递推关系且无后效性。

通常可以把决策变量 u_k 定为原静态问题中的变量 x_k，即设

$$u_k = x_k, k=1, 2, 3$$

状态变量和决策变量有密切关系，状态变量一般为累计量或随递推过程变化的量。这里可以把每阶段可供使用的资金定为状态变量 s_k，初始状态 $s_1=10$。u_1 为分配于第一种项目的资金数，则当第一阶段以（$k=1$）时，有

$$\begin{cases} s_1 = 10 \\ u_1 = x_1 \end{cases}$$

第二阶段以（$k=2$）时，状态变量 s_2 为余下可投资于其余两个项目的资金数，即：

$$\begin{cases} s_2 = s_1 - u_1 \\ u_2 = x_2 \end{cases}$$

一般地，第 k 段时，有

$$\begin{cases} s_k = s_{k-1} - u_{k-1} \\ u_k = x_k \end{cases}$$

于是有：

阶段 k，本例中取 $k=1, 2, 3$。

状态变量 s_k，第 k 段可以投资于第 k 项到第 3 个项目的资金数。

决策变量 x_k，决定给第 k 个项目投资的资金数。

状态转移方程为 $s_{k+1}=s_k-x_k$。

指标函数为 $V_{k,3} = \sum_{i=k}^{3} g_i(x_i)$。

最优指标函数为 $f_k(s_k)$，当可投资金数为 s_k 时，投资第 k 至第 3 项所得的最大收益数。

基本方程为

$$\begin{cases} f_k(s_k) = \max_{0 \leq x_k \leq s_k} \{g_k(x_k) + f_{k+1}(s_{k+1})\}, & k = 3, 2, 1 \\ f_4(s_4) = 0 \end{cases}$$

用动态规划方法逐段求解，便可得到各项目最佳投资金额，$f_1(10)$ 就是所求的最大收益。

一般地，建立动态规划模型的要点如下。

（1）识别问题的多阶段特性，按时间或空间的先后顺序适当地划分满足递推关系的若干阶段，对非时序的静态问题可人为地赋予"时段"概念。

（2）正确选择状态变量，使其具备以下必要特征：
① 过程演变的各阶段状态变量的取值，能直接或间接地确定；
② 第 k 阶段的状态出发的后的子过程，可以看作是一个以 s_k 为初始状态的独立过程。
（3）根据状态变量与决策变量，正确写出状态转移方程 $s_{k+1}=T_k(s_k, u_k)$ 或状态转移规则。
（4）根据题意明确指标函数 V_{k+1}，最优指标函数 $f_k(s_k)$ 以及 k 阶段指标 $v_k(s_k, u_k)$，确定最优指标函数的递推关系及边界条件。

上面指出的是建立动态规划模型的一般步骤，有些问题由于具体情况不同，不可能或没有必要这样建模，关键是灵活地运用最优化原理。

例 5.3 某厂家定制一套电子设备，该设备主要的三种元器件以串联形式组成，为了提高设备可靠性，厂家要求在总经费不超过 120 元的基础上对设备进行合理设计。基本参数见表 5.1。

表 5.1 相关参数值

元器件	单价/元	可靠性
A_1	26	0.8
A_2	20	0.9
A_3	14	0.7

常用的设计方式是对每个元器件进行冗余改进，即增加并联元器件，则基本方程可写成

$$\max Z = (1-0.2^{x_1}) \times (1-0.1^{x_2}) \times (1-0.3^{x_3})$$

$$\begin{cases} x_1 \geqslant 1 \\ x_2 \geqslant 1 \\ x_3 \geqslant 1 \\ 26x_1 + 20x_2 + 14x_3 \leqslant 120 \\ x_i \text{取整数}, \ i=1,2,3 \end{cases}$$

式中：x_1, x_2, x_3 分别为元器件 A_1, A_2, A_3 的安装数量。

解：阶段 k，按变量数划分为 3 个阶段，k=1, 2, 3，分别表示三个元器件依次安装的过程。

状态 s_k，状态变量选择各阶段的客观条件，即资金费用。s_k 表示第 k 阶段可用资金数。第 1 阶段可用资金即为初始资金 s_1=120 元，因此，该问题的初始边界已知，故可用逆序法求解。

决策 $u_k(s_k)$，决定在第 k 阶段，状态 s_k 的基础上安装设备 A_k 的数量，令 $u_k(s_k)=x_k$。

状态转移方程：各个阶段下，状态转移关系依然是可用资金额度的变化关系，$s_{k+1}=s_k-c_kx_k$，其中，c_k 为第 k 阶段下设备 A_k 的单价。

指标函数，不同于例 5.2，该问题指标函数表达形式为 $V_{k,3} = \prod_{i=k}^{3} g_i(x_i)$，整体指标关系是乘积关系不是求和关系。其中 $g_k(x_k) = 1-(1-p_k)^{x_k}$，这主要根据具体求解对象进行判别。

最优指标函数为 $f_k(s_k)$，当可用资金数为 s_k 时，安装第 k 至第 3 种元器件所得的最大可靠性值。

基本方程为

$$\begin{cases} f_k(s_k) = \max_{x_k \in U_k} \{g_k(x_k) \times f_{k+1}(s_{k+1})\} \\ f_4(s_4) = 1 \end{cases}$$

这里需要注意，决策变量 x_k 的取值范围 U_k 可根据约束条件进行计算。根据要求，各变量满足 $x_i \geqslant 1$，即各元器件至少安装 1 个，则资金中可用资金的额度满足 120-26-14-20=60，因此，元器件 A_1 的安装范围为 $U_1=\{x_1=1, x_2=2\}$，同理可得 $U_2=\{x_1=1, x_2=2, x_3=3\}$；$U_3=\{x_1=1, x_2=2, x_3=3, x_4=4\}$。

5.2.2 逆序解法与顺序解法

动态规划的求解有两种基本方法：逆序解法（后向动态规划方法）和顺序解法（前向动态规划方法）。

例 5.1 所使用的解法，由于寻优的方向与多阶段决策过程的实际行进方向相反，从最后一段开始计算逐段前推，求得全过程的最优策略，称为逆序解法。与之相反，顺序解法的寻优方向同于过程的行进方向，计算时从第一段开始逐段向后递推，计算后一阶段要用到前一阶段的求优结果，最后一段计算的结果就是全过程的最优结果。

我们再次用例 5.1 来说明顺序解法。由于此问题的始点 A 与终点 F 都是固定的，计算由 A 点到 F 点的最短路线与由 F 点到 A 点的最短路线没有什么不同，所以若设 $f_k(s_k)$ 表示从起点 A 到第 k 阶段状态 s_{k+1} 的最短距离，我们就可以由前向后逐步求出起点 A 到各阶段起点的最短距离，最后求出 A 点到 F 点的最短距离及路径，计算步骤如下。

$k=0$ 时，$f_0(s_1)=f_0(A)=0$，这是边界条件。

$k=1$ 时，$f_1(s_2)=0$，这是边界条件。

$$\begin{cases} f_1(B_1) = 4 \\ u_1(B_1) = A \end{cases} \begin{cases} f_1(B_2) = 5 \\ u_1(B_2) = A \end{cases}$$

$k=2$ 时，

$$\begin{cases} f_2(C_1) = d(B_1, C_1) + f_1(B_1) = 2 + 4 = 6 \\ u_2(C_1) = B_1 \end{cases}$$

$$\begin{cases} f_2(C_2) = \min \begin{cases} d(B_1, C_2) + f_1(B_1) \\ d(B_2, C_2) + f_1(B_2) \end{cases} = \min \begin{cases} 3+4 \\ 8+5 \end{cases} = 7 \\ u_2(C_3) = B_1 \end{cases}$$

$$\begin{cases} f_2(C_3) = \min \begin{cases} d(B_1, C_3) + f_1(B_1) \\ d(B_2, C_3) + f_1(B_2) \end{cases} = \min \begin{cases} 6+4 \\ 7+5 \end{cases} = 10 \\ u_2(C_3) = B_1 \end{cases}$$

$$\begin{cases} f_2(C_4) = d(B_2, C_4) + f_1(B_2) = 7+5 = 12 \\ u_2(C_4) = B_2 \end{cases}$$

类似地，可计算得

$$f_3(D_1)=11 \qquad u_3(D_1)=C_1 \text{ 或 } C_2$$
$$f_3(D_2)=12 \qquad u_3(D_2)=C_2$$
$$f_3(D_3)=14 \qquad u_3(D_3)=C_3$$
$$f_4(E_1)=14 \qquad u_4(E_1)=D_1$$
$$f_4(E_2)=14 \qquad u_4(E_2)=D_2$$
$$f_5(F)=17, \qquad u_5(F)=E_2$$

按定义知 $f_5(F)=17$ 为所求最短路长，而路径则为 $A \to B_1 \to C_2 \to D_2 \to E_2 \to F$，与前节逆序解法结论相同。全部计算情况如图 5.2 所示，图中每节点上方括号内的数表示该点到 A 点的最短距离。

类似于逆序解法，可以把上述解法写成如下的递推方程：

$$\begin{cases} f_k(s_{k+1}) = \min_{u_k}\{u_k(s_{k+1},u_k)+f_{k-1}(s_k)\}, & k=1,2,3,4,5 \\ f_0(s_1)=0 \end{cases}$$

其中，

$$s_k=T_k(s_{k+1},u_k)$$

顺序解法与逆序解法本质上并无区别，一般地说，当初始状态给定时可用逆序解法，当终止状态给定时可用顺序解法。若问题同时给出了初始状态与终止状态，则两种方法均可使用。总之，针对问题的不同特点，灵活地选用这两种方法之一，可以使求解过程简化。

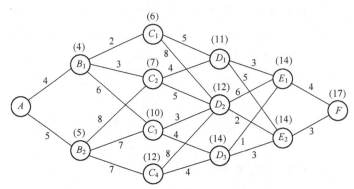

图 5.2　顺序解法示意图

使用上述两种方法求解时，除了求解的行进方向不同外，在建模时要注意以下区别。

1）状态转移方式不同

如图 5.3（a）所示，逆序解法中第 k 段的输入状态为 s_k，决策 u_k，由此确定输出为 s_{k+1}，即第 $k+1$ 段的状态，所以状态转移方程为

$$s_{k+1}=T_k(s_k,u_k)$$

上式称为状态 s_k 到 s_{k+1} 的逆序转移方程。

而顺序解法中第 k 段的输入状态为 s_{k+1}，决策 u_k，输出为 s_k，如图 5.3（b）所示，

所以状态转移方程为

$$s_k = T_k(s_{k+1}, u_k)$$

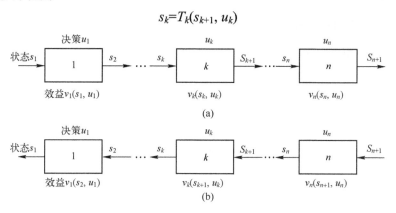

图 5.3 状态转移过程示意图

上式称为由状态 s_{k+1} 到 s_k 的顺序状态转移的方程。

同样道理，逆序解法中的阶段指标 $v_k(s_k, u_k)$ 在顺序解法中应表示为 $v_k(s_{k+1}, u_k)$。

2) 指标函数的定义不同

逆序解法中，我们定义最优指标函数 $f_k(s_k)$ 表示第 k 段从状态 s_k 出发，到终点后部子过程最优效益，$f_1(s_1)$ 值是整体最优函数值。

顺序解法中，应定义最优指标函数 $f_k(s_{k+1})$ 表示第 k 段时从起点到状态 s_{k+1} 的前部子过程最优效益值。$f_n(s_{n+1})$ 是整体最优函数值。

3) 基本方程形式不同

（1）当指标函数为阶段指标和形式，逆序解法中，有

$$V_{k,n} = \sum_{j=k}^{n} v_j(s_j, u_j)$$

则基本方程为

$$\begin{cases} f_k(s_k) = \underset{u_k \in D_k}{\mathrm{opt}} \{v_k(s_k, u_k) + f_{k+1}(s_{k+1})\}, & k = n, n-1, \cdots, 2, 1 \\ f_{n+1}(s_{n+1}) = 0 \end{cases}$$

顺序解法中，有 $V_{1,k} = \sum_{j=i}^{k} v_j(s_{j+1}, u_j)$，基本方程为

$$\begin{cases} f_k(s_{k+1}) = \underset{u_k \in D_k}{\mathrm{opt}} \{v_k(s_{k+1}, u_k) + f_{k-1}(s_k)\}, & k = 1, 2, \cdots, n \\ f_0(s_1) = 0 \end{cases}$$

（2）当指标函数为阶段指标积形式，逆序解法中，有

$$V_{k,n} = \prod_{j=k}^{n} v_j(s_j, u_j)$$

则基本方程为

$$\begin{cases} f_k(s_k) = \underset{u_k \in D_k}{\text{opt}} \{v_k(s_k, u_k) \cdot f_{k+1}(s_{k+1})\}, & k = n, n-1, \cdots, 2, 1 \\ f_{n+1}(s_{n+1}) = 1 \end{cases}$$

顺序解法中，有

$$V_{1,k} = \prod_{j=1}^{k} v_j(s_{j+1}, u_j)$$

基本方程为

$$\begin{cases} f_k(s_{k+1}) = \underset{u_k \in D_k}{\text{opt}} \{v_k(s_{k+1}, u_k) \cdot f_{k-1}(s_k)\}, & k = 1, 2, \cdots, n \\ f_0(s_1) = 1 \end{cases}$$

应指出的是，这里有关顺序解法的表达式是在原状态变量符号不变条件下得出的，若将状态变量记法改为 $s_0, s_1, \cdots, s_n$，则最优指标函数也可表示为 $f_k(s_k)$，即符号同于逆序解法，但含义不同。

5.3　背包问题的动态求解思想

动态规划是一类解决多阶段决策问题的数学方法，其核心在于拆分求解的思想，没有统一的标准模型，也没有标准算法，在实际应用中，需要具体问题具体分析。随着研究对象的复杂性增大和计算机技术的快速发展，动态规划在实际中的应用范围迅速增加。

5.3.1　背包问题描述

背包问题（Knapsack Problem）是一种典型的组合优化问题，可以描述为在背包容积的约束下最大化物品价值的装载方案。在金融、工业、军事、计算机等领域中，任务调度、资源分配、投资决策等实际问题都可以抽象为 0-1 背包问题。其基本的描述如下：给定一组物品，每种物品都有自己的重量和价格，在限定的总重量内，我们如何选择，才能使得物品的总价格最高。背包问题是个 NPC（Non-oleterministic Polynomial Complete Problem）问题，NPC 问题是没有多项式时间复杂度的解法的，但是利用动态规划，我们可以以伪多项式时间复杂度求解背包问题。一般来讲，背包问题有以下几种分类：

（1）0-1 背包问题。一共有 N 件物品，第 i（i 从 1 开始）件物品的重量为 $w[i]$，价值为 $v[i]$，在总重量不超过背包承载上限 W 的情况下，能够装入背包的最大价值是多少？

（2）完全背包问题。一共有 N 种物品，每种物品有无限多个，第 i（i 从 1 开始）种物品的重量为 $w[i]$，价值为 $v[i]$，在总重量不超过背包承载上限 W 的情况下，能够装入背包的最大价值是多少？

（3）多重背包问题。一共有 N 种物品，第 i（i 从 1 开始）种物品的数量为 $n[i]$，重量为 $w[i]$，价值为 $v[i]$，在总重量不超过背包承载上限 W 的情况下，能够装入背包的最大价值是多少？

此外，还存在一些其他要求，例如恰好装满、求方案总数、求所有的方案等。

本节以 0-1 背包问题为例进行背包问题动态规划求解思想的分析。采用动态规划方法求解的核心思路均为逐步外推方法，但如何提升动态规划算法的优化能力，进一步降低算法复杂度是优化方法设计的目标。首先，给出 0-1 背包问题的典型问题描述。给定背包容量限制为 C，第 i ($i=1, 2, \cdots, m$) 个物品的价值和体积分别为 p_j 和 w_j，那么应该选择哪些物品才能在容量的限制内使背包中物品的价值最大。设 $x=[x_1, x_2, \cdots, x_m]$ 为问题的可行解，当 $x_i=1$ 时表示装入该物品，当 $x_i=0$ 时表示不装入，那么 0-1 背包问题的数学模型可以描述如下：

$$\begin{cases} \max f(x) = \sum_{i=1}^{m} p_i x_i \\ \text{s.t.} \sum_{i=1}^{m} w_i x_i \leqslant C, x_i = 0,1 \end{cases}$$

动态规划方法是通过探索最优解方向逐步外推的方法，在求解过程中与穷举法类似，但实际进行解方案分析的迭代次数远少于穷举法。如果采用穷举法的方式，每件物品都存在装入和不装入两种情况，所以总的时间复杂度是 $O(2^N)$，这是不可接受的，而使用动态规划可以将复杂度降至 $O(N \times W)$。因此，学习如何使用动态规划方法求解背包问题是十分有必要的。以下按照动态规划的五大要素，针对背包问题的求解过程分别进行阐述。

阶段：定义阶段变量 i 表示当前背包正处于是否装入第 i 件物品的阶段。

状态：定义状态变量 $DP[i][j]$ 表示将前 i 件物品装进限重为 j 的背包可以获得的最大价值，其中 i、j 的取值分别受限于物品在当前阶段的总数量和当前背包的总重量。通过对状态进行初始化，可以取 $DP[0][0, \cdots, W]=0$，表示将前 0 个物品（即没有物品）装入书包的最大价值为 0。那么当 $i>0$ 时，$DP[i][j]$ 存在两种状态，即不装入第 i 件物品和装入第 i 件物品，类似线性规划中决策变量的 0-1 选择。

状态转移方程：根据阶段间状态的变化规则，给出相邻阶段状态转移方程，即 $DP[i][j]=\max(DP[i-1][j], DP[i-1][j-w[i]]+v[i])$。由上述状态转移方程可知，$DP[i][j]$ 的值只与 $DP[i-1][0, 1, \cdots, j-1]$ 有关，所以可采用动态规划常用的方法（滚动数组）对空间进行优化（即去掉 DP 的第一维）。需要注意的是，为了防止上一层循环的 $DP[0, 1, \cdots, j-1]$ 被覆盖，循环的时候 j 只能逆向枚举。

通过对以上基本要素的分析，可完成对背包问题的动态规划算法设计，对应时间复杂度为 $O(N \times W)$，空间复杂度为 $O(W)$。该时间复杂度是伪多项式时间。

动态规划可以避免重复计算，在 0-1 背包问题中该特性体现得淋漓尽致。第 i 件物品装入或者不装入而获得的最大价值完全可以由前面 $i-1$ 件物品的最大价值决定，暴力枚举忽略了这个事实。采用类似的方法，可以对典型问题二、三分别建立动态规划算法。

5.3.2 模型介绍及算法流程

目前求解背包问题的方法可以大致分为两类：基于数学规划和运筹学理论的精确解法和基于启发式算法的随机解法。在物品种类数量较少时可以通过动态规划等数学理论对问题进行精确求解；而大规模背包问题是一类 NP-难问题，使用精确解法在可承受的时间范围内很难进行求解。因此利用启发式算法求解背包问题受到广泛关注。

近年来，具有动态规划思想的群智能优化算法层出不穷，为求解背包问题提供了许多新的有效的思路，为进一步深入分析背包问题及其 MATLAB 求解，以下采用启发式算法——布谷鸟算法，阐述 0-1 背包问题的求解流程。

布谷鸟算法由学者 Yang 于 2009 年提出，其算法核心是在有限的寻优时间内实现对解空间搜索和勘探的平衡。通过引入 Levy 飞行，使每轮生成的新解在多维解空间中实现随机游走，强化算法的随机性，使其在连续空间优化问题中优势明显。

Levy 飞行是近年来广泛应用于元启发式搜索算法的随机游走模型，Levy 飞行取自随机游走模型所使用的随机数生成函数 Levy 分布，飞行则体现由 Levy 分布所获得的随机数可以有效避免智能算法陷入局部最优，提升算法的搜索和勘探能力。因此，以 Levy 飞行为核心设计的智能算法能够通过生成种群新解，提升算法在高维解空间中的寻优效率和收敛速度。相关学者通过仿真对比实验的方式，验证了 Levy 分布相比于高斯分布更能反映幂律分布特性。这意味着，在处理多峰优化问题时，采用 Levy 飞行的解轨迹运动能够更快地找到全局最优值。

Levy 分布属于 α-stable 分布，其分布函数生成过程与传统 Gauss 分布和 Gauchy 分布具有诸多共通之处。令 $f_\alpha(x)$ 为传统概率分布函数，通过下式可以计算其特征函数：

$$\varphi(k) = \int_{-\infty}^{+\infty} f_\alpha(x) e^{-ikx} dx = E_x(e^{ikx})$$

假设上式可以转化为以下形式表示：

$$\varphi(k) = e^{-c|k|^\alpha}$$

式中，参数 $c > 0$，$\alpha \in (0,2]$，即可通过傅里叶逆变换得到：

$$f_\alpha(x) = \frac{\int_0^{+\infty} \cos(kx) e^{-ck^\alpha} dk}{\pi}$$

由以上变换后表达式可知，通过调整参数 α 的取值范围，即可得到不同的分布函数，其中，当 $\alpha = 1$ 时，可获得 Cauchy 分布；当 $\alpha = 2$ 时，可获得 Gauss 分布；其余取值情况下，分布函数被称为 α-stable 分布，即 Levy 分布。以下分别为 $\alpha = 1$、$\alpha = 2$ 的分布函数。

$$f_1(x) = \frac{c}{\pi(c^2 + x^2)}$$

$$f_2(x) = \frac{1}{2\sqrt{c\pi}} \exp\left(-\frac{x^2}{4c}\right)$$

Levy 分布、Cauchy 分布及 Gauss 分布均可构建随机游走模型，以往的研究文献中也多采用 Gauss 和 Cauchy 随机游走模型，直到以布谷鸟、花粉算法为代表的元启发式算法的出现，Levy 分布以其较好的随机游走特性，被广泛应用于智能算法设计中。

Levy 飞行主要用于强化布谷鸟算法的勘探能力，在算法设计中体现为新解产生的更新机制，Yang 对布谷鸟算法的规则描述如下：

（1）每只布谷鸟在同一时间下一个蛋，并将其放在随机选定的鸟巢中；

（2）拥有高质量鸟蛋的鸟巢，将会保留到下一个阶段；

（3）寄主鸟巢的数量是固定的，寄主鸟类以概率 $p_a \in [0,1]$ 发现鸟巢中布谷鸟下的蛋，并可在这种情况下，选择将蛋去除或弃用当前鸟巢进而重新建立鸟巢。

基于上述规则，可采用以下形式描述布谷鸟算法的种群更新机制：

$$x_i^{(t+1)} = x_i^{(t)} + \alpha \wedge \text{Levy}(\gamma)$$

式中，$\alpha > 0$ 表示布谷鸟算法中随机游走的步长，通常根据所求解的问题具体分析其步长设置。$\text{Levy}(\gamma)$ 即为 Levy 分布，在连续空间寻优问题中，可直接使用上述公式进行计算。当处理离散化寻优问题时，需对 $\text{Levy}(\gamma)$ 进行改造，采用类似遗传算法中交叉、变异等方式对种群序列进行调整优化。

在阐述布谷鸟算法的核心机制 Levy 飞行和布谷鸟算法更新机制的基础上，给出布谷鸟算法的流程，在 0-1 背包问题求解过程中，重点考虑种群更新机制的离散化（即对 Levy 飞行的离散化处理）。

Step1：进行算法初始化，完成对初始鸟巢设定，建立种群序列，对 Levy 飞行随机补偿、局部步长参数进行赋值，设定阈值，完成算法初始化；

Step2：针对问题特性设计适应度函数，并执行计算，完成种群初始适应度值排序；

Step3：采用 Levy 飞行更新机制，完成子代种群生成；

Step4：子代种群适应度值计算，对比更新前后适应度值结果，进行比较和替换；

Step5：执行局部更新机制，设定临近种群个体交叉替换阈值，完成局部种群个体交叉操作；

Step6：执行全局更新机制。采用轮盘赌机制确定选择概率，对比种群个体交叉替换阈值，若低于阈值则进行替换，若高于阈值则不进行操作；

Step7：按照步骤 2 完成新生种群个体计算并排序；

Step8：选择新排序中适应度值最低（最高）种群个体记录至本次寻优中的最优个体，并对比全局最优种群序列，按照适应度值进行排序；

Step9：对当前全局最优种群序列进行判断，满足条件转入 Step10，反之，转入 Step3；

Step10：对全局最优种群序列及其适应度值序列进行输出，并保存数据。

5.4 改航路径规划问题动态规划求解

5.4.1 问题描述与建模

改航是一种能够有效解决空域拥堵问题的战术流量管理手段。当计划航路上出现恶劣天气时，飞机主要采用侧向绕飞的方式规避危险天气，故可以将飞机的改航路径规划空间视作二维平面。可将平面二维区域划分成若干个大小相同的方格实现改航环境栅格化。改航问题中方格的边长通常设置为 10km、15km、20km 方格的横向划分线与计划航路平行。

设飞机的保护区半径为 D，在天气信息更新的一个周期内，将探测到的恶劣天气区域按距离 D 向外做膨化处理得到恶劣天气限制区，如图 5.4（a）所示，几何图形的深灰色扩张区域即为膨化区域。由此，飞机在路径规划过程中可以被视为质点。将恶劣天气限制区完全侵占或部分侵占的方格称为决策失效方格，恶劣天气限制区完全没侵占的方格称为决策有效方格。决策有效方格在图形中用白色表示，决策失效方格在图形中用灰色表示，如图 5.4（b）所示。

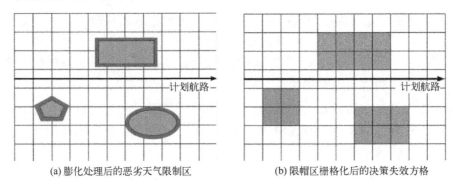

(a) 膨化处理后的恶劣天气限制区　　(b) 限帽区栅格化后的决策失效方格

图 5.4　栅格环境示意图

5.4.2　基于动态规划的求解实现

通过动态规划分阶段求出由若干栅格的几何中心构成的决策序列，飞机的改航路径即由这些栅格中心连接而成。然后根据飞行性能对得到的决策序列进行筛选，得到既能安全避障又能满足飞行性能的改航路径。设改航起始点 Q_s 和改航结束点 Q_f 已知，动态规划流程如下。

（1）阶段划分。按方格在横向划分空间阶段。以改航起始点 Q_s 为起点，改航结束点 Q_f 为终点，在横向上按顺序对 Q_s、Q_f 及其中间的若干栅格中心所在方格依次编号，如图 5.5 所示。

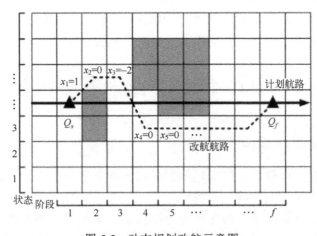

图 5.5　动态规划改航示意图

（2）状态变量和状态集合。对任一阶段 $k(k=1, 2, \cdots, f)$ 对应的一列纵向方格按从下至上的顺序依次编号 1, 2,…, $s_{k,\max}$，此列方格的纵向编号构成的集合为阶段 k 的状态集合 $\{s_k\}$，方格的一个纵向编号对应阶段 k 的一个状态变量 s_k，如图 5.5 所示。因此，代表方格横纵编号的数组(x, y)与其所处阶段及状态一一对应。例如，方格（2, 5）表示阶段 2 的状态 5。此外，为了保证航空器能够在同一阶段内移动，新增一状态变量 s'_k，表示航空器在同一阶段状态移动后的纵向位置。

（3）决策变量和决策集合。决策变量 x_k（$x_k \in Z$，Z 表示整数）表示从阶段 k 的某一方格(k, s_k)转移到阶段 $k+1$ 的方格$(k+1, s_k+x_k)$上，即相邻两阶段状态对应的方格纵向编号差，如图 5.5 所示。对于航空器在同一阶段内容的移动，为每一阶段新增一决策变量 s'_k，表示状态变量在同一阶段内转移的纵坐标差。

设 $E(x, y)$ 表示方格(x, y)的决策有效性检测函数，$E(x, y)$ 的函数式满足式

$$E(x, y) = \begin{cases} 1, (x, y)为有效方格 \\ 0, (x, y)为无效方格 \end{cases}$$

当 $x_k \geqslant 0$ 时，决策变量 x_k 要满足约束：

$$\begin{cases} x_k + s_k \leqslant s_{k=1,\max} \\ E(k, y_k) = 1, y_k \in [s_k, s_k + 0.5(x_k - 1)] \\ E(k+1, y_{k+1}) = 1, y_{k+1} \in [s_k + x_k - 0.5(x_k - 1), s_k + x_k] \end{cases}$$

式中：$x_k \in Z$，Z 表示整数。

当 $x_k < 0$ 时，决策变量 x_k 要满足约束：

$$\begin{cases} x_k + s_k \geqslant s_{k=1,\max} \\ E(k, y_k) = 1, y_k \in [s_k - 0.5(|x_k| - 1), s_k] \\ E(k+1, y_{k+1}) = 1, y_{k+1} \in [s_k - x_k, s_k - x_k + 0.5(|x_k| - 1)] \end{cases}$$

式中：$x_k \in Z^-$，Z^- 表示整数。

当 $x'_k \geqslant 0$ 时，决策变量 x'_k 要满足约束：

$$\begin{cases} x'_k + s_k \leqslant s_{k=1,\max} \\ E(k, y_k) = 1, y_k \in [s_k, s'_k] \\ x'_k + s_k \neq s_{k-1} + x_{k-1} \end{cases}$$

当 $x'_k < 0$ 时，决策变量 x'_k 要满足约束：

$$\begin{cases} x'_k + s_k \geqslant s_{k=1,\max} \\ E(k, y_k) = 1, y_k \in [s'_k, s_k] \\ x'_k + s_k \neq s_{k-1} + x_{k-1} \end{cases}$$

式中：关于 x_k+s_k 及 x'_k+s_k 的约束条件表示飞机的位置不得超过改航空间边界；关于 $E(k, s_k)$和 $E(k+1, s_{k+1})$的限制条件表示飞机在移动过程中不得进入恶劣天气限制区；约束条件 $x'_k+s_k \neq s_{k-1}+x_{k-1}$ 表示飞机在当前阶段的纵向移动要受到前一阶段斜向移动的约束。

（4）状态转移方程。根据决策变量 x_k 所代表的意义，前后两阶段衔接的状态方程可以设置为

$$s_{k+1} = x'_k + s_k + x_k$$

（5）阶段指标函数。改航路径规划的主要目标之一是路径长度最短，故指标函数设置为从阶段 k 到阶段 $k+1$ 所走过的路径长度，表示为

$$V_k(x_k, s_k) = \sqrt{1 + x_k^2} + x'_k$$

在确定了以上五个基本指标后，可根据状态转移方程引出改航线路规划问题的递推方程，这里可以采用逆序法（或顺序法）。考虑到飞机的飞行性能和乘客的舒适性，改航路径通常还需满足不同的约束条件，如王莉莉[4]等提出，相邻转弯点间的距离应满足 $d \geqslant 7.4 \text{ km}$；转弯角度 $\theta \leqslant 90°$ 等。在确定所有的约束条件及建模要素后，即可按照动态规划的求解步骤，完成对改航路径问题的优化求解。

习　题

1．试叙述动态规划方法的基本思想、动态规划基本方程的结构、方程中各种符号的含义及正确写出动态规划基本方程的关键因素。

2．将下列方程按五要素转换为动态规划基本方程。

（1）$\max Z = \sum_{i=1}^{n} \Phi_i(x_i)$

$$\begin{cases} \sum_{i=1}^{n} x_i = b, & b > 0 \\ x_i \geqslant 0, & i = 1, 2, \cdots, n \end{cases}$$

（2）$\min Z = \sum_{i=1}^{n} C_i x_i^2$

$$\begin{cases} \sum_{i=1}^{n} a_i x_i \geqslant b, & a_i > 0 \\ x_i \geqslant 0, & i = 1, 2, \cdots, n \end{cases}$$

3．用动态规划方法求解下列非线性规划问题。

（1）$\max Z = x_1^2 x_2$
s.t. $x_1 + x_2 \leqslant 7$
　　$x_i \geqslant 0, i = 1, 2$

（2）$\min Z = 3x_1^2 + 4x_2 + x_3^2$
s.t. $x_1 x_2 x_3 \geqslant 9$
　　$x_i \geqslant 0, i = 1, 2, 3$

（3）$\max Z = 4x_1 + 8x_2 + 3x_3^2$
s.t. $x_1 + x_2 + x_3 = 15$
　　$x_1, x_2, x_3 \geqslant 0$

（4）$\max Z = 3x_1^3 - 2x_1 + 2x_2 + 2x_3^2 - 5x_3$
s.t. $4x_1 + 5x_2 + 2x_3 \leqslant 21$
　　$x_1, x_2, x_3 \geqslant 0$

4．某工厂计划在月初制定一个月内的原材料采购计划。原材料的价格在不同时期将以一定的概率发生变化，其波动及概率变化如表 5.2 所示。试通过动态规划方法制定合理的采购计划，使总的成本期望最低。

表 5.2　价格波动及概率变化表

价格	概率
450	0.2
500	0.3
600	0.3
650	0.2

5. 如图 5.6 所示，用动态规划思想寻找以下数字塔的最小路径。规则为从顶部出发，每次只能向下到达其相邻节点。经过节点的数字之和最小是多少？具体路径是什么？

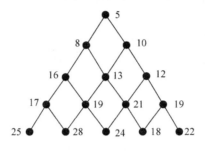

图 5.6 数字塔图

6. 踩点游戏：两人游戏，甲方任意选择一个整数 a 作为起始值，乙方任意选择一个整数 b 作为终止点。从 a 开始，甲乙双方轮流进行数字踩点，规则要求每人最多说出连续的 c 个整数。最后谁踩中终止点 b 即为胜利。试用动态规划思想对该游戏规则进行动态规划建模分析。

7. 查询资料学习"海盗分金"问题，并对该问题中的动态思想进行分析和总结。

8. 某推销员计划从城市 1 出发对 6 个城市进行产品推销。每个城市只经过 1 次的话，怎么安排推销路线使总行程最短。各城市之间的路线距离如表 5.3 所示。

表 5.3 各城市间路线距离基本信息表

	城市 1	城市 2	城市 3	城市 4	城市 5	城市 6
城市 1	0	20	30	40	50	60
城市 2	22	0	28	39	35	31
城市 3	32	19	0	18	22	25
城市 4	44	42	14	0	18	26
城市 5	55	37	24	20	0	28
城市 6	66	32	26	32	23	0

参 考 文 献

[1] 《运筹学》教材编写组. 运筹学[M]. 3 版. 北京：清华大学出版社，2005.
[2] 郝英奇，等. 实用运筹学[M]. 北京：机械工业出版社，2016.
[3] 宋志华，周中良. 运筹学基础[M]. 西安：西安电子科技大学出版社，2020.
[4] 王莉莉，刘子昂. 针对平行航路的改航路径规划研究[J]. 重庆交通大学学报：自然科学版，2020, 39(8):7.

第 6 章　排队系统理论与模型

排队现象主要指主体在接受某项服务时出现等待的现象。排队现象在某种程度上是一种效率低下的体现，但要想完全消除排队现象需要付出极大的成本费用。因此，排队论所研究的就是希望在效率（效益）和成本之间找到合适的平衡点，使得接受服务的主体和提供服务的主体都能取得较为满意的结果。通过研究排队系统主要数值指标的概率规律和分布特性，分析排队系统运行的基本特征，最终实现排队系统的优化设计。

6.1　排队系统基本概念

排队理论（Queueing Theory）是研究排队系统（又称为随机服务系统）的数学理论和方法，是运筹学的一个重要分支。

6.1.1　排队系统的基本模型

排队现象是我们日常生活中常见的现象，生活中的衣食住行都关联着"排队"的影子，如医院就诊时的排队、车站候车时的排队、超市结账时的排队、大厦坐电梯时的排队等，这些都是日常生活中能够直观感受到的排队。除此之外，还有很多"隐形"的排队情况，如外卖的订单和配送过程，当顾客下单后，餐厅开始制作菜品，此时若出现新的订单，而没有空闲的掌勺师傅，则新下单的菜品只能等待，当菜品制作完成后，需要配送员进行配送，配送员将按一定的规则对其处理的多件外卖订单进行配送，顾客等待菜品制作和配送的过程，虽然见不到直观的排队队列，却也产生了等待的真实状况，形成一种"隐形"的排队过程，顾客在各自的地点形成"隐形"的排队队列等待着服务。排队的对象可以是人，也可以是物。如红绿灯前排队等待的车辆；因故障而停工等待修理的设备；码头上等待装货或卸货的货船等。同样，提供服务的也可以是人或自助设备等。表 6.1 中列举了生活中常见的排队系统。排队问题的表现形式往往是拥挤现象，随着生产与服务的日益社会化，由排队引起的拥挤现象会越来越普遍。排队现象的出现在某种程度上可以认为是一种效率低下的体现，但本质上，合理的排队设计是一种资源和效率的优化组合。

表 6.1 排队系统实例

到达的顾客	要求的服务	服务机构
1.故障设备	修理	修理工人
2.修理工人	领取修配件	管理员
3.病人	就诊	医生
4.发送成功的文件	打印	打印机
5.待降落的飞机	降落	跑道指挥机构
6.到达港的货船	装货或卸货	码头（泊位）
7.进入餐馆的顾客	就餐	餐位服务员
8.来到路口的汽车	通过路口	交通管理员或红绿灯
9.网上下订单的顾客	购买产品	网上商店

习惯将被服务的对象统称为"顾客"，将提供服务者称为"服务机构"。排队系统类型多样，但都可以描述成顾客为了获得某种服务而到达系统，若不能立刻获得服务而又允许排队等待，则加入等待队伍，形成排队队列，直到接受完服务后离开系统，排队的规则有很多，如图 6.1~图 6.4 所示。尽管各种排队系统的具体形式不同，但本质上都可由图 6.5 加以描述。

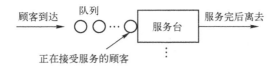

图 6.1 单服务台排队系统

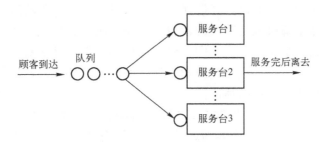

图 6.2 3 服务台排队系统

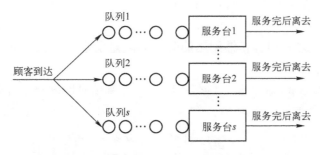

图 6.3 s 个服务台，s 个队列的排队系统

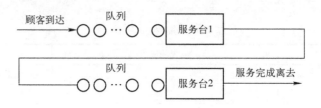

图 6.4 多个服务台的串联排队系统

图 6.5 随机服务系统

通常称由图 6.5 表示的系统为一个随机聚散服务系统,任意排队系统都是一个随机聚散服务系统。此处,"聚"可表示顾客的到达,"散"则表示顾客的离去,排队系统最重要的特点体现在随机性,主要指两个随机时间变量的随机性:①顾客相继到达时间间隔;②顾客接受服务所需时间。一般来说,排队理论所研究的排队系统中,顾客相继到达时间间隔和服务时间这两个变量中至少有一个具有随机性,因此,排队理论又称为随机服务系统理论。

6.1.2 排队系统的组成描述

排队系统概括起来由 3 个部分组成:输入过程、排队及排队规则、服务机制,具体如下。

1) 输入过程

输入过程需要明确排队系统顾客群体的特点、到达方式及到达规律。

(1) 顾客源。顾客源可以是有限的,也可以是无限的。这是一个相对概念,高速路口进出的车辆可以认为是无限的,车间内停机待修的机器显然是有限的。

(2) 到达方式。是单个到达还是成批到达。医院就诊病人通常是单个到达,若单位统一组织体检,则是成批到达的情况。

(3) 顾客(单个或成批)相继到达时间间隔分布,这是刻画输入过程最重要的内容。令 $T_0=0$,T_n 表示第 n 个顾客到达的时刻,则有 $T_0 \leqslant T_1 \leqslant \cdots \leqslant T_n \leqslant \cdots$,记 $X_n=T_n-T_{n-1}$,$n=1, 2,\cdots$,则 X_n 是第 n 个顾客与第 $n-1$ 个顾客到达的时间间隔。一般假定 $\{X_n\}$ 是独立同分布的,并记其分布函数为 $A(t)$。关于 $\{X_n\}$ 的分布,排队论中经常用到的有以下几种:

① 定长分布(D):顾客相继到达的时间间隔是确定量,如产品通过传送带进入包装箱就是定长分布的例子。

② 最简流(或称 poisson 流)(M):顾客相继到达时间间隔 $\{X_n\}$ 独立分布,满足负指数分布,其密度函数为

$$a(t)=\begin{cases} \lambda e^{-\lambda t}, & t \geqslant 0 \\ 0, & t < 0 \end{cases} \qquad (6.1)$$

2）排队及排队规则

（1）排队。

根据排队系统的规则要求和顾客的行为选择，排队可分为以下三种情况。

① 等待制，顾客到达系统后若不能立刻接受服务，排队系统允许顾客进行排队等待，以减少顾客的流失；

② 损失制，当顾客到达系统后若不能立刻接受服务，因排队空间为零，即不允许排队，故顾客将自动离去，并不再回来，称这部分顾客被损失掉了。

③ 混合制，该情况是等待制排队和损失制排队的结合，一般是指允许排队，但又不允许队列无限长，因此同时存在顾客排队和顾客损失。顾客损失大致有三种原因：

a. 队列长度有限，即系统的等待空间是有限的。例如最多只能容纳 K 个顾客在系统中等待，当新顾客到达时，若系统中的顾客数小于 K，则可进入系统排队或接受服务，否则，便离开系统并不再回来。

b. 等待时间有限，即顾客在系统中的等待时间不超过某一给定的长度 T，当等待时间超过 T 时，顾客将选择离去，并不再回来。

c. 逗留时间（等待时间与服务时间之和）有限，例如用高射炮射击敌机，当敌机飞越高射炮射击有效区域的时间为 t 时，若在这个时间内未被击落，也就没有可能被击落了。

不难注意到，损失制和等待制可看成是混合制的特殊情形，如记 s 为系统中服务台的个数，则当 $K=s$ 时，混合制即成为损失制；当 $K=\infty$ 时，即成为等待制。

（2）排队规则。

当顾客到达时，若所有服务台都被占用且又允许排队，则该顾客将进入排队队列进行等待。常用的排队规则有：

① 先到先服务（FCFS），即按顾客到达的先后对顾客进行服务，这是人们日常生活中遇到的最普遍的情形。

② 后到先服务（LCFS），常应用于以"物品"为服务对象的排队系统中，如库存系统，俗语"砌墙的砖头，后来居上"说的也是这种现象，即后入库的先出库；又如在情报系统中，后到达的信息往往更加重要，应率先加以分析和利用。

③ 按优先等级服务（PS），服务机构根据顾客的优先等级进行服务，优先等级高的先接受服务，如病危的患者应优先治疗、加急的电报电话应优先处理等。

④ 随机服务（RS），即对所有到达的顾客随机地选择进行服务。

> **趣味角**：丹麦经济学家在 2015 年发表的一篇"先到先服务排队系统缺陷"的文章指出，在排队系统完全被控制的情况下，先到先服务的规则是时间效率最差的一种，而后到先服务是更高效率的规则。如空中盘旋待降的飞机、售后服务电话中心、网上退税的群众等情形下都满足这一结论。你接受后到先服务吗？

3）服务机制

排队系统的服务机制主要包括服务台数量及其关联形式（串联、并联、混合），顾客是单个还是成批接受服务以及最重要的服务时间分布。

某服务台的服务时间为 V，其分布函数为 $B(t)$，密度函数为 $b(t)$，则常见的分布有：

（1）定长分布（D）。每个顾客接受服务的时间是一个确定的常数；

（2）负指数分布（M）。每个顾客接受服务的时间相互独立，具有相同的负指数分布；

$$b(t) = \begin{cases} \mu e^{-\mu t}, & t \geq 0 \\ 0, & t < 0 \end{cases} \quad (6.2)$$

式中：$\mu>0$，为一常数。

（3）k 阶埃尔朗分布（Ek）。每个顾客接受服务的时间服从 k 阶埃尔朗分布，密度函数为

$$b(t) = \frac{k\mu(k\mu t)^{k-1}}{(k-1)!} e^{-k\mu t} \quad (6.3)$$

埃尔朗分布比负指数分布具有更多的适应性。当 $k=1$ 时，埃尔朗分布即为负指数分布；当 k 增加时，埃尔朗分布逐渐变为对称形式。当 $k \geq 30$ 后，埃尔朗分布近似于正态分布。当 $K \to \infty$ 时，由方差为 $\frac{1}{k\mu^2}$ 可知，方差将趋于零，即转换为完全非随机的。所以 k 阶埃尔朗分布可看成完全随机（$k=1$）与完全非随机（$K=\infty$）之间的分布，能更广泛适用于现实世界。

6.1.3 排队系统分类及主要指标

1993 年，D.G.Kendall 提出了目前在排队论中被广泛采用的"Kendall 记号"，根据输入过程、排队规则和服务机制的变化对排队模型进行描述，实现排队模型的类型划分。后来国际上基于"Kendall 记号"对排队论符号进行了标准化：

$$X/Y/Z/A/B/C$$

其中，X 表示顾客相继到达时间间隔的分布；Y 表示服务时间的分布；Z 表示服务台的个数；A 表示系统的容量，即可容纳的最多顾客数；B 表示顾客源类型；C 表示服务规则。例如，M/M/1/∞/∞/FCFS 表示顾客的到达时间间隔服从负指数分布、服务时间为负指数分布、单个服务台、系统容量为无限、顾客源无限、排队规则为先到先服务的排队模型。一般约定如果"Kendall 记号"中略去后 3 项，即是指 $X/Y/Z/\infty/\infty$/FCFS 的情形。

通过"Kendall 记号"可以对所研究的排队系统进行系统的分类，以便于根据排队系统的不同特点进行针对性分析。排队系统研究的目的是通过了解系统运行的状况，实现系统进行调整和控制，使系统处于最优运行状态。描述一个排队系统运行状况的主要数量指标有以下 3 方面。

（1）队长和排队长。队长是指系统中的顾客数，常用 $N(t)$ 表示时刻 t 系统中的顾客数；排队长指系统中正在排队等待服务的顾客数，常用 $N_q(t)$ 表示时刻 t 系统中排队的顾客数。队长和排队长两者相差的是正在接受服务的顾客数。队长和排队长是顾客到达和

服务时间共同影响下的随机变量。

（2）逗留时间和等待时间。逗留时间是指顾客在系统中停留的总时间，包括排队等待的时间和接受服务的时间，常用 $T(t)$ 表示时刻 t 到达系统的顾客在系统中的逗留时间；等待时间指顾客从到达时刻起到开始接受服务为止这段时间，常用 $T_q(t)$ 表示时刻 t 到达系统的顾客在系统中的等待时间，等待时间是顾客最关心的指标。

（3）忙期和闲期。忙期是指从顾客到达空闲时的服务机构起，到服务机构再次空闲为止的这段时间，即服务机构连续工作的时间，这是服务员最为关心的指标，因为它能反映服务强度。与忙期相对的是闲期，即服务机构连续保持空闲的时间。在排队系统中，忙期和闲期总是交替出现。

上述指标都是与系统运行的时间相关的随机变量，很难得到其瞬时分布的规律。而相当一部分排队系统在运行了一定时间后，都会趋于一个平衡状态。在平衡状态下，根据统计特性可以得到各指标的期望结果，也能实现对排队系统运行状况的指导目的。因此，我们在本章中将主要讨论与系统所处时刻无关的性质，即统计平衡性质。

记 $P_n(t)$ 为时刻 t 时系统恰好有 n 个顾客的概率，这是瞬时分布量。根据前面的约定，我们将主要分析系统的平稳分布，即当系统达到统计平衡时处于状态 n 的概率，记为 P_n。又记：

N 为系统处于平稳状态时的队长，其均值为 L，称为平均队长；

N_q 为系统处于平稳状态时的排队长，其均值为 L_n，称为平均排队长；

T 为系统处于平稳状态时顾客的逗留时间，其均值记为 W，所为平均逗留时间；

T_q 为系统处于平稳状态时顾客的等待时间，其均值记为 W_n，称为平均等待时间；

λ_n 为当系统处于状态 n 时，新来顾客的平均到达率（单位时间内来到系统的平均顾客数）；

μ_n 为当系统处于状态 n 时，整个系统的平均服务率（单位时间内可以服务完的顾客数）；

当 λ_n 为常数时，记为 λ；当每个服务台的平均服务时间为常数时，记每个服务台的服务率为 μ。则当 $n \geqslant s$ 时，有 $\mu_n = s\mu$，因此，顾客相继到达的平均时间间隔为 $1/\lambda$，平均服务时间为 $1/\mu$，令 $\rho = \lambda/s\mu$，ρ 称为系统的服务强度。

6.2 马尔可夫链及生灭过程

6.2.1 马尔可夫链

马尔可夫链（Markov Chain, MC）是第一个从理论上被提出并加以研究的随机过程模型，是概率论和数理统计中具有马尔可夫性质且存在于离散的指数集和状态空间内的随机过程。

定义 6.1：过程或（系统）在时刻 t_0 所处的状态为已知条件下，过程在时刻 $t > t_0$ 所处状态的条件分布与过程在时刻 t_0 之前的状态无关的特性称为马尔可夫性，亦称为无后效性。

具有马尔可夫性的随机过程称为马尔可夫过程。时间和状态都是离散的马尔可夫过程称为马尔可夫链。

定义6.2：设 $\{X_n, n=1, 2, \cdots\}$ 为随机序列，状态空间为 $E=\{i_1, i_2, \cdots, i_N\}$，若对于任意 n，满足

$$P\{X_{n+1}=j|X_n=i_n, X_{n-1}=i_{n-1}, \cdots, X_1=i_1\}=P\{X_{n+1}=j|X_n=i_n\}, \quad i=1, 2, \cdots, n$$

则称 $\{X_n\}$ 为马尔可夫链。

对于马尔可夫链 $\{X_n\}$，状态空间为 $I=\{a_1, a_2, \cdots\}$，$a_i \in R$。对任意的正整数 n, r，若 $0 \leqslant t_1<t_2<\cdots<t_r<m$；$t, m, n+m \in T_i$，有

$$P\{X_{m+n}=a_j|X_{t1}=a_{i1}, X_{t2}=a_{i2}, \cdots, X_{tr}=a_{ir}, X_m=a_i\}=P\{X_{m+n}=a_j|X_m=a_i\}, \quad a_i \in I$$

则称条件概率 $P_{ij}(m, m+n)=P\{X_{m+n}=a_j|X_m=a_i\}$ 为马尔可夫链在时刻 m 处于状态 a_i 条件下，在时刻 $m+n$ 转移到状态 a_j 的转移概率。且当转移概率只与状态 a_i、a_j 和时间间隔 n 相关时，称转移概率具有平稳性，同时称此链 $\{X_n\}$ 为齐次马尔可夫链。

对于齐次马尔可夫链，由所有 n 步转移概率 $P_{ij}(n)= P_{ij}(m, m+n)=P\{X_{m+n}=a_j|X_m=a_i\}$ 可组成 n 步转移概率矩阵：

$$\boldsymbol{P}(n) = \begin{bmatrix} p_{11}(n) & p_{12}(n) & \cdots & p_{1N}(n) \\ p_{21}(n) & p_{22}(n) & \cdots & p_{2N}(n) \\ \vdots & \vdots & \ddots & \vdots \\ p_{N1}(n) & p_{N2}(n) & \cdots & p_{NN}(n) \end{bmatrix}$$

概率矩阵中各元素满足 $0 \leqslant p_{ij}(n) \leqslant 1$，且 $\sum_{j=1}^{N} p_{ij}(n) = 1$。通常规定：

$$p_{ij}(0) = p_{ij}(m,m) = \boldsymbol{P}\{X_m = j \mid X_m = i\} = \begin{cases} 1, & i = j \\ 0, & i \neq j \end{cases}$$

根据切普曼-柯尔莫哥洛夫方程，对于 $n=k+l$ 步转移概率满足

$$p_{ij}(n) = p_{ij}(k+l) = \sum_{r=1}^{N} p_{ir}(l) p_{rj}(k)$$

转换为概率矩阵形式，则满足 $\boldsymbol{P}(n)=\boldsymbol{P}(l)\boldsymbol{P}(k)$。当 $n=2$ 时，满足 $\boldsymbol{P}(2)=\boldsymbol{P}(1)\boldsymbol{P}(1)$。根据递推关系可以得到 $\boldsymbol{P}(k)=\boldsymbol{P}(l)\boldsymbol{P}(k-1)=[\boldsymbol{P}(1)]^k$，即任意 k 步转移概率均可转换为一步转移概率矩阵的 k 次自乘。

定义6.3：设 $\boldsymbol{X}=(x_1, x_2, \cdots, x_N)$ 为一状态概率向量，$\boldsymbol{P}$ 为状态概率转移矩阵。若 $\boldsymbol{XP}=\boldsymbol{X}$，即有

$$\sum_{i=1}^{N} x_i p_{ij} = x_j, \quad j = 1,2,\cdots,N$$

则称 $\boldsymbol{X}$ 为马尔可夫链的一个平稳分布。若随机过程某时刻的状态概率向量 $\boldsymbol{P}(k)$ 为平稳分布，称过程处于平衡状态。对于状态有限的马尔可夫链，平稳分布必定存在。

6.2.2 生灭过程

一类非常重要且广泛存在的排队系统是生灭过程排队系统。生灭过程是一类特殊的离散状态的连续时间马尔可夫过程。系统的状态变化只在相邻的状态之间进行。

产生生灭过程的现实模型如下：假设一质点在状态空间 $E(N)$ 上做随机运动，从任一状态 i 出发，下一步只能到达相邻状态 $i+1$ 或 $i-1$（若从状态 0 出发，则只能到达状态 1）；若时刻 t 位于状态 i，则时间 $(t, t+h)$ 内转移到状态 $i+1$ 的概率为 $\lambda_i h + o(h)$，转移到 $i-1(i \geq 1)$ 的概率为 $\mu_i h + o(h)$，在 $(t, t+h)$ 内发生一次以上状态转移的概率为 $o(h)$。显然，该过程满足齐次马尔可夫链 $\{X(1)\}$，状态空间为 $I=\{1, 2, \cdots, N\}$。则当 $h \to 0$ 时，质点 t 时刻下状态转移概率 p_{ij} 为

$$p_{ij}(h) = \begin{cases} \lambda_j + o(h), & j = i+1 \\ \mu_j + o(h), & j = i-1 \\ 1 - (\lambda_j + \mu_j) + o(h), & j = i \end{cases}$$

其状态转移概率矩阵满足

$$\boldsymbol{P}(1) = \begin{bmatrix} p_{1,1} & p_{1,2} & 0 & 0 & \cdots & \cdots & \cdots & 0 \\ p_{2,1} & p_{2,2} & p_{2,3} & 0 & \cdots & \cdots & \cdots & 0 \\ 0 & p_{3,2} & p_{3,3} & p_{3,4} & 0 & \cdots & \cdots & \vdots \\ 0 & 0 & \vdots & \vdots & \vdots & \vdots & \vdots & \vdots \\ 0 & \cdots & \cdots & \cdots & p_{i,j} & p_{i,j+1} & p_{i,j+2} & \cdots \\ \vdots & \vdots & \vdots & \vdots & \vdots & \vdots & \vdots & \vdots \end{bmatrix}$$

应用于排队系统中，如果 $N(t)$ 表示时刻 t 系统中的顾客数，则 $\{N(t), t \geq 0\}$ 就构成了一个随机过程。"生"表示顾客的到达，"灭"表示顾客的离去。则 $t+h$ 时刻下位于状态 j 的情况只有以下四种条件能实现。

（1）t 时刻位于状态 j，在 $(t, t+h)$ 期间不发生转移；
（2）t 时刻位于状态 $j-1$，在 $(t, t+h)$ 期间发生一次转移到达状态 j；
（3）t 时刻位于状态 $j+1$，在 $(t, t+h)$ 期间发生一次转移到达状态 j；
（4）在 $(t, t+h)$ 期间发生多次转移到达状态 j。

因此，$t+h$ 时刻下位于状态 j 的概率为

$$p_j(t+h) = p_j(t)[1 - \lambda_{j-1}h - \mu_{j+1}h] + \lambda_{j-1}h\, p_{j-1}(t) + \mu_{j+1}h\, p_{j+1}(t) + o(h)$$

对于 $h \to 0$ 满足

$$p'_j(t) = p_j(t)[-\lambda_{j-1} - \mu_{j+1}] + \lambda_{j-1} p_{j-1}(t) + \mu_{j+1} p_{j+1}(t)$$

同理可得

$$p'_0(t) = -\lambda_0 p_0(t) + \mu_1 p_1(t)$$

平稳状态下，转移概率与时刻 t 无关。根据统计平衡原理，任何状态 n 下，单位时间内进入该状态的平均次数和单位时间内离开该状态的平均次数相等。那么，生灭过程的状态转移图如图 6.6 所示。

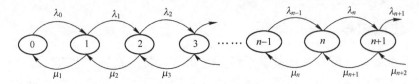

图 6.6 生灭过程的状态转移图

根据这一原理，可得到任一状态下的平衡方程如下：

$$
\begin{aligned}
& 0 && \mu_1 p_1 = \lambda_0 p_0 \\
& 1 && \lambda_0 p_0 + \mu_2 p_2 = (\lambda_1 + \mu_1) p_1 \\
& 2 && \lambda_1 p_1 + \mu_3 p_3 = (\lambda_2 + \mu_2) p_2 \\
& \vdots && \vdots \\
& n-1 && \lambda_{n-2} p_{n-2} + \mu_n p_n = (\lambda_{n-1} + \mu_{n-1}) p_{n-1} \\
& n && \lambda_{n-1} p_{n-1} = (\lambda_n + \mu_n) p_n
\end{aligned}
\tag{6.4}
$$

由上述平衡方程，可求得

$$
\begin{aligned}
& 0 && p_1 = \frac{\lambda_0}{\mu_0} p_0 \\
& 1 && p_2 = \frac{\lambda_1}{\mu_2} p_1 + \frac{1}{\mu_2}(\mu_1 p_1 - \lambda_0 p_0) = \frac{\lambda_1}{\mu_2} p_1 = \frac{\lambda_1 \lambda_0}{\mu_2 \mu_1} p_0 \\
& 2 && p_3 = \frac{\lambda_2}{\mu_3} p_2 + \frac{1}{\mu_3}(\mu_2 p_2 - \lambda_1 p_1) = \frac{\lambda_2}{\mu_3} p_2 = \frac{\lambda_2 \lambda_1 \lambda_0}{\mu_3 \mu_2 \mu_1} p_0 \\
& && \vdots \\
& n-1 && p_n = \frac{\lambda_{n-1}}{\mu_n} p_{n-1} + \frac{1}{\mu_n}(\mu_{n-1} p_{n-1} - \lambda_{n-2} p_{n-2}) = \frac{\lambda_{n-1}}{\mu_n} p_{n-1} = \frac{\lambda_{n-1} \lambda_{n-2} \cdots \lambda_0}{\mu_n \mu_{n-1} \cdots \mu_0} p_0 \\
& n && p_{n+1} = \frac{\lambda_n}{\mu_{n+1}} p_n + \frac{1}{\mu_n}(\mu_n p_n - \lambda_{n-1} p_{n-1}) = \frac{\lambda_n}{\mu_{n+1}} p_n = \frac{\lambda_n \lambda_{n-1} \cdots \lambda_0}{\mu_{n-1} \mu_n \cdots \mu_1} p_0
\end{aligned}
$$

记

$$
C_n = \frac{\lambda_{n-1} \lambda_{n-2} \cdots \lambda_0}{\mu_n \mu_{n-1} \cdots \mu_0} p_0, \qquad n = 1, 2, \cdots \tag{6.5}
$$

则平稳状态的分布为

$$
p_n = C_n p_0, \qquad n = 1, 2, \cdots \tag{6.6}
$$

因概率分布的要求满足

$$
\sum_{n=0}^{\infty} p_n = [1 + \sum_{n=0}^{\infty} C_n] p_0 = 1
$$

于是

$$
p_0 = \frac{1}{1 + \sum_{n=0}^{\infty} C_n} \tag{6.7}
$$

注意：式（6.7）只有当级数 $\sum_{n=0}^{\infty}C_n$ 收敛时才有意义，即当 $\sum_{n=0}^{\infty}C_n<\infty$ 时，才能由上述公式得到平稳状态的概率分布。

6.2.3 泊松过程和负指数分布

泊松过程（Poisson 过程，又称为 Poisson 流）是排队论中经常用到的一种用来描述顾客到达规律的特殊随机过程。它是一个纯生过程，与概率论中的 Poisson 分布和负指数分布有密切的联系。

定义 6.4：设 $N(t)$ 为时间 $[0, t]$ 内到达系统的顾客数，如果满足下面三个条件：

（1）平稳性。在 $[t, t+\Delta t]$ 内有一个顾客到达的概率为 $\lambda t+o(\Delta t)$；
（2）独立性。任意两个不相交区间内顾客到达情况相互独立；
（3）普遍性。在 $[t, t+\Delta t]$ 内多于一个顾客到达的概率为 $o(\Delta t)$；

则称 $\{N(t), t \geqslant 0\}$ 为 Poisson 过程。

下面的定理给出了 Poisson 过程和 Poisson 分布的关系。

定理 6.1：设 $N(t)$ 为 $[0, t]$ 内到达系统的顾客数，则 $\{N(t), t \geqslant 0\}$ 为 Poisson 过程的充分必要条件是

$$P\{N(t)=n\}=\frac{(\lambda t)^n}{n!}\mathrm{e}^{-\lambda t}, \qquad n=1,2,\cdots \tag{6.8}$$

定理 6.1 说明如果顾客的到达满足 Poisson 流，则到达顾客数的分布符合 Poisson 分布。

定理 6.2：设 $N(t)$ 为时间 $[0, t]$ 内到达系统的顾客数，则 $\{N(t), t \geqslant 0\}$ 为参数为 λ 的 Poisson 过程的充分必要条件是，相继到达时间间隔服从相互独立的参数为 λ 的负指数分布。

定理 6.2 说明，顾客相继到达时间间隔服从相互独立的参数为 λ 的负指数分布，与到达过程参数为 λ 的 Poisson 过程是等价的。

6.3 M/M/S 等待制排队模型

6.3.1 单服务台模型

单服务台等待制模型 M/M/1 是指：顾客的到达符合参数为 λ 的泊松流，服务台个数为 1，服务时间服从参数为 μ 的负指数分布，系统空间无限，允许永远排队。这是最简单的一类排队系统。

1）队长的分布

记 $P_n=P\{N=n\}(n=0, 1, 2,\cdots)$ 为系统达到平稳状态后队长 N 的概率分布，则由式（6.6）、式（6.7）和式（6.8），并注意到平稳态下满足 $\lambda_n=\lambda(n=0, 1, 2,\cdots)$ 和 $\mu_n=\mu(n=0, 1, 2,\cdots)$，有

$$\rho=\lambda/\mu$$

ρ 反映系统中排队与服务的关系强度。

$$C_n=(\lambda/\mu)^n, \quad n=1, 2, \cdots$$

故

$$P_n=\rho^n p_0, \quad n=1, 2, \cdots$$

其中

$$p_0=\frac{1}{1+\sum_{n=1}^{\infty}\rho^n}=\left(\sum_{n=1}^{\infty}\rho^n\right)^{-1}=\left(\frac{1}{1-\rho}\right)^1=1-\rho \tag{6.9}$$

因此

$$P_n=(1-\rho)\rho^n, \quad n=1, 2, \cdots \tag{6.10}$$

显然，由式（6.9）可知 ρ 是系统中至少有一个顾客的概率，也就是服务台处于忙期状态的概率，因而也称 ρ 为服务强度。式（6.10）必须满足 $\rho=\lambda/\mu<1$，即要求顾客的平均到达率小于系统的平均服务率，系统才不会出现无限增长的状态，才能使系统达到统计平衡。

2）几个主要数值指标

根据平稳状态下队长的分布，可计算得到平均队长 L 为

$$\begin{aligned}L &= \sum_{n=0}^{\infty}np_n = \sum_{n=1}^{\infty}n(1-\rho)\rho^n \\ &= (\rho+2\rho^2+3\rho^3+\cdots)-(\rho^2+2\rho^3+3\rho^4+\cdots) \\ &= \rho+\rho^2+\rho^3+\cdots=\frac{\rho}{1-\rho}=\frac{\lambda}{\mu-\lambda}\end{aligned} \tag{6.11}$$

平均排队长 L_q 为

$$\begin{aligned}L_q &= \sum_{n=0}^{\infty}(n-1)p_n = I_n-(1-\rho_0) \\ &= L-\rho=\frac{\rho^2}{1-\rho}=\frac{\lambda^2}{\mu(\mu-\lambda)}\end{aligned} \tag{6.12}$$

关于顾客在系统中的逗留时间可说明它服从参数为 $\mu-\lambda$ 的负指数分布。即

$$P\{T>t\}=\mathrm{e}^{-(\mu-\lambda)t}, \quad t\geqslant 0$$

因此，平均逗留时间 W 满足

$$W=E(T)=1/(\mu-\lambda) \tag{6.13}$$

顾客在系统中的逗留时间 T 为等待时间 T_q 和接受服务时间 V 之和，即

$$T=T_q+V$$

设一顾客到达时，系统中已有 n 个顾客，按先来服务的规则，这个顾客的逗留时间 W，就是原有各顾客的服务时间 T_i 和这个顾客的服务时间 T_{n+1} 之和。

$$W_n = T_1' + T_2' + \cdots + T_n + T_{n+1}$$

其中，T_1' 表示该顾客到达系统时正在接受服务的那个顾客仍需要接受服务的时间。令 $f(t|n+1)$ 表示 W_n 的概率密度，这是在系统中已有 n 个顾客时的条件概率密度，故 T 的概率密度为

$$f(t) = \sum_{n=0}^{\infty} P_n f(t|n+1)$$

若 T_i（$i=1, 2, \cdots, n+1$）均服从参数为 μ 的负指数分布，根据负指数分布的无记忆性，可知 T_1' 也服从参数为 μ 的负指数分布，因此，W_n 服从埃尔朗分布：

$$f(t|n+1) = \frac{\mu(n\mu)^n e^{-\mu t}}{n!}$$

所以

$$f(t) = \sum_{n \to 0}^{\infty} (1-\rho)\rho^n \frac{\mu(n\mu)^n e^{-\mu t}}{n!} = (1-\rho)\mu e^{-\mu t} \sum_{n \to 0}^{\infty} \frac{(\rho \mu t)^n}{n!} = (\mu - \lambda) e^{-(\mu - \lambda)t}$$

故由

$$W = E(T) = E(T_q) + E(V) = W_q + \frac{1}{\mu} \tag{6.14}$$

可得平均等待时间 W_q 为

$$W_q = W - \frac{1}{\mu} = \frac{\lambda}{\mu(\mu - \lambda)} \tag{6.15}$$

从式（6.11）和式（6.13），可得到平均队长与平均逗留时间之间的关系为

$$L = \lambda W \tag{6.16}$$

同样，从式（6.12）和式（6.15），可得到平均排队长 L_q 与平均等待时间 W_q 满足

$$L_q = \lambda W_q \tag{6.17}$$

式（6.16）和式（6.17）通常称为 Little 公式。

3）忙期和闲期

由于忙期和闲期出现的概率分别为 ρ 和 $1-\rho$，因此可以认为忙期和闲期的总长度之比为 $\rho:(1-\rho)$；又因为忙期和闲期是交替出现的，所以在充分长的时间里它们出现的平均次数应是相同的。于是，忙期的平均长度 $\bar{B}$ 和闲期的平均长度 $\bar{I}$ 之比也应是 $\rho:(1-\rho)$，即

$$\frac{\bar{B}}{\bar{I}} = \frac{\rho}{1-\rho} \tag{6.18}$$

顾客到达满足 Poisson 过程，根据负指数分布的无记忆性和到达与服务相互独立的假设，容易证明从系统空闲时刻起到下一个顾客到达时刻止（即闲期）的时间间隔仍服从参数为 λ 的负指数分布，且与到达时间间隔相互独立。因此，平均闲期应为 $1/\lambda$，求得平均忙期为

$$\bar{B} = \frac{\rho}{1-\rho} \times \frac{1}{\lambda} = \frac{1}{\mu - \lambda} \tag{6.19}$$

与式（6.13）比较，发现平均逗留时间（W）=平均忙期（$\bar{B}$）。直观看上，顾客在系统中逗留的时间越长，服务员连续忙的时间也就越长。因此，一个顾客在系统内的平均逗留时间应等于服务员平均连续忙的时间。

例 6.1 考虑一个铁路列车编组站，设待编列车到达时间间隔服从负指数分布，平均到达 2 列/h；服务台是编组站，编组时间服从负指数分布，平均每 20min 可编一组。已知编组站上共有 2 股车道，当 2 股车道均被占用时，不能接车，再来的列车只能停在站外或前方站。求在平稳状态下系统中列车的平均数，每一列车的平均停留时间；等待编组的列车的平均数。如果列车因站中的 2 股车道均被占用而停在站外或前方站时，每列车的费用为 a 元/h，求每天由于列车在站外等待而造成的损失。

解：本例可看成一个 M/M/1/∞ 排队问题，其中
$$\lambda=2 \quad \mu=3 \quad \rho=\lambda/\mu=2/3<1$$

（1）系统中列车的平均数为
$$L = \frac{\rho}{1-\rho} = \frac{2/3}{1-2/3} = 2 \text{（列）}$$

（2）列车在系统中的平均停留时间（由 Little 公式）为
$$W=L/\lambda=2/2=1 \text{ (h)}$$

（3）系统内等待编组的列车平均数为
$$L_q=L-\rho=2-2/3=4/3 \text{（列）}$$

（4）列车在系统中的平均等待编组时间（由 Little 公式）为
$$w_q = \frac{L_q}{\lambda} = \frac{4}{3} \times \frac{1}{2} = \frac{2}{3} \text{ (h)}$$

（5）记列车平均延误（由于站内 2 股车道均被占用而不能进站）时间为 W_0，则：
$$W_0 = WP\{N>2\} = W(1-p_0-p_1-p_2) = \rho^3 = \left(\frac{2}{3}\right)^3 = 0.296 \text{(h)}$$

故每天列车由于等待而支出的平均费用 E 为
$$E=24\lambda W_0 a=24\times 2\times 0.296\times a=14.2a \text{（元）}$$

例 6.2 某修理店只有一个修理工，来店的顾客到达过程为 Poisson 流，平均 4 人/h，修理时间服从负指数分布，平均需要 6min。试求：（1）修理店空闲的概率；（2）店内恰有 3 个顾客的概率；（3）店内至少有 1 个顾客的概率；（4）在店内的平均顾客数；（5）每位顾客在店内的平均逗留时间；（6）等待服务的平均顾客数；（7）每位顾客平均等待服务时间；（8）顾客在店内等待时间超过 10min 的概率。

解：本例可看成一个 M/M/1/∞ 排队问题，其中
$$\lambda=4 \quad \mu=1/0.1=10 \quad \rho=\lambda/\mu=2/5$$

（1）修理店空闲的概率为
$$p_0=1-\rho=1-2/5=0.6$$

（2）店内恰有 3 个顾客的概率为

$$p_3 = \rho^3(1-\rho) = \left(\frac{2}{5}\right)^3 \times \left(1-\frac{2}{5}\right) = 0.038$$

(3) 店内至少有 1 个顾客的概率为

$$P(N \geqslant 1) = 1 - p_0 = \rho = 2/5 = 0.4$$

(4) 在店内的平均顾客数为

$$L = \frac{\rho}{1-\rho} = \frac{2/5}{1-2/5} = 0.67 \, (人)$$

(5) 每位顾客在店内的平均逗留时间为

$$W = L/\lambda = 0.67/4 = 10 \text{ (min)}$$

(6) 等待服务的平均顾客数为

$$L_q = L - \rho = \frac{\rho^2}{1-\rho} = \frac{(2/5)^2}{1-2/5} = 0.267 \, (人)$$

(7) 每位顾客平均等待服务时间为

$$W = L_q/\lambda = 0.267/4 = 4 \text{ (min)}$$

(8) 顾客在店内逗留时间超过 10min 的概率为

$$P\{T > 10\} = e^{-10\left(\frac{1}{6} - \frac{1}{15}\right)} = e^{-1} = 0.3679$$

6.3.2 多服务台模型

设顾客单个到达，相继到达时间间隔服从参数为 λ 的负指数分布，系统中共有 s 个服务台，每个服务台的服务时间相互独立，且服从参数为 μ 的负指数分布。

记 $P_n = P\{N=n\}$ ($n=1, 2, \cdots$) 为系统达到平稳状态后队长 N 的概率分布，注意到对个数为 s 的多服务台系统，有 $\lambda_n = \lambda$ ($n=0, 1, 2, \cdots$)

$$\mu_n = \begin{cases} n\mu, & n=1,2,\cdots s \\ s\mu, & n=s, s+1, \cdots \end{cases}$$

记 $\rho_N = \rho/s = \lambda/\mu s$，则当 $\rho_N < 1$ 时，由式（6.5），式（6.6）和式（6.7），有

$$C_n = \begin{cases} \dfrac{(\lambda/\mu)^n}{n!}, & n=1,2,\cdots,s \\ \dfrac{(\lambda/\mu)^s}{s!}\left(\dfrac{\lambda}{s\mu}\right)^{n-s} = \dfrac{(\lambda/\mu)^N}{s! s^{N-s}}, & n \geqslant s \end{cases} \quad (6.20)$$

$$p_n = \begin{cases} \dfrac{\rho^n}{n!} \rho_0, & n=1,2,\cdots,s \\ \dfrac{\rho^n}{s! s^{N-s}} p_0, & n \geqslant s \end{cases} \quad (6.21)$$

其中，

$$p_n = \left[\sum_{n=0}^{s-1}\frac{\rho^n}{n!} + \frac{\rho^s}{s!(1-\rho_s)}\right]^{-1} \tag{6.22}$$

式（6.21）和式（6.22）给出了在平衡条件下系统中顾客数为 n 的概率，当 $n \geqslant s$ 时，即系统中顾客数大于或等于服务台个数，这时再来的顾客必须等待，因此记为

$$c(s,\rho) = \sum_{n=s}^{\infty} p_n = \frac{\rho^s}{s!(1-\rho_s)}p_0 \tag{6.23}$$

式（6.23）称为 Erlang 等待公式，它给出了顾客到达系统时需要等待的概率。对多服务台等待制排队系统，由已得到的平稳分布可得平均排队长 L_q 为

$$\begin{aligned}L_q &= \sum_{N=s+1}^{\infty}(n-s)p_n = \sum_{n'=1}^{\infty}n'p_{n'+s} \\ &= \frac{p_0\rho^s}{s!}\sum_{n=s}^{\infty}(n-s)\rho_s^{n-s} \\ &= \frac{p_0\rho^s}{s!}\frac{d}{d\rho_s}\left(\sum_{n=1}^{\infty}\rho_s^n\right) \\ &= \frac{p_0\rho^n\rho_s}{s!(1-\rho_s)^2}\end{aligned} \tag{6.24}$$

或

$$L_n = \frac{c(s,\rho)\rho_s}{1-\rho_s} \tag{6.25}$$

记系统中正在接受服务的顾客的平均数为 $\overline{S}$，显然 $\overline{S}$ 也是正在忙的服务台的平均数，故

$$\begin{aligned}\overline{S} &= \sum_{n=0}^{s-1}np_n + s\sum_{n=s}^{s-1}p_n \\ &= \sum_{n=0}^{s-1}\frac{n\rho^n}{n!}p_0 + s\frac{\rho^s}{s!(1-\rho_s)}p_0 \\ &= p_0\rho\left[\sum_{n=1}^{s-1}\frac{\rho^{n-1}}{(n-1)!} + \frac{\rho^{s-1}}{(s-1)!(1-\rho_s)}\right] \\ &= \rho\end{aligned} \tag{6.26}$$

式（6.26）说明，平均在忙服务台个数不依赖于服务台个数 s。由式（6.26）可得到平均队长 L 为

$$L = \text{平均排队长} + \text{正在接受服务的顾客的平均数} = L_q + \rho$$

对多服务台系统 Little 公式依然成立，即有

$$W = L/\lambda \qquad W_q = L_q/\lambda = W/\mu \tag{6.27}$$

例 6.3 考虑一个医院急诊室的管理问题。根据统计资料，急诊病人相继到达的时间间隔服从负指数分布，平均每半小时来一个；医生处理一个病人的时间也服从负指

数分布，平均需要 20min。该急诊室已有一名医生，管理人员现需考虑是否需要再增加一名医生。

解：本问题可看成一个 M/M/s/∞ 排队问题，其中(时间以 h 为单位)

$$\lambda=2 \quad \mu=3 \quad \rho=\lambda/\mu=2/3 \quad s=1 \text{ 或 } 2$$

根据前面得到的关于单服务台和多服务台等待制排队系统的结果，可将有关计算结果列于表 6.2 中。

表 6.2 例 6.3 计算结果

参数	$s=1$	$s=2$
空闲概率 P_N	0.333	0.5
有 1 个病人的概率 P_1	0.222	0,333
有 2 个病人的概率 P_2	0.148	0.111
平均病人数 L	2	0.75
平均等待病人数 L	1.333	0.083
病人平均逗留时间 W(h)	1	0.375
病人平均等待时间 W(h)	0.667	0.042
病人需要等待的概率 $P\{T_Q>0\}$	0.667	0.167
等待时间超过 0.5h 的概率 $P\{T_Q>0.5\}$	0.401	0.022
等待时间超过 1h 的概率 $P\{T_Q>1\}$	0.245	0.003

由表 6.2 的结果可知，从减少病人的等待时间、为急诊病人提供及时的处理来看，一个医生是不够的。

例 6.4 某售票处有三个窗口，顾客的到达符合 Poisson 流，平均到达率为 $\lambda=0.9$ 人/min；服务（售票）时间服从负指数分布，平均服务率 $\mu=0.4$ 人/min。现设顾客到达后排成一个队列，依次向空闲的窗口购票，这一排队系统可看成是个 M/M/s/∞ 系统，其中，

$$s=3 \quad \rho=\lambda/\mu=2.25 \quad \rho s=\lambda/s\mu=2.25/3<1$$

由多服务台等待制系统的有关公式，可得到

（1）整个售票处空闲的概率为

$$p_0 = \left[\frac{(2.25)^0}{0!}+\frac{(2.25)^1}{1!}+\frac{(2.25)^2}{2!}+\frac{(2.25)^3}{3!(1-2.25/3)}\right]^{-1}=0.0748$$

（2）平均排队长为

$$L_q = \frac{0.0748\times(2.25)^3\times 2.25/3}{3!(1-2.25/3)^2}=1.70(\text{人})$$

平均队长为

$$L=L_q+\rho=1.7+2.25=3.95 \text{ (人)}$$

（3）平均等待时间为

$$W_q = \frac{L_n}{\lambda} = \frac{1.70}{0.9} = 1.89 (\min)$$

(4) 顾客到达时必须排队等待的概率为

$$c(3, 2.25) = \frac{(2.25)^3}{3! \times (1 - 2.25/3)} \times 0.0748 = 0.57$$

本例中，如果顾客的排队方式变为到达售票处后可到任一窗口前排队，且入队后不再换队，即可形成 3 个队列。这时，原来的 M/M/3/∞ 系统实际上变成了由 3 个 M/M/1/∞ 子系统组成的排队系统，且每个系统的平均到达率为 $\lambda_1=\lambda_2=\lambda_3=0.9/3=0.3$（人/min）。

表 6.3 给出了 M/M/3/∞ 和 3 个 M/M/1/∞ 的比较，不难看出一个 M/M/3/∞ 系统比由 3 个 M/M/1/∞ 系统组成的排队系统具有显著的优越性。即在服务台个数和服务率都不变的条件下，单队排队方式比多队排队方式要优越，这是在对排队系统进行设计和管理的时候应注意的地方。

表 6.3 计算结果对比

参数	M/M/3/∞	3 个 M/M/1/∞
空闲的概率 P_N	0.0748	0.25（每个子系统）
顾客必须等待的概率	0.57	0.75
平均队长 L	3.95	9（整个系统）
平均排队长 L_Q	1.70	2.25（每个子系统）
平均逗留时间 W	4.39 (min)	10 (min)
平均等待时间 W_Q	1.89 (min)	7.5 (min)

例 6.5 一大型露天矿山考虑修建矿石卸位的个数，问题是建一个还是两个。估计运矿石的车将按 Poisson 流到达，平均每小时到 15 辆；卸矿石时间服从负指数分布。平均每 3min 卸一辆。又知每辆运送矿石的卡车售价是 8 万元，修建一个卸位的投资是 14 万元。

解：本问题可用 M/M/s/∞ 排队模型来分析，其中 $\lambda=15, \mu=20, \rho=\lambda/\mu=0.75$

当只建一个卸位时，取 $s=1$，由式（10.11）可得在卸位处的平均卡车数为

$$L = 0.75/(1-0.75) = 3 \text{（辆）}$$

每辆卡车的平均逗留时间为

$$W = L/\lambda = 3/15 = 0.5 \text{（h）}$$

当建两个卸位时，取 $s=2$，由关于多服务台系统的有关公式可得

$$p_0 = \left[1 + 0.75 + \frac{(0.75)^2}{2!(1-0.375)}\right]^{-1} = 0.45$$

$$L = \frac{0.45 \times (0.75)^2 \times 0.375}{2!(1-0.375)^2} + 0.75 = 0.87 \text{（辆）}$$

$$W = \frac{L}{\lambda} = \frac{0.87}{15} = 3.5 \text{（min）}$$

因此，修建两个卸位可使在卸位处的卡车的平均数减少 3−0.87=2.13（辆），即可增

加 2.13 辆卡车执行运输任务，相当于用一个卸位的投资 14 万元，换来了 2.13×8=17.04（万元）的运输设备。因此，建造两个卸位是合算的。

6.4 排队问题的离散事件仿真

6.4.1 离散事件仿真基本概念

基于蒙特卡洛方法抽样思想，在仿真过程中由对应事件触发才执行计算更新，时间上表现为不规律的离散点，如图 6.7 所示，因此称为离散事件仿真。在排队问题中，将顾客的到达或离开作为触发执行的事件，可以用于仿真计算诸如平对排队长、平对排队时间等指标。

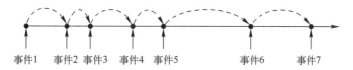

图 6.7　时间线中的离散事件

离散事件仿真过程中的基本要素主要包括以下几方面。

（1）实体：指系统中可单独辨识和刻画的构成要素，如服务员、工厂设备、快递等。

（2）属性：用于描述实体的特征状态，如飞机的速度、服务的顺序等。

（3）事件：是指会导致系统状态发生变化的瞬间操作或行为；不考虑事件的具体操作和意义，事件作为触发点驱动离散事件仿真中的进程进行，分为必然事件和条件事件。

（4）活动：指实体在一段时间内持续进行的操作或过程，活动所占用的时段称为忙期。

（5）状态：对实体活动特征状况的划分，如理发过程中顾客的"排队等待""接受服务"状态；理发师的"空闲""繁忙"状态。

事件、状态和活动三者之间的关系是：事件发生导致状态变化，实体活动对应一定的状态，事件作为活动开始和结束的标识。

（6）进程：由事件和活动组成的过程，描述事件/活动发生的时间逻辑排列的序列。

（7）仿真钟：用于表示仿真时间的变化。

离散事件仿真的核心是安排和处理离散事件的逻辑和实现仿真钟的推进。下面介绍面向事件的仿真钟推进法。该方法能很好地说明和展示离散事件下事件逻辑和仿真钟的对应关系以及仿真进程。如图 6.8 所示，面向事件的仿真钟推进法中，仿真钟的推进不是以时间间隔为基准进行推进，而是以事件为对象，按下一个最早发生事件的时间进行推进，仿真钟以跳跃的形式进行推进，省去了很多的判断进度，实现了仿真复杂性的降低。当事件的发生具有随机性时，仿真钟的推进也是随机的。

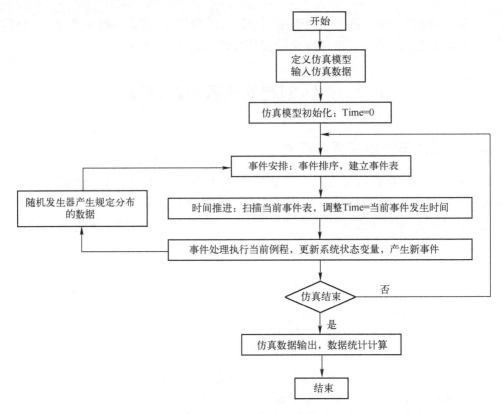

图 6.8 面向事件的仿真推进

6.4.2 排队问题离散事件仿真示例

根据某理发店的历史营业记录,以事件调度法为例,对排队系统的离散事件仿真进行说明。假设表 6.4 是该理发店上午的顾客服务记录。

表 6.4 顾客服务记录

顾客	1	2	3	4	5
到达间隔	15	32	24	40	22
服务时间	43	36	34	28	—

需要先明确该问题当中的"事件"。在排队系统中,顾客的到达和离去就属于事件。事件调度法是按照事件发生的先后顺序执行相应事件历程,遵循事件发生时的逻辑关系。

到达事件:

(1) 根据到达时间间隔,产生并存储下一到达事件的发生时间;

(2) 事件触发时间,如果师傅处于"空闲"状态,则开始进行服务,并将状态调整为"繁忙",根据服务时间,计算其离去时间;

(3) 判断师傅所处状态,若处于"繁忙"状态,则顾客进入排队序列,更新排队列表。

离开事件:

(1) 当顾客接受服务后,其离去的时刻,师傅的状态调整为"空闲";检查排队,如果不为空，则队列中排序第 1 的顾客接受服务，师傅状态调整为"繁忙"，根据服务时间计算其离去时间；

（2）如果排队队列为空，师傅状态调整为"空闲"；

（3）根据服务时间，产生并存储下一离开事件的发生时间。

根据上述逻辑，可得到以下事件历程，如表 6.5 所示。

表 6.5 离散事件仿真例程

当前时钟	事件类型	事件例程内容
0	初始化	$Q=0$；busy=false（空闲） 初始事件：顾客 1 到达，发生时间：$t_1=15$
15	到达事件	（1）事件触发 $Q=1$，由于 busy=false 且 $Q>0$，则顾客 1 开始服务，调整状态 busy=true（繁忙），$Q=0$，服务完毕的发生时间 $t_2=15+43=58$ （2）顾客 2 到达，发生时间 $t_3=15+32=47$
47	到达事件	（1）事件触发 $Q=1$，由于 busy=true，进入排队 （2）顾客 3 到达，发生时间 $t_4=47+24=71$
58	离开事件	（1）$Q=1$，由于 busy=false 且 $Q>0$，则顾客 2 开始服务，busy=true，$Q=0$，服务完毕的发生时间 $t_5=58+36=94$
71	到达事件	（1）事件触发 $Q=1$，由于 busy=true，进入排队 （2）顾客 4 到达，发生时间 $t_5=71+40=111$
94	离开事件	（1）$Q=1$，由于 busy=false 且 $Q>0$，则顾客 3 开始服务，busy=true，$Q=0$，服务完毕的发生时间 $t_5=94+34=128$
111	到达事件	（1）事件触发 $Q=1$，由于 busy=true，进入排队 （2）顾客 5 到达，发生时间 $t_6=111+22=133$
128	离开事件	（1）$Q=1$，由于 busy=false 且 $Q>0$，则顾客 4 开始服务，busy=true，$Q=0$，服务完毕的发生时间 $t_5=128+28=156$
133	到达事件	（1）事件触发 $Q=1$，由于 busy=true，进入排队
156	离开事件	（1）$Q=1$，由于 busy=false 且 $Q>0$，则顾客 5 开始服务

如果到达时间间隔和服务时间未知，但排队系统服从相关分布，可通过蒙特卡洛仿真产生到达时间和服务时间。最后可根据数据统计计算相关排队指标。

6.5 库存问题的排队模型求解

6.5.1 问题的提出与建模

航空器材的储存是空军航材保障工作中的重要环节，航材库存量的大小，将直接影响航材保障的军事和经济效益。一旦出现数量不足，将会使飞机不能得到及时修理，或飞机的维修保养工作无法按计划完成，最终导致发生故障的飞机停飞。相反若航材储存数量过大，容易成为长期保管品而导致效用下降，即使质量不下降，也可能会被新型的配件所替代，有时也会因装备更新而成为积压品。因此，航材的储存数量超过一定限度，就会造成资金积床，还要占用较多的保管仓库，又需有人经常保管、整理。特别是航材可修件，价格比较昂贵，通常占库存项目的 20%左右，而占库存资金的 50%左右，故库存量大会造成资金的严重浪费。因此，可修件的最优库存量一直都是被关注的重要问题。

1）问题假设

（1）可修件在一定的时间范围内能够被修复；

（2）该单位飞机装备等器材的总数量保持不变；
（3）不考虑其他因素，航材的保障良好率只考虑该可修件的影响。

2）符号说明

（1）可修件的平均修复时间为 T；
（2）$P(i)$ 表示可修件共 i 件有故障产品的概率；
（3）$L(c)$ 表示总库存量为 c 件时平均缺货的数量；
（4）$W(c)$ 表示库存量为 c 件时的平均缺货等待时间；
（5）航材仓库库存的某种可修件的数量为 c；
（6）部队的飞机上共装有这种可修件的数量为 n 个；
（7）该可修件的单价为 w 元。

3）模型建立

可修件的故障随机发生，根据可修件发生故障的规律总结以下三点：
（1）可修件故障之间无关联性，即故障的发生是相互独立的，满足无后效性；
（2）对充分小的时间间隔 Δt，在 $t+\Delta t$ 内，有一个故障发生的概率与 t 无关，而与区间 Δt 成正比，满足 $\lambda \Delta t$；
（3）对充分小的时间 Δt，在 $[t, t+\Delta t]$ 内，有 2 个或以上发生故障概率极小，可忽略。

满足以上三个条件的可修件发生故障的数量，形成泊松流。当输入过程满足泊松流时，那么可修件发生故障的时间间隔必服从负指数分布，它的概率密度函数为 $f(t) = \lambda e^{-\lambda t} \geqslant 0$。

在航材可修件的修复过程中，要经过两次的托运以及大修厂的修理，整个修理的时间也可以用同样的方法进行分析，可修件的修复时间服从 μ 的负指数分布，即 $f(t) = \mu e^{-\mu t}$。

多服务台的排队模型（M/M/C）：航材仓库库存的某种可修件的数量为 c，可以看作 c 个服务台在服务，可修件的平均修复时间为 T，可以看作每次服务的平均时间为 T。整个系统的平均服务效率为 $c\mu$。

6.5.2 航材股保障算例

某部队航材股保障某型飞机，某可修件的发生故障更换服从泊松流，平均到达率 λ 为 4.8 次/月，有故障件的修复时间也服从负指数分布，平均修理时间为 12 天。（每月按 30 天计算，μ=2.5 次/月）

（1）假设航材的每月保障良好率不低于 95%，则有 $W(c) \leqslant 1.5$，取库存量 c 分别为 c=1, 2, 3, 4, 5 计算相应的 $W(c)$，如表 6.6 所示。

表 6.6 计算结果 1

C	1	2	3	4	5
$\lambda/c\mu$	1.92	0.96	0.64	0.48	0.38
$W(c)$	无穷大	4.102	0.256	0.192	0.152

则有满足条件的最优库存量为 c=3 个；显然有 c=3 时，航材的保障良好率高达 99%。

(2）若该器材成本为 40 万元，据专家估计每次因缺件给部队造成的损失约 160 万元。取库存量 c 分别为 $c=1, 2, 3, 4, 5$，计算相应的 $L(c)$，如表 6.7 所示。

表 6.7 计算结果 2

C	1	2	3	4	5
$\lambda/c\mu$	1.92	0.96	0.64	0.48	0.38
$W(c)$	无穷大	19.6896	1.2288	0.9216	0.7296

边际分析法（Marginal Analysis）求解数据如表 6.8 所示。

表 6.8 计算结果 3

库存量	$L(c)$	$L(c) - L(c+1)$	$L(c-1)-L(c)$	总费用
1	无穷	无穷	无穷	无穷
2	19.6896	18.4608	无穷	3230.336
3	1.2288	0.3072	18.4608	316.608
4	0.9216	0.1920	0.3072	307.456
5	0.7296	—	0.1920	316.736

根据表 6.8 则有最优的库存量为 $c=4$ 个。

若该器材成本为 120 万元，则最优库存量为 $c=3$ 个。在这两个模型的计算中可以看出，若只考虑达到一定的军事目标，所有的可修件的库存量只与参数 λ、μ 有关。在考虑经济目标时，航空器材的库存量不仅与参数 λ、μ 有关，而且与可修件的价格有关。用排队论研究可修件的库存问题具有一般性，可适用于所有可修件库存问题，且便于操作。该方法用计算机计算还可对相应的参数进行分析，进一步找出可修件的修复能力和库存量之间的关系。

习 题

1. 设定顾客为等待所花时间和服务时间的比值为顾客损失率 R，试证明在 M/M/1 模型下顾客损失率为 $R=\lambda/(\mu-\lambda)$。

2. 当系统容量上限为 N 时，写出单服务台模型下状态平衡方程及其状态转移图，并基于生灭过程推导各指标计算公式。

3. 某店仅有一名修理工人，顾客到达过程为 Poisson 流，平均每小时 3 人，修理时间服从负指数分布，平均需 10min。求：（1）店内空闲的概率；（2）有 4 个顾客的概率；（3）至少有 i 个顾客的概率；（4）店内顾客平均数；（5）等待服务的顾客的平均数；（6）平均等待修理时间；（7）一个顾客在店内逗留时间超过 15min 的概率。

4. 设有一单人打字室，顾客的到达为 Poisson 流，平均到达时间间隔为 20min。打字时间服从负指数分布，平均为 30min，求：（1）顾客来打字不必等待的概率；（2）打字室内顾客的平均数；（3）顾客在打字室内的平均逗留时间；（4）若顾客在打字室内的平均逗留时间超过 1.25h，则主人将考虑增加设备及打字员。问顾客的平均到达率为多少时，主人才会考虑这样做?

5．大学毕业季，毕业前各毕业生需要依次向图书馆等6个部门进行事务处理，如图书寄还关系。假设学生到达率满足15人/h，核查与盖章等服务时间为5min，服务时间和到达间隔均满足负指数分布，求（1）工作人员的空闲率；（2）队长、排队长、排队时间和等待时间。

参 考 文 献

[1]《运筹学》教材编写组. 运筹学[M]. 3版. 北京：清华大学出版社，2005.

[2] 王梓坤，杨向群. 生灭过程与马尔可夫链[M]. 北京：北京师范大学出版社，2018.

[3] 毛用才，胡奇英. 随机过程[M]. 西安：西安电子科技大学出版社，1998.

[4] 杰瑞·班克斯，约翰·S.卡森二世，巴里·L.尼尔森，等. 离散事件系统仿真[M]. 5版. 北京：机械工业出版社，2019.

[5] 郑金忠，陆四海. 基于排队论的航材可修件库存模型[J]. 物流技术，2006(11):2.

第 7 章 库存问题模型与求解

人们的日常生活离不开物资的采购和消耗，这两者之间应该是对等的关系。但在实际生活中，采购与消耗存在着不协调的现象。如物资采购需要考虑运输时间，而运输期间仍在进行物资消耗，则采购必然不是在物资消耗殆尽才进行。如果提前采购，提前多久，采购多少是必须解决的一个问题，物资的过多囤积会造成物资和资金的积压，增加成本消耗。因此，如何制定合理的"策略"，即何时进货和进货多少是一个很重要的问题。库存论为解决库存问题提供了一套科学的管理理论和方法，通过建立表达库存系统特点的数学模型，进行库存策略的优化，实现库存问题最优决策。

7.1 库存问题描述

库存是仓库中实际存储的货物，可分为两类：一类是生产库存，即直接消耗物资的基层单位库存物资，它是为保证基层单位所消耗的物资能够不间断地供应而存储；另一类是流通库存，即生产单位的原材料或成品库存。

库存是缓解供给与需求之间不协调的重要环节。库存问题表现在储备量因需求而减少，因采购而增加。通常以经济性来衡量其目标，库存过高增加资金和存储成本，库存过低影响生产/销售效益，因此需要在两个极端情况下寻找平衡点，实现效益最优化。库存系统的一般模型如图 7.1 所示，库存问题的几个基本要素如下。

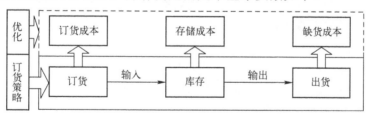

图 7.1 库存问题示意图

（1）需求（消耗）。对库存而言，有需求意味着需要取出一定数量的货物，这将减少库存量，同时当库存量不足以维持需求时，产生采购或补充的需求。不同的需求对库存的变化带来不同的样式，可以是连续的，也可以是离散的。在实际情况下，库存的需求可以分为四类：①与时间无关的常值需求；②与时间相关、可确定的需求；③稳态条件下的随机需求；④非稳态条件下的随机需求。

（2）补充（订购或生产）。补充即库存的输入。这里要区别现有库存和在途库存，在途库存即订购与入库之间的环节所占有的库存。库存输入需要考虑在途库存所需时间,即备货时间。对于不允许缺货模型,订货时间提前量是非常重要的指标。库存模型所要解决问题就是寻找货物补充的最优策略。

(3) 成本。库存优化就是寻找最优的进货策略,实现库存系统总成本的最低。库存问题中考虑的成本主要有订货成本、存储成本、缺货成本等。

① 订货成本主要指货物进购所需的成本,通常包含货物自身的价值成本(与订货量有关)和附加成本(与订货次数相关如运输、装卸、手续等)。

② 存储成本主要指货物到达仓库后的各项开支,如场地使用、保管、保险等成本,通常和货物数量与存储时间相关。

③ 缺货成本主要针对的是货品不足带来的损失,如丧失订单、停工待产和违约赔偿等费用,与缺货量和时间长短相关。对于不允许缺货模型,缺货成本可设置为无穷大。

(4) 订货策略。订货策略是库存问题研究的核心。常见的订货策略有三种:
① 定期补充策略,即每隔固定的时间周期进行订货,且订货量固定;
② 阈值增补策略,即持续监测库存量,当库存量低于某个设定的预警库存阈值时立刻订货,订货量根据设置的需求库存阈值与当前的库存量进行计算;
③ 混合策略,即周期性的检查库存量,当库存量低于某个设定的预警库存阈值时立刻订货,订货量根据设置的需求库存阈值与当前的库存量进行计算。

7.2 确定性库存问题及模型

7.2.1 经典 EOQ 模型

在研究、建立模型时,需要通过一定的假设,使模型类型简单、易于理解且能反映相关类型模型的主要特征。经济订货量(Economic Order Quantity, EOQ)是库存系统进货时应该在每次订购时的数量,这个数量使周期性补充策略所需的总费用最低。

经典的 EOQ 模型中基本假设为:
(1) 不允许存在缺货情况,即将缺货的成本定义为无穷大;
(2) 要求能够即时补货,即备货时间可设置为 0;
(3) 出货量是连续、均匀的,即出货率是固定的常值;
(4) 每次的订货量固定不变;
(5) 每次订货成本和单位数量的货物存储等成本不变。
在上述假设的前提下,经典 EOQ 模型的库存量变化趋势如图 7.2 所示。

可以看到,库存量 Q 的变化具有严格的周期性,库存量的消耗为固定速率 R,每次的订货量为 y,订货周期满足 $T=y/R$。该模型下,库存问题的费用主要考虑订货成本和存储成本。在总需求确定的前提下,订货的次数越少,订货的成本就越低,但每次订货量的增多,会增加存储成本。

假设订货周期为 T,则在出货率为 R 时,每次的订货量为 $y=RT$。订购一次所需的手

续等固定费用即为 C_1。单位货物的订货费为 C_2，则订购一次的总成本为 C_1+C_2RT，T 时间内的平均订货成本为 $C_1/T + C_2R$。

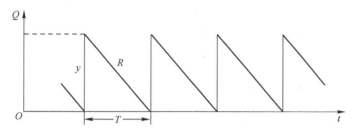

图 7.2　EOQ 模型的库存量变化趋势

单位货物的存储成本为 C_3，如图 7.2 所示，每个周期 T 内的平均库存量为 $RT/2$，则存储所需的平均成本为 $C_3RT/2$。因此，以 T 为周期的订货策略所对应的平均成本为

$$C=C_1/T+C_2R+C_3RT/2$$

为了获得最小的成本，上式需要满足的必要条件为

$$\frac{\mathrm{d}C}{\mathrm{d}T}=-\frac{C_1}{T^2}+\frac{C_3R}{2}=0$$

计算得到

$$T^*=\sqrt{\frac{2C_1}{C_3R}}$$

且方程满足 $\dfrac{\mathrm{d}^2C}{\mathrm{d}T^2}>0$，因此，每隔 T^* 时间订购一次货物可使得总成本 C 最低。每次的订货量为

$$y^*=RT^*=\sqrt{\frac{2C_1R}{C_3}}$$

经典 EOQ 模型假设订货后可以立即入库，但在现实中，货物订购和货物入库中间存在备货时间 T_e，为保证不出现缺货的情况，订购需要有一定的提前期，即在库存量达到一定的阈值时，需要立即订购。根据备货时间和出货率可以得到库存的再订货点为 $y_e=RT_e$，即当库存量为 y_e 时，发出订购货物量为 y^* 的订单。图 7.3 为 EOQ 模型的库存量订货点示意图。

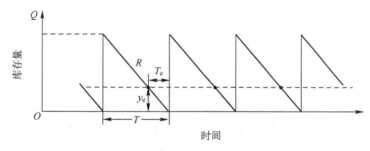

图 7.3　EOQ 模型的库存量订货点示意图

例 7.1 某单位卫生队每年需要某种药品 3000 瓶,每次订购费为 6 元,每瓶药每年的存放管理费用为 0.2 元,试求每次的订货量。

解:由题意知,$R=3000, C_1=6, C_3=0.2$,

计算得到 $y = \sqrt{2RC_1/C_3} = \sqrt{2 \times 3000 \times 5/0.2} \approx 388$

表 7.1 为不同订货量下的费用对比。

表 7.1 不同订货量下的费用对比

订货量/瓶	年存储费/元	年订货费/元	年总费用/元
100	10	180	190
200	20	90	110
300	30	60	90
400	40	45	85
500	50	36	86

7.2.2 分段 EOQ 模型

分段 EOQ 模型针对的是订货成本与订货量之间存在关联关系的情况。当订货量达到一定的量值时,厂家通常会给出更优惠的价格,这就使得订货成本可以得到一定的节省,但订货量过多时容易造成存储成本的增加。因此,什么优惠力度下采购多少货物是最优的选择,应该如何制定订货策略呢?

分段 EOQ 模型基本延续经典 EOQ 模型的假设,唯一的变化是订货单价是订货量的分段函数,如图 7.4 所示。

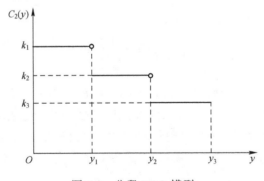

图 7.4 分段 EOQ 模型

不同订货量下的订货成本记为 $C_2(y)$,关系如下式:

$$C_2(y) = \begin{cases} k_1, & 0 < y < y_1 \\ k_2, & y_1 < y < y_2 \\ k_3, & y_2 < y < y_3 \end{cases}$$

当订货量为 y 时,以 T 为周期的订货策略所对应的平均成本为

$$C = \frac{C_1}{T} + C_2 R + \frac{1}{2} C_3 RT = \frac{C_1 R}{T} + C_2(y) R + \frac{1}{2} C_3 y$$

则针对各订货区间，上式可表示为

$$C = \begin{cases} C^{\mathrm{I}} = \dfrac{C_1 R}{y} + k_1 R + \dfrac{1}{2}C_3 y, & 0 < y < y_1 \\ C^{\mathrm{II}} = \dfrac{C_1 R}{y} + k_2 R + \dfrac{1}{2}C_3 y, & y_1 \leqslant y < y_2 \\ C^{\mathrm{III}} = \dfrac{C_1 R}{y} + k_2 R + \dfrac{1}{2}C_3 y, & y_2 \leqslant y < y_3 \end{cases}$$

对上式进行求导，最优值满足 $y^* = RT^* = \sqrt{\dfrac{2C_1 R}{C_3}}$，它是一个与订货成本无关的量。

由于分段函数在断点处不连续，因此需要对断点处的取值进行进一步对比。

如图 7.5 所示，断点处满足 $C^{\mathrm{II}}(y_1) < C^{\mathrm{I}}(y_1)$ 和 $C^{\mathrm{III}}(y_2) < C^{\mathrm{II}}(y_2)$。

（1）当 $y^* \in (0, y_1)$ 时，

$$\min C = \min[C^{\mathrm{I}}(y^*), C^{\mathrm{II}}(y_1), C^{\mathrm{III}}(y_2)]$$

最优进货量调整为对应的进货量。

（2）当 $y^* \in (y_1, y_2)$ 时，

$$\min C = \min[C^{\mathrm{II}}(y^*), C^{\mathrm{III}}(y_2)]$$

最优进货量调整为对应的进货量。

（3）当 $y^* \in (y_2, y_3)$ 时，

$$\min C = C^{\mathrm{III}}(y^*)$$

最优进货量为 y^*。

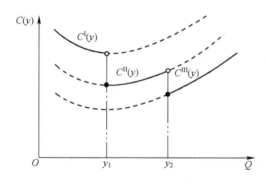

图 7.5 分段 EOQ 模型费用函数

例 7.2 某部维修厂每月需使用机油约 300L，若每次订货 500L 以上的价格为 12 元/L，否则 15 元/L。每次购买需支付的固定费用为 400 元，每升机油每月的储存及管理费用为 2 元。要求给出足有的订购策略。

解： 根据题意，分段的订货成本为

$$C_2(y) = \begin{cases} 15, & y < 500 \\ 12, & y \geqslant 500 \end{cases}$$

相关成本分即参数别为 $C_1 = 400$, $C_3 = 2$, $R = 300$。

则，库存问题的平均成本为

$$C = \frac{C_1 R}{y} + C_2(y)R + \frac{1}{2}C_3 y = \frac{400R}{y} + C_2(y)R + y$$

最优值满足 $y^* = RT^* = \sqrt{\frac{2C_1 R}{C_3}} = 346.41$。

因 $y^* < 500$，故

$$\min C = \min[C^{\mathrm{I}}(y^*), C^{\mathrm{II}}(y_1)]$$
$$= \min \begin{cases} \frac{400 \times 300}{346.41} + 15 \times 300 + 346.41 = 5192.8 \\ \frac{400 \times 300}{500} + 12 \times 300 + 500 = 4340 \end{cases}$$
$$= 4340$$

最优订货量为 $y=y_1=500$（L），订货周期为 $T=y/T=1.67$（月）。

7.3 需求随机库存问题及模型

前一节介绍的库存模型属于确定性库存问题，主要表现为需求是确定的常值。而实际生活中，很多物品的需求并不是确定的，而是符合一定规律的随机量，通过分析可以知道其符合的概率分布特性。如商品的出售，不能保证每个月的销量都是一样的，此时，订货策略所面对的问题将更具有风险性。随机性库存模型中不同情况的发生都是从概率意义方面进行描述，例如不缺货的概率为 0.9 等。因此，需求的随机性给库存带来的影响还需要考虑缺货带来的损失成本。订货策略的优化准则通常以期望值的大小进行衡量。

7.3.1 单周期随机需求模型

单周期随机需求模型的特点是将单位时间看成一个周期，在该周期内只订货一次以满足整个周期的需求。当出现缺货时不补充库存，而是承担缺货带来的损失，当货物过量未被完全销售时，也需要承担损失，如食品的销售、隔日腐坏等。因此，单周期随机需求模型中无论是需求不足还是需求过量都有损失成本。

报童问题：报童每日出售当日报纸，需求量是一个离散的随机变量。每份报纸的进价为 H 元，售价为 P 元。若当天报纸未被出售，第二天只能以价格 w 降价处理。若每日需求量为 r 的概率为 $P(r)$，那么报童每日该准备多少份报纸？

根据概率分布特性得知 $\sum_{r=0}^{\infty} P(r) = 1$。假设报童订购的报纸数为 Q，那么，实际的需求数和其订购数存在两种情况。

（1）供大于求即 $Q>x$，则存在 $Q-x$ 份报纸需要被降价处理。损失的期望值为

$$\sum_{x=0}^{Q} (H-w)(Q-x)P(x)$$

(2) 供小于求即 $Q<x$，则损失 $x-Q$ 份报纸带来的缺货成本为

$$\sum_{x=Q+1}^{\infty}(P-H)(x-Q)P(x)$$

则当订货量为 Q 时，总的损失成本期望值为

$$C(Q)=\sum_{x=0}^{Q}(H-w)(Q-x)P(x)+\sum_{x=Q+1}^{\infty}(P-H)(x-Q)P(x)$$

离散模型下，最优值的判断标准为 $C(Q) \leqslant C(Q-1)$ 且 $C(Q) \leqslant C(Q+1)$。即

$$\sum_{x=0}^{Q}(H-w)(Q-x)P(x)+\sum_{x=Q+1}^{\infty}(P-H)(x-Q)P(x) \leqslant$$

$$\sum_{x=0}^{Q+1}(H-w)(Q-1-x)P(x)+\sum_{x=Q+2}^{\infty}(P-H)(x-Q+1)P(x)$$

$$\sum_{x=0}^{Q}(H-w)(Q-x)P(x)+\sum_{x=Q+1}^{\infty}(P-H)(x-Q)P(x) \leqslant$$

$$\sum_{x=0}^{Q+1}(H-w)(Q+1-x)P(x)+\sum_{x=Q+2}^{\infty}(P-H)(x-Q-1)P(x)$$

令 $h=H-w$, $K=P-H$，经简化，以上两式分别得到

$$\sum_{x=0}^{Q-1}P(x) \leqslant \frac{k}{k+h} \text{ 和 } \sum_{x=0}^{Q}P(x) \geqslant \frac{k}{k+h}$$

即

$$\sum_{x=0}^{Q-1}P(x) \leqslant \frac{k}{k+h} \leqslant \sum_{x=0}^{Q}P(x)$$

由此可确定最佳订货量 Q。

以上是以损失最小为目标函数进行优化，若以效益最大建立目标函数可以得到同样的订货量结果。

7.3.2 多周期随机需求模型

多周期随机需求模型针对的是可持久存储的货品(过期不贬值)，需求量是随机变量，什么时候订货、订购多少、分几次订购，在很大程度上由存储水平决定。同经典 EOQ 模型类似，多周期随机需求模型的优化按照库存总费用最小的原则来决定订货策略。

多周期随机需求模型的基本假设条件如下：

(1) 采用(t, s, S)策略，当库存 $H>s$ 时，不补充库存；当 $H \leqslant s$ 时，订货补充库存使库存量达到 S。因此，订货量满足 $Q=S-H \geqslant S-s$。

(2) 需求随机且每个周期内的需求量的概率分布可知。

令每次订购的固定成本为 C_1，订购货物的单位成本为 C_2，每单位货物的存储费用为 C_3，每单位的缺货带来的成本损失为 C_4。

订货成本为固定成本与货物成本之和，即 $C_1+QC_2= C_1+(S-H)C_2$。

当供大于求时，即 $r \leqslant S$，此时剩余物资产生存储费用：

$$\sum_{r=0}^{S} C_3(S-r)P(r)$$

当供小于求时，即 $r>S$，此时缺货带来的损失成本为

$$\sum_{r=S+1}^{\infty} C_4(r-S)P(r)$$

则总的期望成本为

$$C(S) = C_1 + (S-H)C_2 + \sum_{r=0}^{S} C_3(S-r)P(r) + \sum_{r=S+1}^{\infty} C_4(r-S)P(r)$$

对于离散随机变量，满足 $C(S) \leqslant C(S-1)$ 且 $C(S) \leqslant C(S+1)$ 时，得到

$$\sum_{x=0}^{Q-1} P(x) \leqslant \frac{C_4 - C_2}{C_3 + C_4} \leqslant \sum_{x=0}^{Q} P(x)$$

计算可得到满足需求的目标库存水平 S。

那么当库存量还剩多少时需要订货呢？显然，s 点不需要订货时的总成本期望值为

$$C(s) = sC_2 + \sum_{r=0}^{s} C_3(s-r)P(r) + \sum_{r=s+1}^{\infty} C_4(r-s)P(r)$$

订货补充至 S 点时的最大总期望成本值为

$$C(S) = C_1 + SC_2 + \sum_{r=0}^{S} C_3(S-r)P(r) + \sum_{r=S+1}^{\infty} C_4(r-S)P(r)$$

建立新的函数关系：

$$f(s)=C(s)-C(S)$$

不订货的需求必然满足 $f(s) \leqslant 0$，在此基础上，计算得到的最小库存货量即为订货点 s。

对于连续需求随机库存模型，对最优值的选择可采用求导的方式得出相似表达函数。

例 7.3 某机械厂生产某种产品，每月的需求量是一个随机变量，通过历史数据得到其各需求量下的概率分布，如表 7.2 所示。

表 7.2 需求量历史数据

需求量/箱	30	40	50	60	70	80	90	100
概率	0.05	0.1	0.1	0.15	0.25	0.2	0.1	0.05
累积概率	0.05	0.15	0.25	0.4	0.65	0.85	0.95	1

每次的订货固定费为 5000 元，每箱 500 元，每月的库存管理费为 10 元/箱，缺货带来的损失成本为 900 元。试求订货点 s 和目标库存水平 S。

解：根据题意得到各基本参数信息 C_1=5000, C_2=500, C_3=10, C_4=900。

目标库存水平满足

$$\sum_{x=0}^{Q-1} P(x) \leq \frac{C_4 - C_2}{C_3 + C_4} = 0.44 \leq \sum_{x=0}^{Q} P(x)$$

计算得到 $F(60)=0.4$, $F(70)=0.65$，故可知目标库存设置为 $S=70$ 较为合适。

$$\begin{aligned} C(S=70) &= C_1 + SC_2 + \sum_{r=0}^{S} C_3(S-r)P(r) + \sum_{r=S+1}^{\infty} C_4(r-S)P(r) \\ &= 5000 + 500 \times 70 + 10 \times (40 \times 0.05 + 30 \times 0.1 + 20 \times 0.1 + 10 \times 0.15) + \\ &\quad 900 \times (10 \times 0.2 + 20 \times 0.1 + 30 \times 0.05) \\ &= 45035 \end{aligned}$$

建立函数 $f(s)=C(s)-C(S)$，库存量由小到大计算是否满足 $f(s) \leq 0$。

$$\begin{aligned} C(s=30) &= sC_2 + \sum_{r=0}^{s} C_3(s-r)P(r) + \sum_{r=s+1}^{\infty} C_4(r-s)P(r) \\ &= 30 \times 500 + 900 \times (10 \times 0.1 + 20 \times 0.1 + 30 \times 0.15 + 40 \times 0.25 + \\ &\quad 50 \times 0.2 + 60 \times 0.1 + 70 \times 0.05) \\ &= 48300 \end{aligned}$$

$f(s=30)=C(s=30)-C(S=70)=48300-45035=3265>0$，不符合。

$$\begin{aligned} C(s=40) &= sC_2 + \sum_{r=0}^{s} C_3(s-r)P(r) + \sum_{r=s+1}^{\infty} C_4(r-s)P(r) \\ &= 40 \times 500 + 10 \times (10 \times 0.05) + 900 \times (10 \times 0.1 + 20 \times 0.15 + 30 \times 0.25 + 40 \times 0.2 + \\ &\quad 50 \times 0.1 + 60 \times 0.05) \\ &= 44755 \end{aligned}$$

$f(s=40)=C(s=40)-C(S=70)=44755-45035=-280<0$，满足条件，即订货点为 $s=40$。

> **实践角**：需求随机库存问题可以通过离散事件仿真进行仿真分析以提供决策支持。思考需求随机库存问题的仿真要素该如何设置，其仿真流程该如何表达，并进行实践。

7.4 时空约束库存问题及模型

实际库存问题中，货物的订购与存放在时间和空间上遇到各种约束和限制。时间约束上，货物的生产需要一定的周期，当不允许缺货时，需根据时间延迟提前进行货物订购以便提前生产；空间限制方面，仓库容量不够是最常遇到的问题，在库存容量有限的情况下，又该如何制定订货策略。

7.4.1 生产约束模型

货物的生产需要一定的时间，考虑不允许缺货状态，需要提前进行生产预定。此模型下，库存的变化将存在两个阶段：一是生产速度大于销售速度，库存得以增加的库存增长阶段；另一个是达到库存阈值后，停止生产，销售带来的库存减少阶段，其趋势图如图7.6所示。

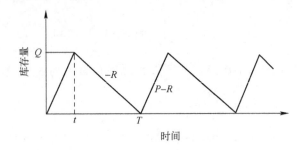

图 7.6 生产约束模型示意图

以经典 EOQ 模型为基础,增加如下假设条件。
(1)货物生产速率为 P,满足 $P>R$;
(2)生产出的货品直接进入库存。

因此,当库存阈值设定为 Q 时,生产周期为 $t=Q/(P-R)$。进一步还发现各参数满足等式关系 $Q=(P-R)t=R(T-t)$,即 $Pt=RT$。

生产所需固定费用为 C_1,货物的成本费为 $C_2Pt=C_2RT$,库存的管理费用为库存增长阶段和库存减少阶段的总和,即 $\frac{1}{2}C_3QT=\frac{1}{2}C_3(P-R)tT=\frac{1}{2}C_3\left(1-\frac{R}{P}\right)RT^2$。

因此,以 T 为周期的订货策略所对应的平均成本满足

$$C = \frac{1}{T}[C_1 + C_2RT + \frac{1}{2}C_3\left(1-\frac{R}{P}\right)RT^2]$$
$$= \frac{C_1}{T} + C_2R + \frac{1}{2}C_3\left(1-\frac{R}{P}\right)RT$$

为了求取最小的成本,上式需满足的必要条件为

$$\frac{dC}{dT} = -\frac{C_1}{T^2} + \frac{1}{2}C_3\left(1-\frac{R}{P}\right)R = 0$$

计算得到最佳的订货周期为

$$T^* = \sqrt{\frac{2PC_1}{C_3R(P-R)}}$$

相应地,最佳生产周期为 $t^* = \frac{R}{P}T^* = \sqrt{\frac{2RC_1}{C_3P(P-R)}}$,库存阈值为 $Q^* = \sqrt{\frac{2(P-R)RC_1}{2C_3P}}$,订货量为 $\sqrt{\frac{2PRC_1}{C_3(P-R)}}$,最低成本为 $C^* = \sqrt{\frac{2C_1C_3R(P-R)}{P}} + C_2R$。

例 7.4 某机械厂自产自销某种产品,该产品每月需求量是 120 件,而月生产量为 500 件。每次生产前需对设备进行调试,固定费用为 50 元,每月的库存管理费为 0.6 元/件。每件产品的成本为 2 元,求最低成本及对应的库存阈值。

解:根据题意可知 $C_1=50, C_2=2, C_3=0.6$,按公式计算得

$$C^* = \sqrt{\frac{2C_1C_3R(P-R)}{P}} + C_2R = \sqrt{\frac{2\times 50 \times 0.6 \times 120(500-120)}{500}} + 2\times 120 = 313.9730$$

$$Q^* = \sqrt{\frac{2(P-R)RC_1}{2C_3P}} = \sqrt{\frac{2(500-120) \times 120 \times 50}{2 \times 0.6 \times 500}} = 87.178$$

即最低成本为 73.973 元/月，库存阈值为 87 件。

进一步分析当产销异地，产品被生产后不是直接入库，而是集中存放管理，当达到生产要求后，再集中运往分销点入库管理，此时的库存模型发生了什么变化？应当如何进行最低成本求解。显然，此问题的分析可以按库存存放管理分为两个部分：第一部分是产地的生产及库存管理，此部分的费用包括生产所需固定费用 C_1，货物的成本费用 C_2Pt 以及生产周期 t 内的管理费用 $C_3Pt^2/2$；另一部分是运输及库存管理，此部分的费用包括运输所需固定费用 C_4 以及订货周期 T 内的管理费用 $C_3RT^2/2$。需要注意的是，此处的订货周期 T 包含生产周期 t，即订货后，产品生产过程的同时也在进行销售。在不允许缺货，不考虑运输时间的前提下，满足 $Pt=RT$，其示意图如 7.7 所示。此时，t 也是订货提前期，若考虑运输时间 t_1，则提前期为 $t+t_1$，当库存量为 $R(t+t_1)$ 时进行订货。

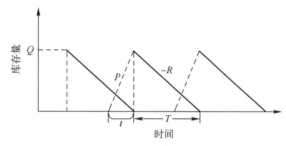

图 7.7 产销异地模型示意图

总的成本即为上述两部分成本之和，其单位时间内的平均总成本为

$$C = \frac{1}{T}\left[\left(C_1 + C_2Pt + \frac{1}{2}C_3Pt^2\right) + \left(C_4 + \frac{1}{2}C_3RT^2\right)\right]$$
$$= \frac{C_1 + C_4}{T} + C_2R + \frac{1}{2}C_3R\left(T + \frac{R}{P}T\right)$$

微分函数满足

$$\frac{dC}{dT} = -\frac{C_1 + C_4}{T^2} + \frac{1}{2}C_3R\left(1 + \frac{R}{P}\right) = 0$$

计算得到最佳的订货周期为

$$T^* = \sqrt{\frac{2P(C_1 + C_4)}{C_3R(P+R)}}$$

相应地，订货提前期为 $t^* = \frac{R}{P}T^* = \sqrt{\frac{2R(C_1 + C_4)}{C_3P(P+R)}}$，订货量为 $Q^* = \sqrt{\frac{2PR(C_1 + C_4)}{C_3(P+R)}}$，最低成本为 $C^* = \sqrt{\frac{2C_3R(P+R)(C_1 + C_4)}{P}} + C_2R$。

7.4.2 租用仓库模型

以经典 EOQ 模型为基础，增加如下假设条件。

（1）使用自己的仓库时，单位货物单位时间的存储成本为 H_z。使用租借的仓库时，单位货物单位时间的存储成本为 H_T，满足 $H_T > H_z$。

（2）货品优先消耗租借库存的货物。因此，当订货量为 Q 时，自家仓库的存储空间为 M，则租借仓库的存储量为 $Q-M$。租借仓库模型示意图如图 7.8 所示。

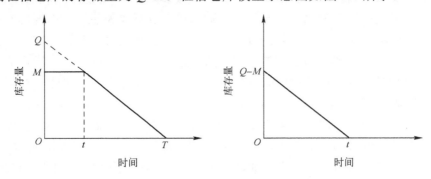

图 7.8　租借仓库模型示意图

一个订货周期为 T 的租用仓库费用为

$$C_T = \frac{Q-M}{2} t H_T = \frac{H_T}{2R}(Q-M)^2$$

存储在自己仓库中的物品，在前 t 个时间内并没有货物的输出，因此存储量不发生变化，其存成本用为固定的 $H_z M t$。在随后的 $T-t$ 时间内，以固定的速率 R 减少。则计算得到存储在自己仓库中的货物的库存成本为

$$C_z = H_z M t + \frac{M}{2} H_z (T-t) = \frac{H_z M}{2R}(2Q-M)$$

则一个周期内的货物库存平均总成本为

$$C = \frac{C_1}{T} + C_2 R + \frac{M^2}{2RT}(H_T - H_z) - (H_T - H_z)M + \frac{H_T R T}{2}$$

为了求取最小的成本，上式需要满足的必要条件为

$$\frac{dC}{dT} = -\frac{C_1}{T^2} - \frac{M^2}{2RT^2}(H_T - H_z) + \frac{H_T R}{2} = 0$$

计算得到订货周期满足

$$T^* = \sqrt{\left(1 - \frac{H_z}{H_T}\right)\frac{M^2}{R^2} + \frac{2C_1}{H_T R}}$$

订货量为

$$Q = R T^* = \sqrt{\left(1 - \frac{H_z}{H_T}\right)M^2 + \frac{2RC_1}{H_T}}$$

7.4.3　允许缺货模型

以经典 EOQ 模型为基础，增加如下假设条件。

允许缺货状态，单位时间单位缺货成本为 C_l。

如图 7.9 所示，由于仓库容量限制，因此每次订货量 Q 按照仓库容量 M 和缺货量进行订货，当需求消耗速率为 R 时，其能满足的周期为 $t=M/R$，当订货周期为 T 时，在剩余的 $T-t$ 时间内将处于缺货状态，其缺货成本为

$$\frac{1}{2}C_l(T-t)(RT-M)$$

库存的总成本由订货成本、存储成本和缺货成本组成，一个周期内的总成本为

$$C = C_1 + C_2Q + \frac{1}{2}C_3Mt + \frac{1}{2}C_l(T-t)(RT-M)$$

单位时间的平均总成本为

$$C = \frac{C_1}{T} + + C_2R + \frac{C_3M^2}{2RT} + \frac{C_l(T-t)(RT-M)}{2T}$$

为了求取最小的成本，上式需要满足的必要条件为

$$\frac{\mathrm{d}C}{\mathrm{d}T} = -\frac{C_1}{T^2} - \frac{C_3M^2}{2RT^2} - \frac{C_l(RT^2-Mt)}{2T^2} = 0$$

计算得到

$$T^* = \sqrt{\frac{2RC_1 + C_3M^2 + C_lM^2}{2R^2C_l}}$$

订货量为

$$Q = RT^* = \sqrt{\frac{2RC_1 + C_3M^2 + C_lM^2}{2C_l}}$$

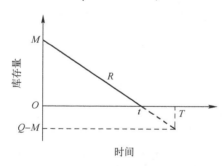

图 7.9 允许缺货模型示意图

例 7.5 已知商店的库存规模为 $M=400$ 件，产品需求率为 $R=120$ 件/月，存储成本为 $C_3=2$ 元/（件·月），订购费为 $C_1=120$ 元/次，货品的进价为 $C_2=15$/件，缺货成本为 $C_l=30$/件。求订货周期和订货量。

解：根据公式计算得

$$T^* = \sqrt{\frac{2 \times 120 \times 120 + 2 \times 400^2 + 30 \times 400^2}{2 \times 120^2 \times 30}} = 5.959$$

$$Q = RT^* = 120 \times 5.959 = 715.08$$

7.4.4 多货品 EOQ 模型

这类模型针对有多种（n）货物存放在同一仓库，各货物在不同的需求下竞争有限的存储空间。仍然以经典 EOQ 模型为基础，基本的假设条件不变。

(1) 不存在缺货情况，即将缺货的成本定义为无穷大。
(2) 要求能够即时补货，即备货时间可设置为 0。
(3) 每种货品的出货量是连续、均匀的确定值，货物 i 的出货率为 R_i。
(4) 每次的订货量不变，货物 i 的订货量为 Q_i。
(5) 每次订货的固定成本为 C_{1i} 和单位数量的货物购买成本为 C_{2i}。
(6) 单位数量的货物存储等成本为 C_{3i}。
(7) 单件货物 i 的库存需求为 S_i，仓库的总成本为 S。

类似于经典 EOQ 模型，周期为 T 的库存系统的总的平均成本为

$$C = \sum_{i=1}^{n}\left(\frac{C_{1i}}{T} + C_{2i}R_i + \frac{1}{2}C_{3i}R_iT\right)$$

式中：n 为货品的种类数。

按要求，每个物品在周期为 T 的库存系统中的订货量满足 $Q_i=TR_i$。则对于仓库中货品的存放受到其空间需求的限制必须满足

$$\sum_{i=1}^{n}s_iQ_i = T\sum_{i=1}^{n}s_iR_i \leqslant S$$

因此，多货品有限容量库存问题的函数为

$$C = \sum_{i=1}^{n}\left(\frac{C_{1i}R_i}{Q_i} + \frac{1}{2}C_{3i}Q_i\right)$$

$$\begin{cases}\sum_{i=1}^{n}s_iQ_i \leqslant S \\ Q_i \geqslant 0\end{cases}$$

该问题是属于非线性规划问题，可以通过 Excel 自带的规划求解工具实现求解。

7.5 装备备件库存管理

7.5.1 问题的提出与说明

装备内部关键部件的失效会对任务的完成产生重大影响。而对关键设备的维修离不开备件的库存管理。合理地设置备件库存管理是在成本和效益之间寻找最优的平衡点。

1) 基本假设
(1) 不考虑其他因素，假定设备故障可通过更换该部件实现修复。
(2) 根据以往经验，部件的损坏规律满足 Poisson 分布。

（3）备件保障要求在满足一定保障率的前提下实现成本最优。

假设对装备备件的需求是由随机故障引起的。因而，在某一确定的期间$(0, T]$内对某一备件的需求量是一个随机变量。以$D(t)(0<t\leqslant T)$表示在时间间隔$(0, T]$内某一备件的需求量，那么，$\{D(t), 0<t\leqslant T\}$是一个时间连续的Poisson随机过程。λ表示某种备件的故障率，以n表示备件数目，则在时间间隔$(0, T]$内备件需求量的概率分布为

$$P\{D(t)=k\}=\frac{(n\lambda T)^k}{k!}e^{-n\lambda T}, \quad k=0,1,2,\cdots$$

若在确定的期间$(0, T]$内备件的储备量为S，在任一时刻$t\ (0<t\leqslant T)$备件保障率P是在时间间隔$(0, T]$内备件需求量$D(t)$不超过S的概率，即

$$P=P\{D(t)\leqslant S\}=\sum_{k=0}^{S}\frac{(n\lambda T)^k}{k!}e^{-n\lambda T}, \quad k=0,1,2,\cdots S$$

2）符号说明

（1）备件种类数m。

（2）备件i的库存量S_i。

（3）备件i的需求量D_i。

（4）备件i的保障率P_i。

（5）备件i的单价C_i。

（6）经费总额C_T。

3）模型建立

备件是为缩短装备维修停歇时间而预先按规定储备的零部件。备件储备可按不同目标和约束条件建立不同的优化模型。除经济性外，备件管理的主要指标还通过备件保障率来反映保障程度。今以整体备件保障率最大为目标，以总费用和各种备件不同保障率要求为约束条件，分析其整体优化方案。

假设装备在期间$(0, T]$内备件需求量仍满足Poisson分布随机过程，储备的备件品种共有m种，备件i的储备量为$S_i\ (i=1, 2, \cdots, m)$，备件i的单价为C_i，则总费用约束可表示为

$$C_t=\sum_{i=1}^{m}C_iS_i\leqslant C_T$$

以D_i表示在$(0, T]$内备件i的需求量，则备件i的保障率P_i是备件需求量D_i不超过储备量S_i的概率，即$P\{D_i(t)\leqslant S_i\}$。则各类备件的保障率约束为

$$P\{D_i(t)\leqslant S_i\}=\sum_{k=0}^{S_i}\frac{(n\lambda_i T)^k}{k!}e^{-n\lambda_i t}\geqslant P_i$$

假设各备件的需求量不超过储备量的事件是相互独立的，那么整体备件保障率可表示为

$$P\{D_1\leqslant S_1, D_2\leqslant S_2,\cdots,D_m\leqslant S_m\}$$
$$=\prod_{i=1}^{m}P\{D_i\leqslant S_i\}$$
$$=\prod_{i=1}^{m}\left\{\sum_{k=0}^{S_i}\frac{(n\lambda_i T)^k}{k!}e^{-n\lambda_i t}\right\}$$

则，数学模型可表示为

$$\max Z = \prod_{i=1}^{m} \left\{ \sum_{k=0}^{S_i} \frac{(n\lambda_i T)^k}{k!} e^{-n\lambda_i t} \right\}$$

$$\begin{cases} \sum_{i=1}^{m} C_i S_i \leqslant C_T \\ \sum_{k=0}^{S_i} \frac{(n\lambda_i T)^k}{k!} e^{-n\lambda_i t} \geqslant P_i \end{cases}$$

7.5.2 航空装备备件库存管理

某航空装备上有三类重要设备，年工作时长为 $T=18\times280=5040$ (h)，其他相关参数如表 7.3 所示。

表 7.3 相关参数

设备序号	设备数量 n/件	故障率 λ_i/h	保障率 P_i	单价/万元
1	2	0.0002	0.9	100
2	2	0.00025	0.95	75
3	4	0.00015	0.85	48

（1）在满足保障率的前提下，各类设备的年备货量应为多少？

（2）该年度拨付的总经费为 800 万元，如何安排备件方案使整体备件保障率最大？

解：（1）根据要求，各类备件的年平均需求量为 $D_i=n\lambda_i T$，计算得到三类设备的年平均需求量分别为 2.0016, 2.52, 3.024。

为达到保障率要求，需满足关系 $\sum_{i=0}^{S_i} \frac{(n\lambda_i T)^k}{k!} e^{-n\lambda_i t} \geqslant P_i$。

整理得

设备 1：$\sum_{k=0}^{S_1} \frac{(2.0016)^k}{k!} e^{-2.0016} \geqslant 0.9$。

设备 2：$\sum_{k=0}^{S_2} \frac{(2.52)^k}{k!} e^{-2.52} \geqslant 0.95$。

设备 3：$\sum_{k=0}^{S_3} \frac{(3.024)^k}{k!} e^{-3.024} \geqslant 0.85$。

计算得到各类设备的备件数为 4, 5, 5。

（2）根据题意建立数学模型，有

$$\max Z = \left(\sum_{k=0}^{S_1} \frac{(2.0016)^k}{k!} e^{-2.0016} \right) \left(\sum_{k=0}^{S_2} \frac{(2.52)^k}{k!} e^{-2.52} \right) \left(\sum_{k=0}^{S_3} \frac{(3.024)^k}{k!} e^{-3.024} \right)$$

$$\begin{cases} 100S_1 + 75S_2 + 48S_3 \leqslant 800 \\ \sum_{k=0}^{S_1} \dfrac{(2.0016)^k}{k!} \mathrm{e}^{-2.0016} \geqslant 0.9 \\ \sum_{k=0}^{S_2} \dfrac{(2.52)^k}{k!} \mathrm{e}^{-2.52} \geqslant 0.95 \\ \sum_{k=0}^{S_3} \dfrac{(3.024)^k}{k!} \mathrm{e}^{-3.024} \geqslant 0.85 \end{cases}$$

按照问题（1）的计算结果，各类备件数分别为 4, 5, 5 时，备件库存满足保障率要求。此时，计算得到的总成本为

$100S_1+75S_2+48S_3=400+375+240=1015$ （万元）

该结果超出拨付的总经费。因此，在总经费的限制下，三类设备无法实现都满足保障率的要求。各类设备不同库存备件数下的保障率如表 7.4 所示。

表 7.4　不同库存备件数下的保障率

备件数	保障率		
	设备 1	设备 2	设备 3
0	0.1351	0.0805	0.0486
1	0.4056	0.2832	0.1956
2	0.6762	0.5387	0.4178
3	0.8568	0.7533	0.6419
4	0.9472	0.8885	0.8112
5	—	0.9566	0.8598

在经费限制下，经过整体优化，各类备件数以 3, 4, 4 进行库存能够得到最大的保障率。整体的最大保障率为 0.6175。

习　题

1. 某公司每年需消耗某种原料 2800t，公司拥有自建仓库，每吨原料的保管费为 2 元/天，订购一次的订购费需要 300 元。为保证不缺货，最佳的订购量是多少。

2. 某物资销售速度为 3t/天，订购费用为 15 元/次，每天的存储费用标准为 0.3 元/（吨·天）。一个周期的订货计划按每年 300 天算，试确定最佳的订货批量、订货周期及所需最小费用。

3. 某家具公司承接某公司办公桌更换业务，承接公司根据人力情况，每天可组装的办公桌为 50 台。家具公司向生产厂家订货所需订购费为 2000 元/次，厂家定期发货。每台办公桌的仓库管理费为 2 元/天，订货后送货时间为 2 天。请给出家具公司最佳的库存策略。

4. 渔具店的销售属于季节性需求。每年 4—8 月是鱼竿的热销期，11 月至来年 2 月

是冷淡期。根据以往经验冷淡期的需求为 300 支/月，随后的需求每月增加 100 支，6 月达到顶峰，6 月、7 月、8 月的需求均为 700 支，9 月为 500 支，10 月为 400 支。热销期的订货费为 3 万元/批次，其他时期的订货费为 2.5 万元/批次。每支鱼竿的成本价为 200 元，库存管理费为 10 元/月。

（1）不允许缺货，该如何制定下一年度的订购计划。

（2）当订货量超过 2500 支时，厂家将给予 160 元/支的成本优惠。此时是否需要调整订购计划。

5. 某服装厂未来五个季度可采用正常生产、加班生产或转包生产三种生产方式满足顾客需求。该厂只有在正常生产不能满足的情况下才会采用转包生产方式。具体的供应量和需求量如表 7.5 所示。

表 7.5 供应量和需求量信息表

季度	正常生产	加班生产	转包生产	需求量
1	180	120	60	325
2	120	100	100	460
3	200	80	120	320
4	120	160	160	420
5	140	100	200	400

不同生产方式下单件产品的生产成本分别为 42 元，48 元，50 元。每个产品的库存管理费为 5 元/季度。请给出生产建议。

6. 试证明一个允许缺货的 EOQ 模型的费用绝不会超过一个具有相同存储费、订购费但不允许缺货的 EOQ 模型的费用。

参 考 文 献

[1] 赫尼尔 F S, 赖勃曼 G J, 吴立煦. 存储论简介[J]. 外国经济与管理, 1981,3(12):26-29.
[2] 《运筹学》教材编写组. 运筹学[M]. 3 版. 北京：清华大学出版社, 2005.
[3] 马文杰, 王学武, 魏明磊. 容量有限的多种货物库存策略[J]. 武汉大学学报：理学版, 2014,60(2):135-138.
[4] 赵红立. 存储空间有限制的库存决策方法研究[D]. 大连：大连海事大学, 2008.

第 8 章 可靠性模型与优化设计

可靠性是反映产品质量的重要特性，描述的是产品使用过程中出现故障的可能性。产品质量是由顾客需求所决定，通过设计而产生，经由生产而形成，最后在使用过程中所体现。因此，可靠性的优化既可体现在其设计过程中，也可体现在其使用过程中。复杂系统不同层级（体系和系统、系统和部件、部件和元器件等）之间的结构设计和可靠性要求是可靠性优化设计的重要方向。本章对可靠性的基本概念、模型和分析方法进行介绍。

8.1 可靠性基本概念与度量指标

8.1.1 可靠性的定义

可靠性是近代才被提出的概念，其发展历程和产品的故障率密切相关。可靠性的源头可追溯到 20 世纪初，英国航空委员会在对飞机及其结构件故障情况的调查统计报告中，首次用概率的形式来描述飞机的可靠性问题。之后，随着各类复杂电子设备大量运用过程中的高故障率影响，以及导弹、火箭、卫星等高价值复杂装备研制过程中对可靠性方面的要求，美国、德国、苏联等国陆续开始对装备产品的可靠性问题进行了专门的研究。20 世纪 60 年代，可靠性理论得到了全面发展和大量的实践应用，计算机技术的发展使得大量试验数据被收集并分析。美国，尤其是其军方制定了一系列的可靠性标准、大纲、要求及手册，至 20 世纪 80 年代，可靠性标准体系基本建立。

根据 GJB 451A—2005 的定义，可靠性是指产品在规定的条件下和规定的时间内，完成规定功能的能力。可靠性的高低需要在三个"规定"的约束下进行评价。

（1）规定的条件。规定的条件主要是对产品使用环境和使用方法的约束，是产品可靠性必须满足的前提条件。不同环境下的使用对产品可靠性造成的影响，在极端情况下能相差 50 倍甚至直接不能使用。因此，超出规定条件下产生的损坏或故障，不认为是产品可靠性的问题。如正常插座的使用不能接触水，触水后的短路不认为是可靠性问题；电子产品在沿海潮湿地区、沙漠酷热地区和内陆平原地区的可靠性要求不同，高盐度、暴晒等环境对电子产品的腐蚀影响和损坏速度超出正常使用环境数倍；高原环境下飞行设备日常训练和保养要求及其寿命，在昼夜大温差影响下与平原地区相差甚大，高原的低氧环境也可导致飞机起飞时动力不足等情况。因此，产品的可靠性评估必须基于其规定的使用条件，不同条件下产品的可靠性要求不同。

（2）规定的时间。可靠性是与时间密切相关的产品属性。大多数产品的可靠性随时间增长会呈现衰退趋势。而规定的时间，针对不同状态下的产品可靠性也有差异，如设备存储期间的可靠性变化和使用期间的可靠性变化需要分开评估。且不同产品的可靠性时间指标尺度相差甚大，如飞机相关设备器件的可靠性时间按小时进行评估、卫星以及海底电缆等设备部件可靠性按年计。此外，这里的时间是一种更广义的时间，可以和其他单位进行等价，如汽车的行驶距离，这是对累积使用时间的等价表示；再如坦克炮管的工作寿命只有短短的几秒，听起来很短，但每发炮弹发射后在炮管中飞行的时间仅有0.006s左右，若换算为发射次数则也是一个很可观的数字，因此常用发射次数作为其时间尺度。

（3）规定的功能。功能是产品的核心属性，产品是否具备其规定的功能，是该产品是否合格的核心指标。能够在规定的条件和规定的时间完成其规定的功能，说明该产品是可靠的，否则，就是不可靠。因此，对于任何一个产品，必须首先明确其功能，才能对其可靠性进行评价。如民航飞机，能够安全地起飞降落，且其相关设备都能够正常运行，则称其具备了规定的功能；而对战斗机，还必须能发现、锁定、打击并摧毁敌方目标，才能称其具备了规定的功能。这些功能由其相关设备提供，但对飞机整体而言，它必须具备并集成形成飞机整体的规定功能。

8.1.2 可靠性度量指标

产品的故障具有随机性。因此，产品可靠性的度量常以概率的形式进行描述。分别对不可修复产品和可修复产品进行介绍。

1）不可修复产品

不可修复产品即该产品故障后不再进行修复处理，或可称为一次性故障产品。主要的可靠性度量指标有以下几种。

（1）可靠度。产品在规定的时间和规定的条件下完成规定功能的概率。

设非负随机变量 X 的故障分布函数为 $F(t)$，则：

$$R(t)=P(X>t)=1-F(t) \tag{8.1}$$

即产品在时刻 t 之前不发生失效事件的概率。若函数 $F(t)$ 连续可微，其失效概率密度函数记为 $f(t)$，则式（8.1）可以写成

$$R(t) = P(X > t) = 1 - F(t) = 1 - \int_{o}^{t} f(t)\mathrm{d}t = \int_{t}^{\infty} f(t)\mathrm{d}t \tag{8.2}$$

（2）故障率。自开始使用到 t 时刻未失效，在之后的单位时间内发生失效的概率，也称为产品的瞬时失效率。其表达式为

$$\lambda(t)=f(t)/R(t) \tag{8.3}$$

结合式（8.2），可以写为

$$\lambda(t) = \left(-\frac{\mathrm{d}R(t)}{\mathrm{d}t}\right) \times \frac{1}{R(t)} = -\frac{\mathrm{d}\ln R(t)}{\mathrm{d}t} \tag{8.4}$$

整理得

$$R(t) = \exp\left(-\int_0^t \lambda(t)\mathrm{d}t\right)$$
$$f(t) = \lambda(t)\exp\left(-\int_0^t \lambda(t)\mathrm{d}t\right) \tag{8.5}$$

（3）平均寿命。产品在规定的条件下能够正常行使其规定功能的时间长度的均值，即从开始使用到失效这一时期的平均时间。其计算函数为期望值：

$$\mathrm{MTTF} = E(X) = \int_0^\infty tf(t)\mathrm{d}t \tag{8.6}$$

结合式（8.2），式（8.6）可写成

$$\mathrm{MTTF} = \int_0^\infty tf(t)\mathrm{d}t = -\int_0^\infty t\mathrm{d}R(t) = -tR(t)\Big|_0^\infty + \int_0^\infty R(t)\mathrm{d}t \tag{8.7}$$

考虑时间边界条件，即 $t=0$ 时，产品的可靠度满足 $R(0)=1$，当 $t\to\infty$ 时，满足 $R(\infty)=0$，实际上，当 t 足够大时即存在 $R(t)\to 0$，因此满足 $\lim_{t\to\infty}tR(t)=0$。代入式（8.7）可得

$$\mathrm{MTTF} = \int_0^\infty R(t)\mathrm{d}t \tag{8.8}$$

当产品可靠度函数服从指数分布 $R(t)=\mathrm{e}^{-\lambda t}$，有 $\mathrm{MTTF}=\lambda^{-1}$，此时的平均寿命为故障率的倒数。

（4）可靠寿命。产品抵达规定可靠度时所对应的工作时间长度。可根据可靠度函数进行求解，如 $R(t)=\mathrm{e}^{-\lambda t}$，则 $t=-\ln R(t)/\lambda$。对于可靠度为 $R(t)=0.8$ 时的可靠寿命即为 $t_{0.8}=-\ln(0.8)/\lambda$。特别地，当可靠度为 $R(t)=0.5$ 时，对应的可靠寿命称为中位寿命。当产品可靠度为 $R(t)=\mathrm{e}^{-1}$ 时，对应的可靠寿命称为特征寿命。

各指标之间的参数关系如图 8.1 所示。

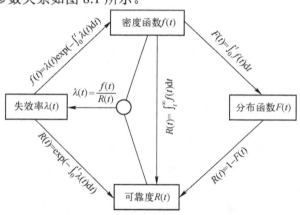

图 8.1 可靠性度量指标关系

2）可修复产品

可修复产品即该产品发生故障后可进行修复处理，当其恢复规定功能后可继续使用。主要的可靠性度量指标有以下几种。

（1）首次故障平均时间。产品使用后，首次发生故障的平均时间长度。可修复产品因为其可修复性，故障后修复可重新使用。因此相对于平均寿命，更关注的是其首次故

障平均时间。但其表达式和不可修复产品的平均寿命是一样的。

$$\mathrm{MTTFF} = E(X_1) = \int_0^\infty tf(t)\mathrm{d}t \tag{8.9}$$

若修复后产品的性能能够恢复到初始水平,则修复后的产品其平均寿命长度也是MTTFF。

(2)可用度。可修复产品的使用过程是正常工作和故障修复两种状态的交替。可用度反映的是产品处于可正常工作状态的概率。

针对两种状态情况,可通过二值函数进行描述:

$$X(t) = \begin{cases} 1, & \text{时刻 } t \text{ 处于正常工作状态} \\ 0, & \text{时刻 } t \text{ 处于故障维修状态} \end{cases} \quad (t \geq 0)$$

① 瞬时可用度 $A(t)=P\{X(t)=1\}$,即时刻 t 产品处于正常工作状态的概率。

② 平均可用度 $\bar{A}(t) = \frac{1}{t}\int_0^t A(x)\mathrm{d}x$,即时段 $[0, t]$ 内产品处于正常工作状态的概率。

③ 极限平均可用度 $\bar{A} = \lim_{t \to \infty} \bar{A}(t)$。

④ 稳态可用度 $A = \lim_{t \to \infty} A(t)$;表示产品在长时间运行过程中处于正常工作状态的时间比例。

(3) $(0, t]$ 故障次数分布,$(0, t]$ 时段内发生故障的次数。故障的发生具有随机性,因此,$(0, t]$ 时段内发生故障的次数 $N(t)$ 为非负随机变量。记 $P_k(t)=P\{N(t)=k\}$ 为 $(0, t]$ 内发生 k 次故障的概率,其中 $k=0, 1, 2, \cdots$。对应的 $(0, t]$ 时段内平均故障次数为 $M(t) = \sum_{k=0}^{\infty} kP_k(t)$。

若极限 $M = \lim_{t \to 0} \frac{M(t)}{t}$ 存在,则称 M 为稳态故障频度。

8.2 可靠性模型设计与分析

8.2.1 系统可靠性基本模型

可靠性模型是开展可靠性分配、预计、分析和评估的前提和基础。产品设计之初就应同步构建其可靠性模型,通过可靠性模型对产品的可靠性进行分析设计。可靠性模型的构建主要包含两部分内容:一是产品及其内部各部件之间的可靠性关系逻辑图,逻辑图定性地描述产品及其内部各部件之间可靠性的相互作用关系;二是建立可靠性定量分析数学模型,实现产品及其内部各部件之间可靠性的量化计算。

典型的系统可靠性模型包括串联系统模型、并联系统模型、储备系统模型、表决系统模型等。下面对不可修复部件组成的各类可靠性模型进行分析,对于可修复部件组成的各类可靠性模型可参看文献[3]中的相关理论推导。

1)串联系统模型

串联系统模型的特点是 n 个部件中任何一个出现故障,系统即出现故障。串联系统的可靠性框图如图 8.2 所示。

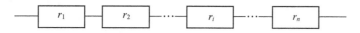

图 8.2　串联系统模型可靠性框图

对于不可修复部件组成的串联系统模型，其系统寿命受限于系统中各串联部件中的最小寿命部件，系统可靠性 $R(t)$ 为全部部件均未发生故障的概率，系统可靠度与各部件可靠度属于逻辑"与"的关系。假设各部件故障随机变量相互独立，串联系统的可靠度为

$$R(t) = P(X > t) = P(X_1 > t, X_2 > t, \cdots, X_n > t) = \prod_{i=1}^{n} R_i(t) \tag{8.10}$$

由式（8.10）可知，串联系统模型可靠度满足各部件可靠度的连乘关系。由于可靠度的取值区间为[0, 1]，因此，串联部件越多，系统可靠度越差。

串联系统的失效概率密度函数可写成

$$f(t) = -R'(t) = -\frac{d\left(\prod_{i=1}^{n} R_i(t)\right)}{dt} = -\left[\sum_{j=1}^{n} \frac{dR_j(t)/dt}{R_j(t)}\right]\prod_{i=1}^{n}(R_i(t)) = -\left[\sum_{j=1}^{n} \frac{R'_j(t)}{R_j(t)}\right]R(t) = \sum_{j=1}^{n} \lambda_j(t) R(t) \tag{8.11}$$

串联系统模型的故障率 $\lambda(t)$ 满足各部件故障率的求和关系：

$$\lambda(t) = \frac{f(t)}{R(t)} = \frac{\sum_{j=1}^{n} \lambda_j(t) R(t)}{R(t)} = \sum_{j=1}^{n} \lambda_j(t) \tag{8.12}$$

即串联系统模型的故障率随串联部件数的增多而增大。

2）并联系统模型

并联系统模型的特点是只有当 n 个部件全部出现故障，系统才故障。换句话说，只要有一个部件能正常工作，系统就能正常工作。并联系统的可靠性框图如图 8.3 所示。

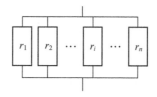

图 8.3　并联系统模型可靠性框图

对于不可修复部件组成的并联系统模型，其系统寿命取决于系统中各并联部件中的最大寿命部件，系统的可靠度为全部部件均发生故障的概率余量，系统的可靠度与各部件的可靠度属于逻辑"或"的关系。假设各部件故障随机变量相互独立，并联系统的可靠度为

$$R(t) = P(X > t) = 1 - P(X_1 \leqslant t, X_2 \leqslant t, \cdots, X_n \leqslant t) = 1 - \prod_{i=1}^{n}(1 - R_i(t)) \quad (8.13)$$

由式（8.13）可知，并联系统可靠度随并联部件的增多，系统可靠度增强。

并联系统的失效概率密度函数可写成

$$f(t) = -R'(t) = \frac{\mathrm{d}\left(\prod_{i=1}^{n}(1-R_i(t))\right)}{\mathrm{d}t} = \left[\sum_{j=1}^{n}\frac{\mathrm{d}R_j(t)/\mathrm{d}t}{R_j(t)-1}\right]\prod_{i=1}^{n}(1-R_i(t)) = \left[\sum_{j=1}^{n}\frac{R'_j(t)}{R_j(t)-1}\right](1-R(t))$$

$$(8.14)$$

并联系统的故障率为

$$\lambda(t) = \frac{f(t)}{R(t)} = \left[\sum_{j=1}^{n}\frac{-\lambda_j(t)}{1-[R_j(t)]^{-1}}\right](1-[R(t)]^{-1}) \quad (8.15)$$

3）储备系统模型

储备系统由 n 个部件组成，其工作关系为同一时刻只有一个部件进行工作，其余部件作为储备件，当该工作部件发生故障后，下一储备件立刻进行替换，以此类推逐个接替，直到所有部件都故障后，系统才失去功能。根据储备件的状态可分为冷储备系统和热储备系统两种类型。

（1）冷储备系统。冷储备是指储备部件在不工作状态下不进行通电运行，因此储备件在储备过程中的可靠性衰退可忽略，储备周期不影响后续的使用。储备系统中除了工作部件和储备部件之外还有一个重要的装置，即转换开关，其作用是当工作部件发生故障后，通过转换开关将系统的运行线路接至储备部件，使系统继续行使功能。假设转换开关的寿命服从 0-1 型分布，即只在进行转换时才可能出现故障，故障概率为 $1-R_{sw}$。则引入随机变量 γ 为

$$\gamma = \begin{cases} j, & \text{第}j\text{次转换时发生故障}, j=1,2,\cdots,n-1 \\ n, & \text{前}n-1\text{次转换过程中都不发生故障} \end{cases}$$

因此，第 j 次发生故障时的概率为 $P(\gamma = j) = R_{sw}^{j-1}(1-R_{sw})$，其中 $P(\gamma = n) = R_{sw}^{n-1}$，且满足 $\sum_{i=1}^{n}P(\gamma = i) = 1$。冷储存系统的可靠性框图如图 8.4 所示。

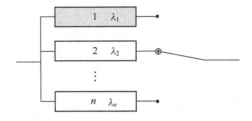

图 8.4　冷储备系统模型可靠性框图（灰色为故障部件）

冷储备系统在以下两种情况下才会发生故障。

① 某一工作部件发生故障后，进行开关转换时，转换开关发生故障；
② 每次开关转换都没发生故障，所有部件都故障后，系统发生故障。

假设各部件故障随机变量相互独立，冷储备系统的可靠度为

$$R(t) = P(X_1 > t)P(\gamma = 1) + P(X_1 + X_2 > t)P(\gamma = 2) \cdots = \sum_{i=1}^{n} P(X_1 + X_2 \cdots + X_i > t)P(\gamma = i) \quad (8.16)$$

（2）热储备系统。热储备是指储备部件在不工作状态下仍然进行通电处理，使其处于轻载工作状态。和冷储备系统相比，热储备系统的区别在于储备件的可靠性随时间延长而衰退，即储备件的可靠性受储备周期的影响。热储备系统中的储备件，其可靠性存在两个阶段的退化：一个阶段是其热储备阶段的退化，该阶段的故障率将低于正常工作阶段；另一阶段是其作为工作部件的退化。

① 不考虑转换开关的故障，即 $R_{sw}=1$，热储备系统的寿命为最后失效部件的寿命，最后失效部件的寿命为其热储备阶段时间长度加上正常工作的时间长度。考虑工作寿命和储备寿命分别服从参数 λ 和 μ 的指数分布的情况。假设第 i 个部件故障的时间为 t_i，则系统的寿命满足

$$X = t_n = \sum_{i=1}^{n}(t_i - t_{i-1}), \quad t_0 = 0 \quad (8.17)$$

时段$[t_{i-1}, t_i)$内有 1 个工作部件和 $n-i$ 个热储备件。根据指数分布的无记忆性，(t_{i-1}, t_i) 服从参数为 $\lambda+(n-i)\mu$ 的指数分布。因此，该系统可等价于 n 个独立部件组成的冷储备系统，第 i 个部件的寿命服从 $\lambda_i=\lambda+(n-i)\mu$ 的指数分布。满足

$$R(t) = P(X > t) = \sum_{i=0}^{n-1}\left[\prod_{\substack{k=0 \\ k \neq i}} \frac{\lambda + k\mu}{(k-i)\mu}\right] \exp(-\lambda + i\mu) \quad (8.18)$$

② 考虑转换开关的可靠性影响，仍然以二值函数来描述转换开关的寿命分布。对于图 8.5 所示的二部件热储备系统，其可靠度关系为

$$R(t) = P(X > t) = \exp(-\lambda_1 t) + R_{sw}\frac{\lambda_1}{\lambda_1 - \lambda_2 + \mu}[\exp(-\lambda_2 t) - \exp(-\lambda_1 t - \mu t)] \quad (8.19)$$

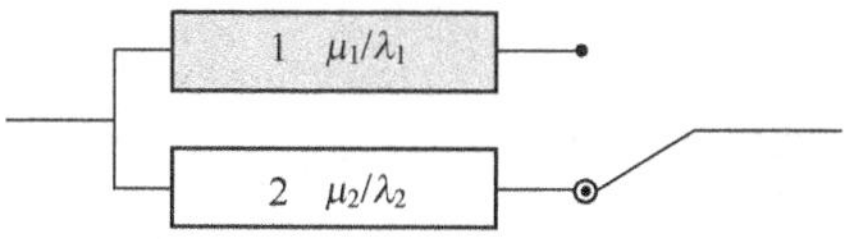

图 8.5　二部件热储备系统模型可靠性框图

4）表决系统模型。表决系统模型的基本结构和并联系统模型相似，区别在于并联系统模型只需一个部件正常，整个系统即可正常工作。表决系统模型则是并联结构下，需要至少 $k(k<n)$ 个部件均正常工作，系统才能正常工作。记为 k/n。表决系统的可靠性框图如图 8.6 所示。

显然，1/n 就是并联系统模型。对于 k/n 表决系统模型而言，任意 k 或多于 k 个部件不发生故障，系统即处于可靠状态。因此，其可靠度表达式为

$$R(t) = \sum_{i=k}^{n} C_n^i P(X_{a,1} > t, X_{a,2} > t, \cdots, X_{a,i} > t, X_{b,1} < t, \cdots, X_{b,n-i} < t)$$
$$= \sum_{i=k}^{n} C_n^i \left[\prod_{j=1}^{i} R_{a,j}(t) \right] \left[\prod_{l=1}^{n-i} (1 - R_{b,l}(t)) \right]$$
(8.20)

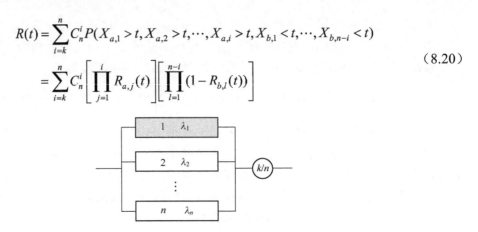

图 8.6　k/n 表决系统模型可靠性框图

8.2.2　系统可靠性模型组合优化

现实系统中大多数系统各部件的基础组合形式都可通过可靠性基本模型所表示，但不同可靠性基本模型的组合又具有不同的特点和优势。

系统由 n 个串联部件组成，为了提高系统整体的可靠度，对每个部件都配置一个备用件，分析下列两种组合形式。

（1）组合模型 I。同类部件以并联形式进行组合后，各组合部件再以串联形式进行组合。组合模型 I 的可靠性框图如图 8.7 所示。

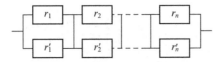

图 8.7　组合模型 I 可靠性框图

任意部件 i 的并联结构下组成的并联组合可靠度为
$$R_i(t) = 1 - (1 - R_{ri}(t))(1 - R'_{ri}(t)) = R_{ri}(t) + R'_{ri}(t) - R_{ri}(t)R'_{ri}(t)$$
(8.21)

各并联组合再进行串联组合后得到的组合模型 I 的可靠度为
$$R(t) = \prod_{i=1}^{n} R_i(t) = \prod_{i=1}^{n} [R_{ri}(t) + R'_{ri}(t) - R_{ri}(t)R'_{ri}(t)]$$
(8.22)

（2）组合模型 II。各部件和备件分别以串联形式进行组合，再将两串联组合进行并联组合。组合模型 II 的可靠性框图如图 8.8 所示。

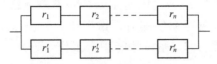

图 8.8　组合模型 II 可靠性框图

根据式（8.10）和式（8.13）可得，组合模型 II 的可靠度为

$$R(t) = 1 - \left(1 - \prod_{i=1}^{n} R_{ri}(t)\right)\left(1 - \prod_{i=1}^{n} R'_{ri}(t)\right) = \prod_{i=1}^{n} R_{ri}(t) + \prod_{i=1}^{n} R'_{ri}(t) - \prod_{i=1}^{n} R_{ri}(t)R'_{ri}(t) \quad (8.23)$$

用归纳法可以证明组合模型 I 的可靠度优于组合模型 II 的可靠度。

进一步可以发现，当组合模型 II 中同类型的部件和其备件的初始可靠度不同，则其不同的组合形式对系统整体的可靠度有不同的影响。令 $R_{ri}(t) < R'_{ri}(t)$，如图 8.9 所示：

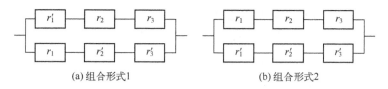

图 8.9 组合模型 II 可靠性框图

组合（a）的可靠度为 $R_a(t) = R'_{r1}(t)R_{r2}(t)R_{r3}(t) + R_{r1}(t)R'_{r2}(t)R'_{r3}(t) - \prod_{i=1}^{3} R_{ri}(t)R'_{ri}(t)$，组合（b）的可靠度为 $R_b(t) = R_{r1}(t)R_{r2}(t)R_{r3}(t) + R'_{r1}(t)R'_{r2}(t)R'_{r3}(t) - \prod_{i=1}^{3} R_{ri}(t)R'_{ri}(t)$。显然，$R_a(t) \neq R_b(t)$。可以证明，在组合模型 II 的结构下，当各部件中可靠度大的串联成一组，剩余的可靠度小的串联成一组，然后进行并联组合得到的系统可靠度更佳。

8.2.3 网络系统可靠性分析

1）基本问题

给定一个网络 $G=(V, E)$，其中 $V=\{v_1, v_2, \cdots, v_n\}$ 为点集，$E=\{e_1, e_2, \cdots, e_m\}$ 为弧集。点和弧连接形成一个连通网络。假设点和弧的状态只有正常和故障两类，且失效关系相互独立。

（1）有源问题。$R_{st}(G)$ 为点 s 可将信息传递至点 t 的可靠度。

$$R_{st}(G) = P(s \to t) \quad (8.24)$$

若记 $K \subset V$，K 为特定的 k 个节点的集合，$R_{st}(G)$ 为点 s 可将信息传递至 K 中所有节点的可靠度，则

$$R_{sK}(G) = P(s \to K) = \prod_{i=1}^{k} P(s \to K_i) \quad (8.25)$$

（2）无源问题。$R_K(G)$ 为集合 K 中所有节点互相连通的可靠度，有

$$R_K(G) = P(K \to K) = \prod_{i=1, j=i, i \neq j}^{k} P(K_i \to K_j) \quad (8.26)$$

特别是当 $K=G$ 时，为整个网络系统的互通可靠度。

2）基本方法

网络系统可靠度的计算方法有真值表法、概率分解法和最小路法。

（1）真值表法，亦称为状态枚举法。适用于规模不大的网络系统可靠度计算。其基

本思路是将所有满足网络系统正常工作的互斥事件进行综合，所有满足网络系统正常工作的互斥事件的可靠度之和即为网络系统可靠度。记为

$$R = P(S) = \sum_{i=1}^{l} P(B_i) \tag{8.27}$$

$B=\{B_1, B_2, \cdots, B_l\}$为所有互斥事件的集合。

（2）概率分解法，即通过全概率公式实现事件的概率分解。该方法是可以将非串并复杂系统转化为串并系统的解析方法。其基本表达式为

$$R = P(S) = P(x)P(S|x) + P(\bar{x})P(S|\bar{x}) \tag{8.28}$$

式中：x和$\bar{x}$分别为该部件的正常和故障两种状态；$P(S|x)$和$P(S|\bar{x})$分别为网络系统在该部件正常和故障条件下正常工作的条件概率。

（3）最小路法。A_{st}最小路，即从起点s到终点t，由弧序组成的通路，该通路中任何一条弧的移除都将使通路断开。最小路法即找出对应问题下所有最小路进行可靠度的计算。

$$R = R(G) = P\left\{\bigcup_{i=1}^{h} A_i\right\} \tag{8.29}$$

式中：A_i为第i条最小路。

由容斥定理将相容和相交的部分剥离，对不相交求和计算记得到网络系统可靠度：

$$R = P\left\{\bigcup_{i=1}^{h} A_i\right\} = \sum_{i=1}^{h} P(A_i) - \sum_{1\leqslant i\leqslant j\leqslant h} P(A_i A_j) + \cdots + (-1)^{h-1} P(A_1 A_2 \cdots A_h) \tag{8.30}$$

或可通过布尔不交化算法进行不交化处理，得到网络系统可靠度：

$$R = P\left\{\bigcup_{i=1}^{h} A_i\right\} = P(A_1) + P(\bar{A}_1 A_2) + \cdots + P(\bar{A}_1 \bar{A}_2 \cdots \bar{A}_{h-1} A_h) \tag{8.31}$$

例 8.1 求图 8.10 所示桥形网络系统可靠度。

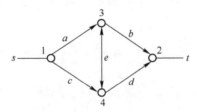

图 8.10　桥形网络系统图

解：（1）真值表法。假设弧的状态分为 $x = \begin{cases} 0, & 故障 \\ 1, & 正常 \end{cases}$，其中，$p_i$和$q_i=1-p_i$ ($i=a, b, c, d, e$)分别弧处于正常和故障状态的概率。根据图 8.10 所示桥形网络系统图，列出其真值如表 8.1 所示。

表 8.1 桥形网络系统真值表

序号	a	b	c	d	e	s	序号	a	b	c	d	e	s
1	0	0	0	0	0	0	17	1	1	1	0	0	1
2	1	0	0	0	0	0	18	1	1	0	1	0	1
3	0	1	0	0	0	0	19	1	1	0	0	1	1
4	0	0	1	0	0	0	20	1	0	1	1	0	1
5	0	0	0	1	0	0	21	1	0	1	0	1	0
6	0	0	0	0	1	0	22	1	0	0	1	1	1
7	1	1	0	0	0	1	23	0	1	1	1	0	1
8	1	0	1	0	0	0	24	0	1	1	0	1	1
9	1	0	0	1	0	0	25	0	1	0	1	1	0
10	1	0	0	0	1	0	26	0	0	1	1	1	1
11	0	1	1	0	0	0	27	1	1	1	1	0	1
12	0	1	0	1	0	0	28	1	1	1	0	1	1
13	0	1	0	0	1	0	29	1	1	0	1	1	1
14	0	0	1	1	0	1	30	1	0	1	1	1	1
15	0	0	1	0	1	0	31	0	1	1	1	1	1
16	0	0	0	1	1	0	32	1	1	1	1	1	1

由表 8.1 可找出系统正常事件下的所有组合集合为

$B=\{B_7, B_{14}, B_{17}, B_{18}, B_{19}, B_{20}, B_{22}, B_{23}, B_{24}, B_{26}, B_{27}, B_{28}, B_{29}, B_{30}, B_{31}, B_{32}\}$

假设各弧之间的故障都是互相独立。因此，网络系统可靠性为

$$R = P(S) = \sum_{i=1}^{l} P(B_i) = p_a p_b q_c q_d q_e + q_a q_b p_c p_d q_e + p_a p_b p_c q_d q_e + p_a p_b q_c p_d q_e + p_a p_b q_c q_d p_e$$
$$= p_a q_b p_c p_d q_e + p_a q_b q_c p_d p_e + q_a p_b p_c q_d p_e + q_a q_b p_c p_d p_e + q_a q_b p_c q_d p_e + p_a p_b p_c p_d q_e$$
$$= p_a p_b p_c q_d p_e + p_a p_b q_c p_d p_e + p_a q_b p_c p_d p_e + q_a p_b p_c p_d p_e + p_a p_b p_c p_d p_e$$

（2）概率分解法。对弧 e 进行分解处理，得到如图 8.11 所示的等效图。

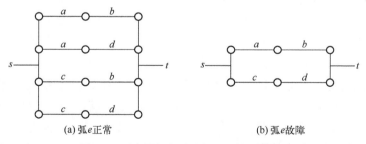

(a) 弧 e 正常　　　　　　　　(b) 弧 e 故障

图 8.11 桥形网络系统概率分解等效图

网络系统可靠性为

$$R = P(S) = p(e)P(S|e) + p(\overline{e})P(S|\overline{e}) = p_e[p_a p_b + p_a p_d + p_c p_b + p_c p_d] + q_e[p_a p_b + p_c p_d]$$

（3）最小路法。

首先，用布尔行列式法求得最小路集。根据桥形网络系统图建立四个节点对应的有向网络矩阵 C。

$$C = \begin{bmatrix} 0 & 0 & a & c \\ 0 & 0 & 0 & 0 \\ 0 & b & 0 & e \\ 0 & d & e & 0 \end{bmatrix}$$

计算行列式

$$S = I + C = \begin{vmatrix} 1 & 0 & a & c \\ 0 & 1 & 0 & 0 \\ 0 & b & 1 & e \\ 0 & d & e & 1 \end{vmatrix} = ade + bce - cd - ab$$

因此，最小路集为 $S=ade+bce+cd+ab$。

其次，进行最小路集的不交化处理。对长度为 $n-1=3$ 的最小路 ade 和 bce 进行不交化处理，其不交和为 $a\bar{b}\bar{c}de + \bar{a}bc\bar{d}e$；接着对长度小于 $n-1=3$ 的最小路 $cd \cup ab$ 进行不交化处理，选择 ab，对应的 $F = \bar{a}cd \cup \bar{b}cd$；选 $\bar{a}cd$，对应的 $F = a\bar{b}cd$。因此，桥形网络系统不交和为 $S = a\bar{b}\bar{c}de + \bar{a}bc\bar{d}e + ab + \bar{a}cd + a\bar{b}cd$。计算得到桥形网络系统可靠度为 $R = P(S) = p_a q_b q_c p_d p_e + q_a p_b p_c q_d p_e + p_a p_b + q_a p_c p_d + p_a q_b p_c p_d$。

8.3　可靠性的分配与预计

8.3.1　系统可靠性分配

系统，尤其复杂系统通常由众多分系统、部件、元器件等组成。当产品方对系统整体提出可靠性要求后，对系统的设计和生产必须达到可靠性要求。而系统整体可靠性要求的实现不仅取决于各分系统、部件和元器件的可靠性逻辑关系，更取决于每个基础单元自身的可靠性。不同的工艺、不同的技术水平、不同的效费关系使不同的分系统、部件和元器件的可靠性水平各不相同。为了达到系统整体的可靠性要求，需要自上而下、从大到小地将各层级单元的可靠性进行分配，使得在技术水平和费效约束下能够达到整体系统可靠性要求。帮助设计人员明确其对各层级单元的可靠性设计要求。

可靠性的分配问题实际上也是最优化问题，其目标函数就是系统可靠性达到可靠性标准。显然，若无相关的约束和准则，不同的单元可靠性基准和不同的逻辑关系的组合下，可以实现无数多种满足系统可靠性目标的分配方案。但现实情况是，可靠性的分配还受到工程技术和费效关系的影响。因此，不能单纯地仅从最优化的角度去进行分配，还需根据实际情况加入更多的约束和限制。因此，可靠性的分配在数学分析的基础上，通常还会按照一定的工程实践准则进行调整。需遵循的一般准则如下：

（1）对技术发展潜力大的分系统或部件可靠性分配指标可以高一些，因为其发展潜

力可以降低达到的标准;

(2) 对复杂的分系统或部件的可靠性指标可以分配低一些,因为复杂系统组件可能较多且结构复杂,达到高可靠性的要求相对更难;

(3) 关键部件可靠性要求高一些,因为其一旦失效,对系统的影响较大;

(4) 对方便拆卸和易于维修的部件可靠性分配低一些,因为其易于处理;

(5) 工作环境恶劣的分系统或部件可靠性分配可以低一些,因为其损坏速率更快,高可靠性要求的费效比不一定合算。

基于以上准则,常用的系统可靠性分配方法有等分配法、比例分配法、评分分配法、最小工作量法、AGREE 分配法、ARINC 分配法、拉格朗日乘数法等,如表 8.2 所示。可靠性分配不是一蹴而就的工作,需要在研制阶段进行反复的论证和设计,产品在不同研制阶段下采用的可靠性分配方法不同。

表 8.2 不同研制阶段可靠性分配方法选择

研制阶段	可靠性分配方法
方案论证	等分配法、ARINC 分配法等
初步设计	比例分配法、评分分配法、最小工作量法等
详细设计	AGREE 分配法、最小工作量法、拉格朗日乘数法等

1) 等分配法

等分配法就是对各分系统或部件进行可靠性要求的平均分配。这种方法同化了各分系统或部件的重要度差异,得到的结果一般不符合要求。该方法适用于对产品的具体分系统或部件组成,及各分系统或部件基本可靠性技术不掌握、不了解的情况。例如方案论证阶段可通过该方法得到一个分配基准,为后续的分配方案提供参考。具体方法是将各单元等效成一个串联系统进行综合,系统可靠性满足

$$R = \prod_{i=1}^{n} R_i$$

因此,各单元可靠性要求为

$$R_i = R^{1/n}$$

2) ARINC 分配法

ARINC 分配法适用于故障率恒定的串联系统,任何一个分系统发生故障都会使系统整体发生故障,且各分系统的任务时间和系统任务时间一样。计算式为

$$\lambda_i^* = w_i \lambda^*$$

式中: $w_i = \dfrac{\lambda_i}{\sum_{i=1}^{n} \lambda_i}$ 为权重系数; λ_i 为系统 i 的故障率; λ_i^* 为分配给系统 i 的故障率; λ^* 为期望的系统故障率。

3) 比例分配法

这种方法的前提是假定所有单元具有相同的重要性和改进潜力。然后,根据相似老

系统中各单元的故障率，按比例进行调整。或通过对各单元的故障率进行预测，根据故障率比例进行可靠性的分配。

（1）若参考相似老系统，则其数学表达式为

$$\lambda_{i,x}=\lambda_x K_i =\lambda_{i,L}\lambda_x/\lambda_L$$

式中：λ_x 为新系统的故障率；λ_L 为老系统的故障率；K_i 为单元 i 的可靠性分配比例因子；$\lambda_{i,x}$ 和 $\lambda_{i,L}$ 分别为新老系统中第 i 个单元的故障率。

（2）若通过预测故障率或可靠度进行比例分配，首先对系统结构进行处理，使其满足串联结构，则其比例因子满足

$$K=\frac{F_x}{F_L}=\frac{(1-R_x)}{\sum_{i=1}^{n}F_{i,L}}=\frac{(1-R_x)}{\sum_{i=1}^{n}(1-R_{i,L})}$$

式中：F_x 为新系统的预测故障概率；R_x 为新系统的预测可靠度；F_L 为调整为等效串联结构下各部件的故障概率；R_i 为第 i 个单元的可靠度。则新的单元可靠度为 $R_{ix}=1-KF_i$。

4）评分分配法

评分分配法是一种定性和定量相结合的方法。当缺乏可分析的可靠性数据时，通过专家对影响可靠性的重要因素进行综合评价。

$$w_i=\sum_{j=1}^{m}\gamma_{ij}$$

式中，w_i 为第 i 个分系统或部件的评分；γ_{ij} 为部件 i 的第 j 个指标得分。

指标因素通常有复杂程度、技术成熟度、工作时间、环境条件等。以 10 分制为标准，按照分配准则进行量化评分，如复杂程度，越复杂对其可靠性要求就越低，因此其故障率就可以高一些，故得分应该高一些。技术成熟度则相反，技术越成熟说明制造高可靠性的产品能力越强，因此其故障率要求可以严格一点，给予较低的评分等。

通过专家评分法得到各分系统或部件的量化数据后，通过计算实现各单元之间可靠性的分配，其计算公式为

$$\lambda_i=C_i\lambda_s=w_i\lambda_s/W$$

式中：w_i 为第 i 个分系统或部件的评分；$W=\sum_{i=1}^{n}w_i$ 为各分系统或部件评分总和；λ_i 为分系统 i 的故障率；λ_s 为系统故障率。

5）最小工作量法

该方法的目的就是降低系统可靠性要求的总工作量。假设系统由 n 个分系统以串联结构组成，假定各分系统可靠度是在现有研制阶段进行度量所得，在此基础上，对可靠度较低的分系统进行调整，提高其可靠度。

假设 R_i ($i=1, 2, \cdots, n$) 为各分系统可靠度，则系统可靠度满足 $R=\prod_{i=1}^{n}R_i$。R^* 为要求的系统可靠度，满足 $R^*>R$。为了满足 R^* 的要求，需要将分系统可靠度 R_i 进行调整。通过工作量函数 $G(R_i, R_i^*)$ 对各分系统的基础水平和实现其规定可靠度提高所需的工作量进行

对比，实现可靠度的分配安排。

6）AGREE 分配法

AGREE 分配法即考虑重要度和复杂度的分配法，需要对各分系统的重要度和复杂度信息进行分析，其计算公式为

$$R_i(t_i) = \exp\left(\frac{-t_i}{\theta_i}\right)$$

式中：$\theta_i = \dfrac{Nw_i t_i}{n_i(-\ln R(t))}$ 为第 i 个分系统最低可接受的平均故障间隔时间（MTBF），其中，n_i 为分系统 i 的组建数，$N = \sum\limits_{i=1}^{n} n_i$ 为系统的组建总数，t 和 t_i 分别为系统和分系统 i 规定的工作时间，w_i 即为重要因子，表示第 i 个分系统发生故障导致系统故障的概率。

7）拉格朗日乘数法

通过建立一个包含可靠性目标函数和约束条件的拉格朗日函数，将有约束求极值问题转化为无约束求极值问题进行求解。

假设系统可等效为包含 n 个单元的串联系统，拉格朗日函数式为

$$L(k_i, \lambda) = \prod_{i=1}^{n}(1 - F_i^{k_i}) + \lambda\left(W_0 - \sum_{i=1}^{n} w_i k_i\right)$$

式中：k_i 为第 i 个等效单元中的并联单元数；F_i 为第 i 个等效单元中的故障概率；W_0 为系统约束条件；w_i 为第 i 个等效单元中的约束条件；λ 为拉格朗日乘数。

在特殊给定条件下，满足

$$\ln F_i / w_i = C$$

其中，C 为常数。对 $L(k_i, \lambda)$ 求偏导，计算得到在约束条件限制下的最优并联结构满足

$$k_i = \frac{W_0}{\ln F_i} \bigg/ \sum_{i=1}^{n} \frac{w_i}{\ln F_i}$$

> **知识角**：按适航条款规定，民航飞机及其系统的开发过程以及审定过程中要求每飞行 1h 内因系统发生故障造成飞机灾难性事件的平均概率是 10^{-9}。这一故障率要求需要对各飞机组件系统的可靠性通过合理的分配与设计来实现。

8.3.2 系统可靠性预计

可靠性预计是系统研制过程中的一项关键工作，它使可靠性成为系统设计的组成部分，是可靠性研究的重要内容之一。其意义在于通过对系统的可靠性预计，以便对系统可靠性是否能够达到相关要求进行一个粗略的掌握，并借此发现可靠性设计中的薄弱环节，进一步提出改进意见和完善方案，使系统设计结果能够更好地符合设计要求。和可靠性分配相反，可靠性预计是一种由小到大、由局部向整体、自下而上的过程，因此，可靠性预计和分配往往是互相配合的交互进行。

系统可靠性预计的方法较多，这里主要介绍元器件计数法、相似产品法、专家评分法、相似产品类比论证法、故障率预计法和上下限法，如表 8.3 所示。产品在研制的不

同时期，采用的可靠性预计方法不同。

表 8.3 不同研制阶段可靠性预计方法选择

研制阶段	可靠性分配方法
方案论证	元器件计数法、相似产品法等
初步设计	专家评分法、元器件计数法、相似产品论证法等
详细设计	故障率预计法、上下限法等

1）元器件计数法

该方法适用于电子类产品，以元器件可靠性数据为基础进行系统可靠性的预计。元器件计数法假定故障分布类型为指数分布，故障率 λ 为常数。元器件的质量系数、通用故障率等可通过 GJB/Z 299C—2006《电子设备可靠性预计手册》查询得到。在初步设计阶段，对于设备所需的各等级和类型的元器件数目有了大致的预计。计算所需的信息只需要每一类型元器件的数目、该元器件的通用失效率和质量水平，以及设备使用的环境条件，不需要其具体的工作应力，计算公式为

$$\lambda_s = \sum_{i=1}^{n} N_i(\lambda_{Gi}, \pi_{Qi})$$

式中：λ_s 为系统故障率；λ_{Gi} 为第 i 个元器件的通用故障率；π_{Qi} 为第 i 个元器件的质量系数；N_i 为第 i 个元器件的数量；n 为不同元器件类型的数量。

通用故障率指电子元器件在不同环境中，在通用工作环境温度和常用工作应力条件下的故障率。当系统在各单元的工作环境不同（如机载武器系统有些单元处于舱外，有些在舱内），则不同单元在其对应环境中进行计算，之后将各单元故障率相加即得到系统故障率。进一步，如果能够明确各类型元器件的具体工作应力条件，可根据应力分析法对元器件的故障率进行修正，实现更精确的可靠性预计。

2）相似产品法

该方法适用于机械、电子、机电类等具有相似可靠性数据产品的新产品在初期阶段的可靠性预计。该方法计算简单、快捷、适用于系统研制的各个阶段，其预计精度取决于新老产品的相似度以及老产品可靠性数据的可信度，计算公式为

$$\lambda_s = \sum_{i=1}^{n} \lambda_i$$

相似产品法的基本程序如下：

（1）确定与新产品相似的、具有可靠性数据的现有产品；

（2）分析相似因素对可靠性的影响，考虑各种因素，分析新老产品的差异性及其对可靠性的影响。

（3）根据相似产品可靠性，通过修正差异影响，实现对新产品可靠性的预计。

3）专家评分法

当产品中的可靠性数据较少时，可依赖于有经验的专家从不同角度进行评分，再依据已知的单元故障率数据，结合评分系统，实现其余单元的可靠性概率计算。类似于可

靠性分配过程中的计算过程，考虑的因素有复杂度、技术水平、工作时间、工作环境等，以 10 分制为标准进行量化评分，计算公式为

$$\lambda_i = C_i \lambda_s = \frac{w_i}{W} \lambda_s = w_i = \lambda_s \left(\sum_{j=1}^{m} \gamma_{ij} \right) \bigg/ W$$

式中：λ_i 为分系统 i 的故障率；λ_s 为系统故障率；γ_{ij} 为部件 i 的第 j 个指标得分；w_i 为第 i 个分系统或部件的评分；$W = \sum_{i=1}^{n} w_i$ 为各分系统或部件评分总和。

4）相似产品论证法

相似产品论证法的基本思想是根据仿制或改型的类似产品已知的故障率，分析两者在组成结构、使用环境、材料、元器件水平、制造工艺等方面的差异，通过专家评分计算出修正系数，进行综合分析。故障率综合修正因子为

$$D = K_1 \cdot K_2 \cdot K_3 \cdot K_4 \cdot K_5$$

式中：K_1 为材料方面的修正系数；K_2 为基础工业方面的修正系数；K_3 为制造工艺方面的修正系数；K_4 为生产设计经验等方面的修正系数；K_5 为组成结构方面的修正系数。

在实际应用中，可根据具体产品对修正系数进行增减。

5）故障率预计法

故障率预计法需要明确组成系统的各类元器件类型，以便能够获取各元器件相对应的准确故障率，然后将各元器件的故障率数据按照系统设计的模型进行代入，从而可以实现较为准确的系统可靠性预计。因此，实现故障率预计必须要满足以下三个条件。

（1）已经得到系统的原理图、设计图和结构图；

（2）能够建立可靠性数学模型；

（3）具有系统所需的各类元器件的可靠性数据。

故障率预计法的基本步骤流程如下：

（1）明确预计的内容、范围和指标；

（2）建立正确的可靠性数学模型；

（3）列出构成系统的全部元器件清单，包括其规格、数量、工作条件、使用环境、故障率等信息；

（4）考虑和分析机械零件的应力和强度，确定适当的安全系数；

（5）计算系统故障率 $\lambda_s = \lambda_b \pi_E D$，其中 λ_b 为基本故障率，π_E 为环境因子，D 为降额因子，可通过工程经验确定，取值 0～1。

（6）计算系统可靠度 $R(t) = \exp[-\lambda_s(t)t]$ 及平均寿命 $T = 1/\lambda_s$；

（7）判断系统可靠性是否达到要求。

若满足要求则不必选用价格昂贵的元器件，也不必采取特殊措施，就可降低成本，节省时间。若达不到要求，则需要通过选用可靠性更好的元器件，或其他方法来提高系统可靠性。

6）上下限法

上下限法或称边值法，是一种经验法则。基本思想是任务系统复杂性使得计算系统

可靠性比较困难，通过简化处理预计出系统可靠性的上下边界。基于 $R=1-F$ 的原理，可靠度上限 R_u 从系统故障角度出发，将系统单元等效为串联单元，以其正常可靠度为基础，逐渐减去考虑并联和储备单元结构所引起的系统故障的概率，逐次获得精确上限值；可靠度下限 R_L 从系统正常工作角度出发，将系统单元等效为串联单元，以其正常可靠度为基础，逐步加上考虑并联和储备件故障而系统仍处于正常状态的概率，逐次获得精确下限值。最后将上下限值经过几何平均，得到系统可靠度预计值，计算公式为

$$R = 1 - \sqrt{(1-R_u)(1-R_L)}$$

8.4 通信装备设计方案的可靠性优化

通信侦察装备可靠性分配是装备可靠性设计中的一个重要环节，时常受到费用、体积、重量和技术等限制，尤其研制成本是重要考虑的问题。分配的目标是既要达到可靠性指标，又要使耗费资源最少。

8.4.1 有约束下的系统可靠性分配模型

装备设计时会受到许多条件的约束，如重量、费用、功率等，为满足使所设计系统可靠度最大，或把系统可靠度维持在某指标值以上作为限制条件，使系统的其他参数做到最优化。模型分如下两类：

第一类，在有限资源约束下，实现系统可靠性最大为优化目标。

$$\max R(R_1, R_2, \cdots, R_n, x_1, x_2, \cdots, x_n)$$

$$\text{s.t.} \begin{cases} \sum_{j=1}^{n} g_{ij}(R_j, x_j) = b_i, & i=1,2,\cdots,m \\ 0 < R_j < 1, & j=1,2,\cdots,n \\ x_j \text{ 取整}, & j=1,2,\cdots,n \end{cases}$$

第二类，以系统可靠性要求为约束，实现所需费用最小为优化目标。

$$\min C = \sum_{j=1}^{n} C_j(R_j, x_j)$$

$$\text{s.t.} \begin{cases} R(R_1, R_2, \cdots, R_n, x_1, x_2, \cdots, x_n) \geqslant R_0 \\ \sum_{j=1}^{n} g_{ij}(R_j, x_j) = b_i, & i=1,2,\cdots,m \\ 0 < R_j < 1, & j=1,2,\cdots,n \\ x_j \text{ 取整}, & j=1,2,\cdots,n \end{cases}$$

式中：R 为系统可靠度；C 为总费用；n 为部件级数；m 为资源约束数目；R_j 为第 j 级部件的可靠度；x_j 为第 j 级部件的个数；b_i 为资源 i 可用的总数；g_{ij} 为消耗在第 j 级上的资

源 i；$C_j(R_j, x_j)$ 为第 j 级系统所需的费用。

显然，上述两类优化模型互为对偶。在求解时，常采用多变量最优化问题的直接法如坐标轮换法、方向加速法等，不宜采用解析法，因为目标函数导数不易求解。随着科学的发展，可靠性优化模型越来越多，解决方法也将增多。系统可靠性冗余优化解法较多，但在用于大规模非线性规划问题时，仅有少数算法被证明是有效的。

8.4.2 费用与可靠性的关系

可靠性的改进通常是以研发成本为代价换来的。一般情况下，费用 C 是部件失效率 λ 的减函数，可表示如下：

$$C = \alpha \left(\frac{1}{\lambda}\right)^\beta$$

式中：α，β 为部件固有的特性常量，满足 $\beta>1$，α 和 β 可运用回归方法得到。

假设部件寿命服从指数分布，工作 t_0 的可靠性为 $R=\exp(-\lambda t_0)$，整理得到费用与可靠性的关系：

$$C = \alpha \left(-\frac{t_0}{\ln R}\right)^\beta$$

如设计某通信侦察装备的接收机时，初始 $\lambda=0.038/\text{h}$，需要费用为 $c=3.96$ 万元，由于达不到设计要求，共做了四次改进，其失效率和费用如表 8.4 所示。

表 8.4 接收机的失效率和费用数据

改进次数	λ/1/h	C/万元
1	0.029	5.57
2	0.028	6.73
3	0.020	16.4
4	0.018	22.5

由上式得，$\ln c = \ln\alpha - \beta\ln\lambda$，即 $\ln c$ 和 $\ln\lambda$ 是线性关系，根据表 8.4，由回归方法得到 $\hat{\alpha} = 3.86\times10^{-4}$，$\hat{\beta} = 2.9$。

因此可靠性与费用的关系为

$$c = 3.86\times10^{-4}\left(-\frac{t_0}{\ln R}\right)^{2.9}$$

接收机失效率与费用关系为

$$c = 3.86\times10^{-4}\left(\frac{1}{\lambda}\right)^{2.9}$$

8.4.3 通信侦查装备可靠性优化

若某通信侦查装备主要由部件 1、部件 2、部件 3 和部件 4 四部分组成，设计要求工作 2h 的可靠度不低于 0.9。采用上述方法分别得到各部分的可靠度与费用的关系为部件 1：$c_1 = 3.86 \times 10^{-4} \left(\dfrac{t_0}{\ln R_1} \right)^{2.9}$。

部件 2：$c_2 = 2.3 \times 10^{-4} \left(\dfrac{t_0}{\ln R_2} \right)^{2.29}$。

部件 3：$c_3 = 4.15 \times 10^{-4} \left(\dfrac{t_0}{\ln R_3} \right)^{2.78}$。

部件 4：$c_4 = 2.89 \times 10^{-4} \left(\dfrac{t_0}{\ln R_4} \right)^{2.28}$。

其优化模型为

$$\min W = c_1 + c_2 + c_3 + c_4$$

$$\text{s.t.} \begin{cases} R_1 R_2 R_3 R_4 \geqslant 0.9 \\ 0 < R_1, R_2, R_3, R_4 \leqslant 1 \end{cases}$$

把具体数据代入上式进行计算，显然，此问题是一个非线性的规划问题。采用蒙特卡洛法，通过多次随机寻优试验找出使目标函数达到最小值的解，从概率的角度认为这个解是满意解。用该方法解得：$R_1^* = 0.952$，$R_2^* = 0.978$，$R_3^* = 0.956$，$R_4^* = 0.979$；$C_1^* = 19.04$，$C_2^* = 7.35$，$C_3^* = 15.76$，$C_4^* = 6.45$，总的费用为 48.6 万元。

如果允许冗余设计，可采用冗余设计来提高系统可靠度。当对部件 3 进行冗余设计后，利用优化模型，同样解得：$R_1^* = 0.942$，$R_2^* = 0.981$，$R_3^* = 0.918$，$R_4^* = 0.971$；$C_1^* = 6.85$，$C_2^* = 5.52$，$C_3^* = 4.21$，$C_4^* = 3.63$，总的费用为 20.21 万元。

习　题

1．某系统由 5 级部件组成串联结构，如果要使系统可靠度不低于 0.95，对各部件的可靠度要求不能低于多少？

2．电路由 5 个元器件连接而成，假设各元器件故障独立发生。已知元器件 1 和 2 发生断路故障的可能性为 0.18，元器件 3 和 4 发生故障的可能性为 0.4，元器件 5 故障概率为 0.6。求

（1）仅因元器件 1 或 2 发生断路故障的概率。

（2）元器件 1、2 和 5 同时发生故障的概率。

（3）电路发生故障的概率。

3．某产品寿命服从指数分布，投入运用到平均寿命时，产品可靠度为多少？说明什么问题？

4．若系统可靠度要求满足 0.99，而当前每个系统的可靠度仅为 0.6，需要多少个单元并联工作才能满足要求？

5．如图 8.12 所示，采用 3/5 表决系统对系统是否正常工作进行判断，即至少三个系统处于正常状态才认定系统正常。每个部件可靠度均为 0.9，求系统的可靠工作概率。

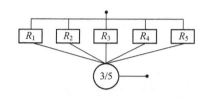

图 8.12 表决示意图

6. 两类部件，可靠度分别为 0.95 和 0.98。某系统功能需部件 A 和 B 串联才能实现。部件 A 和 B 的数量均为 2 个，采用串并联合的方式提高系统的可靠度，分别计算不同组合形式下系统的可靠度为多少？

参 考 文 献

[1] 陈云翔. 可靠性与维修性工程[M]. 北京：国防工业出版社，2007.

[2] 潘勇，黄进永，胡宁. 可靠性概论[M]. 北京：电子工业出版社，2015.

[3] 艾尼·吾甫尔. 可靠性理论中的数学方法[M]. 北京：科学出版社，2019.

[4] 程侃. 可靠性数学中的若干问题和进展[J]. 运筹学杂志，1983(01):12-21.

[5] 高尚. 系统可靠性优化方法[J]. 上海航天，2001(3). 36-40.

[6] 郭志超. 应用于通信装备设计方案的可靠性优化法研究[J]. 舰船电子工程，2013，4(33): 120-122.

第 9 章 图与网络分析方法

我们所处的社会纷繁复杂，其中广泛存在着具有不同结构、功能与特征的复杂系统，而复杂网络正是用于描述和刻画复杂系统，并分析其内部交联以及非线性特征的有力工具。网络科学虽是一门新兴学科，但从其所属的研究领域来看，可追溯至离散数学的重要分支——图论。图论的出现为许多当时难以求解的问题提供了有效的方案，如最短路问题、网络最大流问题、着色问题以及最大匹配问题等。在本章中，读者将了解网络科学与图论中的基础知识与算法，通过这些算法，可实现初步的网络分析功能，为进一步深入学习图与网络分析的理论方法奠定基础。

9.1 图的基本概念与基本定理

自然界和人类社会中，大量的事物以及事物之间的关系，通常可以用图形来描述。例如，为了反映 5 支队伍参加的球类比赛情况，可以用点表示球队，用点间连线表示两支队伍已经进行过比赛，如图 9.1（a）所示；又例如工作分配问题，可用点表示工人与需要完成的工作，点间连线表示每个人可胜任哪些工作，如图 9.1（b）所示。

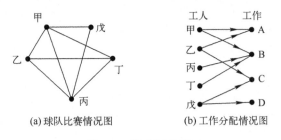

图 9.1 基本网络图

这样的例子很多，物质结构、电路网络、城市规划、交通运输、信息传递、物资调配等也都可以用点和线连接起来的图进行模拟。

通过上面的例子可以看出，这里所研究的图与平面几何中的图不同，这里只关心图中有多少个点，点与点之间有无连线，至于连线的方式是直线还是曲线，点与点的相对位置如何，都是无关紧要的。总之，这里所讲的图是反映对象之间的一种工具，图的理论和方法，就是从形形色色的具体的图以及与它们相关的实际问题中，抽象出共通性，找出其规律、性质、方法，再应用到解决实际问题中去。

9.1.1 图的基本定义及度量指标

定义 9.1：一个图是由点集 $V=\{v_1, \cdots, v_i, \cdots, v_n\}$ 和弧集 $E=\{e_1, \cdots, e_j, \cdots, e_m\}$ 构成的二元组，记为 $G=(V, E)$，V 中的元素 v_i 称为顶点，E 中的元素 e_j 称为边，由 V 中元素的无序对形成。

当 V、E 为有限集合时，G 称为有限图，否则，称为无限图。本章只讨论有限图。让我们通过以下示例，来了解有限图中对网络节点和连边的符号描述形式。

例 9.1 在图 9.2 中，$V=\{v_1, v_2, v_3, v_4, v_5\}$，$E=\{e_1, e_2, e_3, e_4, e_5, e_6\}$，其中，

$$e_1=(v_1, v_1) \quad e_2=(v_1, v_2) \quad e_3=(v_1, v_3)$$
$$e_4=(v_2, v_3) \quad e_5=(v_2, v_3) \quad e_6=(v_3, v_4)$$

若节点 $v_i, v_j \in V$，边 $e_k=(v_i, v_j) \in E$，则称 v_i, v_j 两点相邻，v_i, v_j 称为边 $e_k=(v_i, v_j)$ 的端点。

若两条边 $e_i, e_j \in E$，v_i 为它们的公共端点，则称 e_i, e_j 相邻，边 e_i, e_j 称为点 v_i 的关联边。

用 $M(G)=|E|$ 表示图 G 中边的数量，用 $N(G)=|V|$ 表示图 G 的顶点个数。在不引起混淆情况下简记为 M, N。

对于任意一条边 $e_k=(v_i, v_j) \in E$，如果边 $e_k=(v_i, v_j)$ 端点无序，则它是无向边，此时图 G 称为无向图。图 9.1（a）即为无向图。如果边 (v_i, v_j) 的端点有序，即它表示以 v_i 为起点，v_j 为终点的有向边（或称弧），这时图 G 称为有向图。图 9.1（b）即为有向图。

一条边的两个端点如果相同，称此边为环（自回路）。如图 9.2 中边 e_1。两个点之间多于一条边的情况，称为多重边，如图 9.2 中节点 v_2 和 v_3 之间的两条边 e_4, e_5。有向图中两点之间有不同方向的两条边，不是多重边。

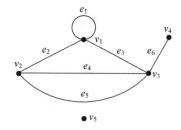

图 9.2 有向图示意图

定义 9.2：不含环和多重边的图称为简单图，含有多重边的图称为多重图。以后我们讨论的图，如不特别说明，都是简单图。

如图 9.3 中的（a），（b）为简单图，（c），（d）为多重图。

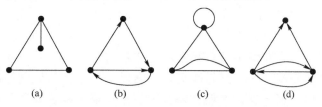

图 9.3 简单图与多重图示意

定义9.3：每一对顶点间都有边相连的无向简单图称为完全图。有 n 个顶点的无向完全图，其边的数量为 C_n^2。

有向完全图则是指每一对顶点间有且仅有一条有向边的简单图。

定义9.4：图 $G(V, E)$ 的点集 V 可以分为两个非空子集 X 和 Y，若满足 $X \cup Y = V$，$X \cap Y = \emptyset$，且连边集 E 中每条边的两个端点必有一个端点属于 X，另一个端点属于 Y，则称 G 为二部图（偶图），有时记作 $G(X, Y, E)$。

接下来，对网络的基本度量指标进行介绍。

对于给定网络模型 $G(V, E)$，当利用复杂网络描述物理信息系统时，节点集 $V(G)$ 表示系统中的组成单元，而连边集 $E(G)$ 则描述系统中各组成单元的信息互通关系。若节点 v_i 与 v_j 之间存在信息交换，则节点 v_i, v_j 之间可定义连边 e_{ij}。以矩阵来表达则满足 $A = [a_{ij}]_{n \times n}$，若存在连边 e_{ij}，则 $a_{ij} = 1$；否则 $a_{ij} = 0$。当网络 G 中任意两节点间连边满足 $e_{ij} = e_{ji}$ 时，网络 $G(V, E)$ 中连边为无向边，对应网络为无向网络；反之，则 $G(V, E)$ 中连边为有向边，对应网络为有向网络。如图9.4所示为上述两种网络类型的结构示意图。

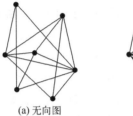 

(a) 无向图　　　　(b) 有向图

图9.4　复杂网络结构示意图

1）节点度与度分布

节点度指数 k_i 体现了任意网络节点附属连边的数目，即对应节点的邻居节点数，其数学表达如下式：

$$k_i = \sum_{j \in N} a_{ij}$$

在有向网络模型中，节点的度数根据其连边指向可划分为两个部分：节点的出度 $k_i^{\text{out}} = \sum_j a_{ij}$ 与节点的入度 $k_i^{\text{in}} = \sum_j a_{ji}$，由此可知有向网络节点的度数应表示为 $k_i = k_i^{\text{in}} + k_i^{\text{out}}$。而与节点度值属性相关的度分布函数 $P(k)$ 则表示任意选取的节点对应度值为 k 的概率，下式为度分布的基本表达形式。

$$P(k) = \frac{N_k}{N}$$

式中：N_k 表示网络中度值为 k 的节点数量；N 为网络规模。

2）最短路径与介数中心性

节点间的距离反映了网络中节点相互连通的最短路径，通常以 d 表示。而平均最短路径则为网络任意节点间的平均最短距离，通常以 L 表示。研究网络的平均最短路径可以分析网络节点的连接紧密度。在航空网络中，平均最短路径体现了各机场间航路的连通状况。L 值越大，说明机场间航路通行难度越高，在设计以信息传输为主的交通网络时，L 值的大小直接影响网络的功能强度。下式给出了 L 值的具体计算方法。

$$L = \frac{1}{N(N-1)} \sum_{i,j \in N, i \neq j} d_{ij}$$

介数中心性阐述了网络中的节点或边的重要性。根据关注点的不同，对介数中心性的研究可分为节点的介数与连边的介数，其中，节点的介数反映了网络中任意节点对之间最短路径通过该节点的比例。下式为网络点介数的求解方法。

$$BC_i = \sum_{s \neq t \neq i} \frac{n_{st}(i)}{n_{st}}$$

式中：n_{st} 为节点对 v_s、v_t 之间存在的最短路径数量；$n_{st}(i)$ 则表示节点 v_i 存在于节点对 v_s、v_t 之间的最短路径的比例。

以此为基础，通过上式可获得节点 v_i 在网络任意节点对间最短路径的比例总和。点介数指标反映了节点对网络模型中物质交换或信息传输的影响力，节点介数值越高，对应节点承担的信息传输任务越重。基于此特性，介数测度被广泛用于定义网络动态失效模型中节点的负载。同理，边介数指标反映网络中任意节点对依靠该连边实现最短路径传输的能力。在交通网络中，以边负载作为动态失效模型的关键更具实际意义，而边介数则成为最有效的负载定义指标。

3）聚类系数

聚类系数反映了网络节点对其邻居节点的凝聚力，在分析小世界网络时常利用其刻画节点内部连接特性。考虑网络任意节点 v_i，给定度值为 k_i，即节点 v_i 存在 k_i 个邻居节点。易知，k_i 个邻居节点间最多可存在 $k_i(k_i-1)/2$ 条连边，在非全连通网络中，邻居节点间的真实连边数通常小于以上数值，而两者的比值则直接反映了节点 v_i 的凝聚力，图论中将这种节点凝聚力特性成为聚类系数。下式给出了节点 v_i 聚类系数 c_i 的计算方法：

$$c_i = \frac{\sum_{j,m} a_{ij} a_{im} a_{mi}}{k_i(k_i - 1)}$$

以此类推，通过对网络各节点聚类系数的计算，可获得网络整体的聚类特性。下式以平均聚类系数 C 来衡量网络整体的凝聚力。

$$C = \frac{1}{N} \sum_{i \in N} c_i$$

4）度相关性

度相关性为二阶网络模型特征，反映了网络节点在确定连边方向时的倾向性。对于网络度相关性的研究，通常采用 Pearson 系数进行衡量。下式给出了度相关性 r 的计算方法。

$$r \equiv \frac{\sum_{j,k} jk[P(j,k) - P_M(j)P_M(k)]}{\sigma_{M,j} \sigma_{M,k}}$$

式中：j, k 为随机选择连边对应的端点；$P(j, k)$ 为端点 j, k 同时选择的联合概率密度；$P_M(j)$ 与 $P_M(k)$ 则为网络连边集合中端点为 j, k 的概率；分母部分为度相关性的归一化计算表达式，其中 $\sigma_{M,j}=\sqrt{\langle j^2\rangle_M-\langle j\rangle_M^2}$，$\sigma_{M,k}=\sqrt{\langle k^2\rangle_M-\langle k\rangle_M^2}$，由此保证了度相关系数 $r\in[-1,1]$。

当 $r=0$ 时，网络节点间连边与度值无关；当 $r>0$ 时，网络节点存在同配关系；当 $r<0$ 时，则为异配。

9.1.2 图与网络的矩阵表示

用矩阵表示图，对研究图的性质及应用常常是比较方便的，图的矩阵表示方法有权矩阵、邻接矩阵、关联矩阵、回路矩阵、割集矩阵等，这里只介绍其中的两种常用矩阵。

定义 9.5：网络（赋权图）$G=(V, E)$，其边 (v_i, v_j) 有权 w_{ij}，构造矩阵 $A=(a_{ij})_{n\times n}$，其中：

$$a_{ij}=\begin{cases}w_{ij}, & (v_i,v_j)\in E\\ 0, & 其他\end{cases}$$

称矩阵 A 为网络 G 的权矩阵。

例 9.2 如图 9.5 所示，其权矩阵为

$$A=\begin{bmatrix}0 & 9 & 2 & 4 & 7\\ 9 & 0 & 3 & 4 & 0\\ 2 & 3 & 0 & 8 & 5\\ 4 & 4 & 8 & 0 & 6\\ 7 & 0 & 5 & 6 & 0\end{bmatrix}$$

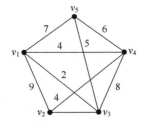

图 9.5 无向图及其权矩阵

定义 9.6：对于图 $G=(V, E)$，$|V|=n$，构造一个矩阵 $A=(a_{ij})_{n\times n}$，其中：

$$a_{ij}=\begin{cases}1, & (v_i,v_j)\in E\\ 0, & 其他\end{cases}$$

则称矩阵 A 为图 G 的邻接矩阵。

例 9.3 对图 9.6 所表示的图可以构造邻接矩阵 A 如下：

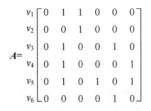
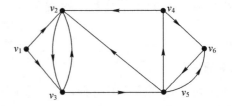

图 9.6 有向图及其邻接矩阵

当 G 为无向图时，邻接矩阵 A 为对称矩阵。

9.1.3 欧拉回路与欧拉图

定义 9.7：连通图 G 中，若存在一条道路，每条边有且仅经过一次，则称这条路为欧拉道路。若存在一条回路，每条边且仅经过一次，则称这条回路为欧拉回路。具有欧

拉回路的图称为欧拉图（E 图）。哥尼斯堡七桥问题就是要在不同连通桥梁和陆地中寻找一条欧拉回路。

定理 9.1：无向连通图 G 是欧拉图，当且仅当 G 中无奇点。

证明：必要性

因为 G 是欧拉图，则存在一条回路，经由 G 中所有边，在这条回路上，顶点可能重复出现，但边不重复。对于图中的任一顶点 v_i，只要在回路中出现一次，必关联两条边，即这条回路沿一条边进入这点，再沿另一边离开这点。所以，v_i 点虽然可以在回路中重复出现，但连接 v_i 的边的数量必为偶数，所以 G 中没有奇点。

充分性：

由于 G 中没有奇点，所以从任一点出发，如从 v_1 点出发，经关联边 e_1 "进入" v_2，由于 v_2 是偶点，则必可由 v_2 经关联边 e_2 进入另一点 v_3，如此进行下去，每边仅取一次。由于 G 图中点数有限，所以这条路不能无休止地走下去，必可走回 v_1，得到一条回路 c_1。

（1）若回路 c_1 经过 G 的所有边，则 c_1 就是欧拉回路；

（2）从 G 中去掉 c_1 后得到子图 G'，则 G' 中每个顶点的次数仍为偶数。因为 G 图是连通图，所以 c_1 和 G' 至少有一个顶点 v_i 重合，在 G' 中从 v_i 出发，重复前面 c_1 的方法，得到回路 c_2。

把 c_1 与 c_2 组合在一起，如果恰是图 G，则得到欧拉回路。否则重复（2）可得回路 c_2，以此类推，由于图 G 中边数有限，最终可得一条经过图 G 所有边的回路，即为欧拉回路。

推论 1 无向连通图 G 为欧拉图，当且仅当 G 的边集可划分为若干个初等回路，即除了第一个点和最后一个点，其余顶点不重复的回路。

推论 2 无向连通图 G 为欧拉道路，当且仅当 G 中恰有两个奇点。

定理 9.2：连通有向图 G 是欧拉图，当且仅当它每个顶点的出次等于入次。

连通有向图 G 有欧拉道路，当且仅当这图中除去两个顶点外，其余每一个顶点的出次等于入次，且这两个顶点中，一个顶点的入次比出次多 1，另一个顶点的入次比出次少 1。

9.2 最小生成树

最小生成树是图论中十分关键的内容，在深入学习最小生成树算法前，我们需要了解以下几个基本的概念。

连通图：在无向图中，若任意两个顶点之间都有路径相通，则称该无向图为连通图。

强连通图：在有向图中，若任意两个顶点之间都有路径相通，则称该有向图为强连通图。

连通网：在连通图中，若图的边具有一定的意义，给每条边都赋予一个数值，称为权；权代表着两个顶点之间连接的代价，这种连通图称为连通网。

生成树：一个连通图的生成树是指一个连通子图，它含有图中全部 n 个顶点，但只有足以构成一棵树的 $n-1$ 条边。一棵有 n 个顶点的生成树有且仅有 $n-1$ 条边，如果生成树中再添加一条边，则必形成环。

通过对连通图、强连通图、连通网以及生成树的概念描述，可基本抽象出最小生成树的概念，即为在连通网的所有生成树中，所有边的代价和最小的生成树，称为最小生成树。

当前求解最小生成树的算法包括 Prim 算法和 Kruskal 算法，两种算法分别从不同角度完成对最小生成树的求解，下面分别对上述两种算法的核心思想和计算步骤进行说明。

9.2.1　Prim 算法

Prim 算法是图论中寻求加权连通图里最小生成树的算法。由此算法搜索到的边子集所构成的树中，不但包括了连通图里的所有顶点，且其所有边的权值之和亦为最小。算法的基本步骤为，先在图中找一个最开始出发的顶点，开始出发，把出发的顶点先放入已遍历的顶点集中，然后找到从这个顶点出发到相邻节点中所有路径花费最小的那条路径，把该路径能到达的顶点也放入已遍历的顶点集中，接着寻找顶点集中所有顶点出发通往未遍历的顶点的路径中最短的那条路径，选择这条路径，再把该路径到达的顶点放入已遍历顶点集中，重复以上操作，直到所有的顶点都已经遍历完毕，算法结束，返回最小的花费。

以图 9.7 中所示无向图为例，用 Prim 算法求最短路的步骤如下。

第一步　选择 v_0 顶点为出发点，将 v_0 顶点放入已经遍历的顶点集合中，图 9.8 中灰色的节点表示已经遍历的顶点。

从 v_0 出发的路径有：

v_0 到 v_1，花费为 6；

v_0 到 v_2，花费为 1；

v_0 到 v_3，花费为 5；

所以 v_0 到 v_2 的路径花费最小，用虚线表示被选择的路径，花费 $\cos t=1$，如图 9.8 所示。

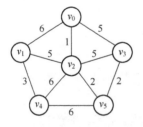 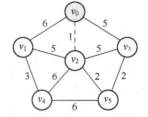

图 9.7　最小生成树计算示意图　　　　图 9.8　最小生成树计算示意图（第一步）

第二步　将顶点 v_2 加入已遍历的顶点集中，此时集合中有顶点 v_0 和顶点 v_2。

从顶点 v_0 出发符合条件的路径有：

v_0 到 v_1，花费为 6；

v_0 到 v_3，花费为 5；

从顶点 v_2 出发符合条件的路径有：

v_2 到 v_1，花费为 5；

v_2 到 v_3，花费为 5；

v_2 到 v_4，花费为 6；

v_2 到 v_5，花费为 4；

所以从 v_2 出发的第四条路径花费最小，选择它，花费为 cos t=1+4=5，如图 9.9 所示。

第三步　将顶点 v_5 加入已遍历的顶点集中，此时集合中有顶点 v_0、顶点 v_2、顶点 v_5。

从顶点 v_0 出发符合条件的路径有：

v_0 到 v_1，花费为 6；

v_0 到 v_3，花费为 5。

从顶点 v_2 出发符合条件的路径有：

v_2 到 v_1，花费为 5；

v_2 到 v_3，花费为 5；

v_2 到 v_4，花费为 6。

从顶点 v_5 出发符合条件的路径有：

v_5 到 v_3，花费为 2；

v_5 到 v_4，花费为 6。

所以从 v_5 出发的 v_5 到 v_3 路径花费最小，选择它，花费 cos t=1+4+2=7，如图 9.10 所示。

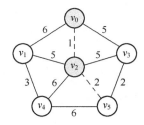
图 9.9　最小生成树计算示意图（第二步）

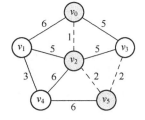
图 9.10　最小生成树计算示意图（第三步）

第四步　将顶点 v_3 加入已遍历的顶点集中，此时集合中有顶点 v_0、顶点 v_2、顶点 v_5、顶点 v_3。

从顶点 v_0 出发符合条件的路径有：

v_0 到 v_1，花费为 6。

从顶点 v_2 出发符合条件的路径有：

v_2 到 v_1，花费为 5；

v_2 到 v_4，花费为 6。

从顶点 v_5 出发符合条件的路径有：

v_5 到 v_4，花费为 6。

从顶点 v_3 出发没有符合条件的路径。

所以从 v_2 出发到顶点 v_1 的路径花费最小，cos t=1+4+2+5=12，如图 9.11 所示。

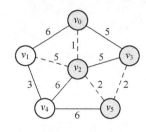

图 9.11　最小生成树计算示意图（第四步）

第五步　此时集合中有顶点 v_0、顶点 v_2、顶点 v_5、顶点 v_3、顶点 v_1。

从顶点 v_1 出发符合条件的路径有：

v_1 到 v_4，花费为 3。

从顶点 v_2 出发符合条件的路径有：

v_2 到 v_4，花费为 6。

从顶点 v_5 出发符合条件的路径有：

v_5 到 v_4，花费为 6。

所以从顶点 v_1 出发到顶点 v_4 的路径花费最小，cos t=1+4+2+5+3=15，如图 9.12 所示。

第六步　此时集合中有顶点 v_0、顶点 v_2、顶点 v_5、顶点 v_3、顶点 v_1、顶点 v_4，所有顶点都已经遍历完毕，算法结束，如图 9.13 所示。求得的最小生成树的最小花费是 15。

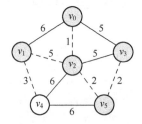　　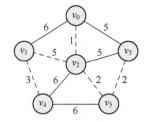

图 9.12　最小生成树计算示意图（第五步）　　图 9.13　最小生成树计算示意图（第六步）

9.2.2　Kruskal 算法

相较于 Prim 算法，Kruskal 算法是从另一途径求网络的最小生成树。其基本思想是：假设连通网 $G=(V, E)$，令最小生成树的初始状态为只有 n 个顶点而无边的非连通图 $T=(V,\{\})$，此时网络中每个顶点自成一个连通分量。在 E 中选择代价最小的边，若该边依附的顶点分别在 T 中不同的连通分量上，则将此边加入到 T 中；否则，舍去此边而选择下一条代价最小的边。依此类推，直至 T 中所有顶点构成一个连通分量为止。

基本思想：按照权值从小到大的顺序选择 $n-1$ 条边，并保证这 $n-1$ 条边不构成回路。

具体做法：首先构造一个只含 n 个顶点的森林，然后依权值从小到大从连通图中选择边加入到森林中，并使森林中不产生回路，直至森林变成一棵树为止。

根据 Kruskal 算法思想设计的 Kruskal 算法函数主要包括两个部分：

（1）带权图 G 中 e 条边的权值排序；

（2）判断新选取边的两个顶点是否属于同一个连通分量。

对带权图 G 中 e 条边的权值的排序方法可以有很多种,各自的时间复杂度均不相同,对 e 条边的权值排序算法时间复杂度较好的算法有快速排序法、堆排序法等,这些排序算法的时间复杂度均可以达到 $O(e)$。判断新选取边的两个顶点是否属于同一个连通分量的问题是一个在最多有 n 个顶点的生成树中遍历寻找新选取的边的两个顶点是否存在的问题,此算法的时间复杂度最坏情况下为 $O(n)$。Kruskal 算法的时间复杂度主要由排序方法决定,而 Kruskal 算法的排序方法只与网中边的条数有关,而与网中顶点的个数无关,当使用时间复杂度为 $O(e\log_2 e)$ 的排序方法时,Kruskal 算法的时间复杂度即为 $O(e\log_2 e)$。因此,当网络的顶点个数较多、而边的条数较少时,使用 Kruskal 算法构造最小生成树效果较好。

例 9.4 若已知各道路长度如图 9.14 所示,各边上的数字表示距离,问如何拉线才能使用线最短。这就是一个最小生成树问题,用 Kruskal 算法求解。

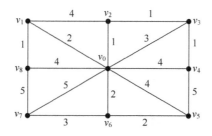

图 9.14 道路长度示意图

解: 首先,将网络中各弧按权重从小到大进行排序:$v_0v_2=1$,$v_1v_8=1$,$v_2v_3=1$,$v_3v_4=1$,$v_0v_1=2$,$v_0v_6=2$,$v_5v_6=2$,$v_0v_3=3$,$v_6v_7=3$,$v_0v_4=4$,$v_0v_5=4$,$v_0v_8=4$,$v_1v_2=4$,$v_0v_7=5$,$v_4v_5=5$,$v_7v_8=5$。

其次,各节点自成连通分量。按权重由小到大将边接入节点,相连节点合并为一个连通分量。若新接入的边其两端节点属于同一连通分量,则取消连接,继续尝试下一连边,直到所有节点形成一个连通图。如图 9.15 所示。

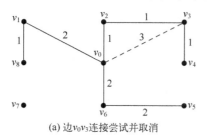
(a) 边 v_0v_3 连接尝试并取消

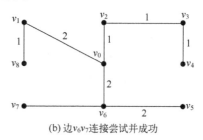
(b) 边 v_6v_7 连接尝试并成功

图 9.15 最小支持树连接图

如图 9.15(a)所示,当连接到边 v_0v_3 时,此时节点 v_0,v_1,v_2,v_3,v_4,v_5,v_6,v_7,v_8 均在同一连通分量当中,即边 v_0v_3 的两端节点 v_0,v_3 在同一连通分量,因此,边 v_0v_3 取消连接。继续进行下一连边 v_6v_7 的尝试。此时,边 v_6v_7 的一端节点 v_7 和节点 v_6 并不属于一个连通分量,因此,连接边 v_6v_7 形成图 9.15(b)。此时,所有节点均属于同一连通分量,实现最小支撑树。

9.2.3 通信节点线路架设

【问题描述】

根据战备通信网络架设的需要，将构建一个涵盖 139 个节点的通信网络，各节点坐标根据实际给定，从经济性角度考虑，如何进行线路部署，才能实现最优经济方案下的网络联通。

为了便于分析，不考虑地理环境对架设的影响。因此，经济性指标下最优经济性方案等价为线路总长最短的部署方案。将各节点之间的距离作为连边的权值，则此时的分析可以认为是构造最小生成树。

【求解算法】

基于 Kruskal 算法。假设通信网图 $G=(V, E)$，其初始状态为只有 139 个顶点而无边的非连通图 $T=(V,\{\})$。根据经纬坐标计算两两节点之间的距离，以距离等价经费投入，得到全网络连边权值。在集合 E 中选择代价最小的边，若该边依附的顶点分别在 T 中不同的连通分量上，则将此边加入到 T 中；否则，舍去此边而选择下一条代价最小的边。按照权值从小到大的顺序选择 $n-1$ 条边，并保证这 $n-1$ 条边不构成回路。函数主要包括两个部分：

（1）带权图 G 中 e 条边的权值排序；
（2）判断新选取边的两个顶点是否属于同一个连通分量。

【算法代码】

```
[coordinates,IDs,raw] = xlsread('coordinates.xlsx')     %读取139个城市的经纬度坐标
coordinates = coordinates/180*pi;           %度数转化为弧度
[N,i]=size(coordinates);                    %初始化邻接矩阵，N是点的数量
G = zeros(N);
R=6371000;                                  %地球半径
for i=1:N
    for j=1:N
        wA = coordinates(i,2);              %赋值节点 A 的维度信息
        jA = coordinates(i,1);              %赋值节点 A 的经度信息
        wB = coordinates(j,2);              %赋值节点 B 的维度信息
        jB = coordinates(j,1);              %赋值节点 B 的经度信息
        G(i,j) = sqrt(R*abs(wA-wB) *R*abs(wA-wB) + R*abs(jA-jB) *R*abs(jA-jB));
                                            %计算 A、B 两点之间距离
    end
end
sG = sparse(G);         %转换为稀疏矩阵
[ST,pred] = graphminspantree(sG);           %求最小生成树，记录到 ST 中
[i,j,k]=find(ST);
Cost = sum(k);          %总费用
```

view(biograph(ST,IDs,'ShowArrows','off','ShowWeights','on','ShowTextInNodes','ID'))
%画出最小生成树

通过对通信网络线路铺设问题的分析，采用 Kruskal 算法进行求解，代码编写采用 C++平台，完成对实例的计算。通过迭代计算的形式，实现了对网络最小生成树的构建。读者亦可采用 Prim 算法对上述实例进行求解，并结合本章中两种算法的求解思路分析其算法实现的流程区别和计算复杂度的差异。

9.3 最短路径问题

最短路问题是网络理论中应用最广泛的问题之一。许多优化问题都可以使用这个模型，如设备更新、管道铺设、线路安排、厂区布局等。

最短路问题一般提法如下：设 $G=(V, E)$ 为连通图，图中各边 $\{(v_i, v_j), v_i, v_j \in V\}$ 有权值 l_{ij}（$l_{ij}=\infty$ 表示 v_i, v_j 间无连边），求一条道路 μ，使它是从 v_i 到 v_j 的所有路中总权最小的路即有

$$L(\mu) = \min \sum_{i,j \in \mu} l_{ij}$$

有些最短路问题也可以是求网络中某指定点到其余所有节点的最短路或求网络中任意两点间的最短路。下面介绍两种算法，可分别用于求解这几种最短路问题。

9.3.1 Dijkstra 算法

本算法由 Dijkstra 于 1959 年提出，可用于求解指定两点 v_i、v_j 间的最短路，或从指定点 v_i 到其余各点的最短路，目前被认为是求无负权网络最短路问题的最好方法。算法的基本思路基于贝尔曼最优化原理：若序列 $\{v_i, v_{i+1}, \cdots, v_{n-1}, v_n\}$ 是从 v_i 到 v_n 的最短路，则序列 $\{v_i, v_{i+1}, \cdots, v_{n-1}\}$ 必为从 v_s 到 v_{n-1} 的最短路。

下面给出 Dijkstra 算法基本步骤，采用标号法。可用两种标号：T 标号与 P 标号。T 标号为试探性标号（Tentative Label），给 v_i 点一个 T 标号时，表示从起点 v_0 到 v_i 点的已探索的路线中最短路权，反映的是从起点 v_0 到 v_i 点的最短路权的上界值，是一种临时标号；P 为永久性标号（Permanent Label），给点 v_i 一个 P 标号时，表示从起点 v_0 到 v_i 点的最短路权已经确认，v_i 点的标号不再改变。凡没有得到 P 标号的点都用 T 标号。算法每一步都把某一点的 T 标号改为 P 标号，当终点 v_n 得到 P 标号时，计算结束。对有 n 个顶点的图，最多经 $n-1$ 步就可以得到从起点到终点的最短路。

具体求解步骤如下。

Step1：初始化各节点参数，标号起点 v_s 为 $P(v_s)=0$，其余各点均给 T 标号，$T(v_i)=+\infty$。

Step2：若点 v_i 为新的 P 标号的点，以 v_i 为参考点，考虑这样的点 v_j 有 $(v_i, v_j) \in E$，且 v_j 为 T 标号。对 v_j 的 T 标号进行如下的调整得 $T(v_j)=\min[T(v_j), P(v_i)+l_{ij}]$。

Step3：比较所有具有 T 标号的点，把取值最小者更改为 P 标号，即有 $P(v_i)=\min T(v_i)$。当存在两个以上最小者时，可同时改为 P 标号。若全部点均为 P 标号则停止，否则

转回 Step2。

例 9.5 用 Dijkstra 算法求图 9.16 中 v_1 点到 v_8 点的最短路。

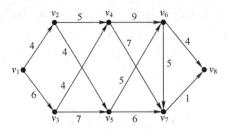

图 9.16 最短路径问题示意图

解：首先给起始点 v_1 以 P 标号，$P(v_1)=0$，给其余所有点以 T 标号。

$$T(v_i)=+\infty, \quad i=2, 3, \cdots, 8$$

由于 (v_1, v_2)，(v_1, v_3) 边属于 E，且 v_2，v_3 为 T 标号，所以修改这两个点的标号赋值：

$$T(v_2)=\min[T(v_2), P(v_1)+l_{12}]=\min[+\infty, 0+4]=4$$

$$T(v_3)=\min[T(v_3), P(v_1)+l_{13}]=\min[+\infty, 0+6]=6$$

比较所有 T 标号取值，$T(v_2)$ 最小，所以令 $P(v_2)=4$。完成第 1 轮计算，得到表 9.1。

表 9.1 Dijstra 计算流程表 1

节点	v_1	v_2	v_3	v_4	v_5	v_6	v_7	v_8	
P/T 值	0	$+\infty$	$+\infty$	$+\infty$	$+\infty$	$+\infty$	$+\infty$	$+\infty$	初始化
T 值		4	6	$+\infty$	$+\infty$	$+\infty$	$+\infty$	$+\infty$	第 1 轮计算
P 值	0	4							
前序点		v_1							

表 9.1 中"前序点"指该节点取得距离起始点最短路径的节点序列中的前一连接点。v_2 为刚得到 P 标号的点，考察边 (v_2, v_4)，(v_2, v_5) 的端点以 v_2，v_5 为 T 标号。

$$T(v_4)=\min[T(v_4), P(v_2)+l_{24}]=\min[+\infty, 4+5]=9$$

$$T(v_5)=\min[T(v_5), P(v_2)+l_{25}]=\min[+\infty, 4+4]=8$$

比较所有 T 标号，$T(v_3)$ 最小，所以令 $P(v_3)=6$。完成第 2 轮计算，得到表 9.2。

表 9.2 Dijstra 计算流程表 2

节点	v_1	v_2	v_3	v_4	v_5	v_6	v_7	v_8	
T 值		4	6	9	8	$+\infty$	$+\infty$	$+\infty$	第 2 轮计算
P 值	0	4	6						
前序点		v_1	v_1						

考虑点 v_3 有：

$$T(v_4)=\min[T(v_4), P(v_3)+l_{34}]=\min[9, 6+4]=9$$

$$T(v_5)=\min[T(v_5), P(v_3)+l_{35}]=\min[8, 6+7]=8$$

全部 T 标号中，$T(v_5)$ 最小，令 $P(v_5)=8$。完成第 3 轮计算，得到表 9.3。

表 9.3　Dijstra 计算流程表 3

节点	v_1	v_2	v_3	v_4	v_5	v_6	v_7	v_8	
T 值		4	6	9	8	$+\infty$	$+\infty$	$+\infty$	第 3 轮计算
P 值	0	4	6		8				
前序点		v_1	v_1		v_2				

考察 v_5 有：

$$T(v_6)=\min[T(v_6), P(v_5)+l_{56}]=\min[+\infty, 8+5]=13$$

$$T(v_7)=\min[T(v_7), P(v_5)+l_{57}]=\min[+\infty, 8+6]=14$$

全部 T 标号中，$T(v_4)$ 最小，令 $P(v_4)=9$。完成第 4 轮计算，得到表 9.4。

表 9.4　Dijstra 计算流程表 4

节点	v_1	v_2	v_3	v_4	v_5	v_6	v_7	v_8	
T 值		4	6	9	8	13	14	$+\infty$	第 4 轮计算
P 值	0	4	6	9	8				
前序点		v_1	v_1	v_2	v_2				

考察 v_4 有：

$$T(v_6)=\min[T(v_6), P(v_4)+l_{46}]=\min[13, 9+9]=13$$

$$T(v_7)=\min[T(v_7), P(v_4)+l_{47}]=\min[14, 9+7]=14$$

全部 T 标号中，$T(v_6)$ 最小，令 $P(v_6)=13$。完成第 5 轮计算，得到表 9.5。

表 9.5　Dijstra 计算流程表 5

节点	v_1	v_2	v_3	v_4	v_5	v_6	v_7	v_8	
T 值		4	6	9	8	13	14	$+\infty$	第 5 轮计算
P 值	0	4	6	9	8	13			
前序点		v_1	v_1	v_2	v_2	v_5			

考察 v_6 有：

$$T(v_7)=\min[T(v_7), P(v_6)+l_{67}]=\min[14, 13+5]=14$$

$$T(v_8)=\min[T(v_8), P(v_6)+l_{68}]=\min[+\infty, 13+4]=17$$

全部 T 标号中，$T(v_7)$ 最小，令 $P(v_7)=14$。完成第 6 轮计算，得到表 9.6。

表 9.6　Dijstra 计算流程表 6

节点	v_1	v_2	v_3	v_4	v_5	v_6	v_7	v_8	
T 值		4	6	9	8	13	14	17	第 6 轮计算
P 值	0	4	6	9	8	13	14		
前序点		v_1	v_1	v_2	v_2	v_5	v_5		

考察 v_7 有：

$$T(v_8)=\min[T(v_8), P(v_7)+l_{78}]=\min[17, 14+1]=15$$

因只有一个 T 标号 $T(v_8)$，令 $P(v_8)=15$，计算结束。完成第 7 轮计算，得到表 9.7。

表 9.7　Dijstra 计算流程表 7

节点	v_1	v_2	v_3	v_4	v_5	v_6	v_7	v_8	
T 值		4	6	9	8	13	14	15	第 7 轮计算
P 值		4	6	9	8	13	14	15	
前序点		v_1	v_1	v_2	v_2	v_5	v_5	v_7	

根据表 9.7 前序点所在行进行反推，得到起始点 v_1 到终点 v_8 之间的最短路径为 $v_1 \rightarrow v_2 \rightarrow v_5 \rightarrow v_7 \rightarrow v_8$，最短路程为 $P(v_8)=15$，同时也得到 v_1 点到其余各点的最短路。

需要提醒读者注意的是，这个算法只适用于全部权值为非负情况。如果某边上存在权为负值，则算法的第 3 步无法实现，将导致算法失效。这从一个简单例子就可以看到，计算图 9.17 中 $v_2 \rightarrow v_3$ 的最短路径，我们按 Dijkstra 算法得到从 $v_2 \rightarrow v_3$ 的距离为 $T(v_3)=5$，从 $v_2 \rightarrow v_1$ 的距离为 $T(v_1)=8$，因此，从 $v_2 \rightarrow v_3$ 的最短距离应该满足 $P(v_3)=5$。显然，从 $v_2 \rightarrow v_1 \rightarrow v_3$ 的距离只有 3，是比 $P(v_3)=5$ 更短的距离。

最短路问题在图论应用中处于很重要的地位，下面举两个实际应用的例子。

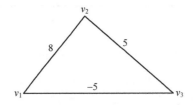

图 9.17　最短路问题计算结果示意图

例 9.6　设备更新问题

某工厂使用一台设备，每年年初工厂都要做出决定，如果继续使用旧的，需要支付维修费；若购买一台新设备，需要支付购买费。试制定一个 5 年的更新计划，使总支出费用最少。

已知设备在各年的购买费及不同机器役龄时的残值与维修费，如表 9.8 所示。

表 9.8　设备购置费及维护费数据表

	第 1 年	第 2 年	第 3 年	第 4 年	第 5 年
购买费	11	12	13	11	11
工作年限	0～1	1～2	2～3	3～4	4～5
维修费	5	6	8	11	18
残值	4	3	2	1	0

解：把这个问题转化为最短路问题。

用点 v_i 表示第 i 年年初购进一台新设备，虚设一个点 v_6，表示第 5 年年底。

边 (v_i, v_j) 表示第 i 年初购进的设备一直使用到第 j 年年初（即第 $j-1$ 年年底）。

边 (v_i, v_j) 上的数字表示第 i 年初购进设备，一直使用到第 j 年初所需支付的购买、维修的全部费用（可由表计算得到）。例如 (v_1, v_4) 边上的 28 是第 1 年初购买费 11 加上 3 年的维修费 5、6、8,减去 3 年役龄机器的残值 2;(v_2, v_4)边上的 20 是第 2 年初购买费 12 减去机器残值 3 与使用 2 年维修费 5、6 之和,如图 9.18 所示。

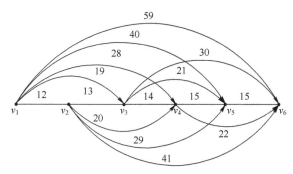

图 9.18 设备更新问题最短路图形描述

这样设备更新问题就变为求从 v_1 到 v_6 的最短路问题,计算结果表明:$v_1 \rightarrow v_3 \rightarrow v_6$ 为最短路,路长为 49。即在第 1 年、第 3 年初各购买一台新设备为最优决策,这时 5 年的总费用最低为 49。

例 9.7 原料选用问题

某淀粉厂生产淀粉的原料可以为玉米、稻米和甘薯。在淀粉每月产量一定的情况下,三种不同原料前半年的采购费用随月份变化,如表 9.9 所示。每月初做计划确定本月采用何种原料,改变原料须更换生产设备,每次更换生产设备需费用 1 万元。如何安排使总费用最少。

表 9.9 不同月份采购费用表 单位: 万元

原材料	1月	2月	3月	4月	5月	6月
玉米	2	3	4	4	3	3
稻米	4	3	2	2	2	2
甘薯	4	4	5	5	1	1

解:把这个问题化为最短路问题。

以 v_0 为起点,用点 $v_{x,i}$ 表示第 i 个月购进的原材料为 x,其中 $x=1$、2、3 分别表示玉米、稻米和甘薯。边有两类,一类表达式是($v_{x,i}$, $v_{x,i+1}$)表示第 i 个月购进的原材料为 x,第 $i+1$ 个月购进的原材料仍为 x,边上的数字表示对应的采购价格;另一类是($v_{x,i}$, $v_{y,i}$)表示第 i 个月购进的原材料为 x,第 $i+1$ 个月计划购进的原材料为 y,需要进行设备的更换,因此,边上的数字表示更换生产设备所需费用。

如图 9.19 所示,(v_0, $v_{1,1}$), ($v_{1,5}$, v_6)分别表示 1 月、2 月和 6 月购买玉米原料,其上数值即为当月购买玉米原料所需费用;双向边如边($v_{3,1}$, $v_{1,1}$)表示由甘薯向玉米生产转换,其上数值为更换生产设备更换费用。

这样原料选用题就变为:求从 v_0 到 v_6 的最短路问题,计算结果表明:$v_0 \rightarrow v_{1,1} \rightarrow v_{1,2} \rightarrow v_{2,2} \rightarrow v_{2,3} \rightarrow v_{2,4} \rightarrow v_{3,4} \rightarrow v_{3,5} \rightarrow v_6$ 为最短路,总费用为 13 万元。其含义为若从 1 月开始生产期为半年,则 1、2 月选用玉米为原料;2 月末更换生产设备,3、4 月选用稻米为原料;4 月末更换生产设备,4、5、6 月选用甘薯为原料,所需总费用为 13 万元。

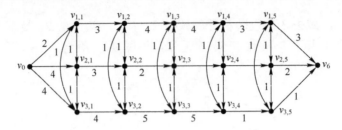

图 9.19 原料选用问题最短路图形描述

9.3.2 Floyd 算法

某些问题中，要求网络上任意两点间的最短路。这类问题可以用 Dijkstra 算法依次改变起点的办法计算，但比较繁琐。这里介绍的 Floyd 算法（1962 年）可直接求出网络中任意两点间的最短路，并且 Floyd 算法允许有负权值的边，但不能有负权值边组成的回路。

为计算方便，令网络的权矩阵为 $\boldsymbol{D}=(d_{ij})_{n\times n}$，$l_{ij}$ 为 v_i 到 v_j 的距离。其中：

$$d_{ij}=\begin{cases}l_{ij}, & 当(v_i,v_j)\in E\\ \infty, & 其他\end{cases}$$

Step1：输入初始权矩阵 $\boldsymbol{D}^{(0)}=\boldsymbol{D}$。

Step2：计算 $\boldsymbol{D}^{(k)}=(d_{ij}^{(k)})_{n\times n}$，$k=1,2,\cdots,n$，其中，$d_{ij}^{(k)}=\min\left[d_{ij}^{(k-1)},d_{ik}^{(k-1)}+d_{kj}^{(k-1)}\right]$

Step3：$\boldsymbol{D}^{(n)}=(d_{ij}^{(n)})_{n\times n}$ 中元素 $d_{ij}^{(n)}$ 就是 v_i 到 v_j 的最短路长。

例 9.8 求图 9.20 所示的图 G 中任意两点间的最短路。

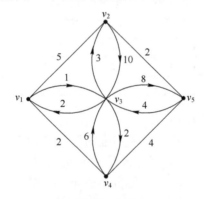

图 9.20 最短路求解示意图（Floyd 算法）

解：图中有 4 条无向边，每条均可化为两条方向相反的有向边。则：

$$\boldsymbol{D}=\boldsymbol{D}^{(0)}=\begin{bmatrix}0 & 5 & 1 & 2 & \infty\\ 5 & 0 & 10 & \infty & 2\\ 2 & 3 & 0 & 2 & 8\\ 2 & \infty & 6 & 0 & 4\\ \infty & 2 & 4 & 4 & 0\end{bmatrix}\begin{matrix}v_1\\v_2\\v_3\\v_4\\v_5\end{matrix}\quad \boldsymbol{D}^{(1)}=\begin{bmatrix}0 & 5 & 1 & 2 & \infty\\ 5 & 0 & ⑥ & ⑦ & 2\\ 2 & 3 & 0 & 2 & 8\\ 2 & ⑦ & ③ & 0 & 4\\ \infty & 2 & 4 & 4 & 0\end{bmatrix}$$

$$\quad\quad\quad\quad v_1\ v_2\ v_3\ v_4\ v_5$$

由于 $d_{ij}^{(1)} = \min[d_{ij}^{(0)}, d_{i1}^{(0)} + d_{1j}^{(0)}]$ 表示从 v_i 点到 v_j 点或直接有边或借 v_1 点为中间点时的最短路长。圆圈中元素为更新的元素。

$$D^{(2)} = \begin{bmatrix} 0 & 5 & 1 & 2 & ⑦ \\ 5 & 0 & 6 & 7 & 2 \\ 2 & 3 & 0 & 2 & ⑤ \\ 2 & 7 & 3 & 0 & 4 \\ ⑦ & 2 & 4 & 4 & 0 \end{bmatrix} \quad D^{(3)} = \begin{bmatrix} 0 & ④ & 1 & 2 & ⑥ \\ 5 & 0 & 6 & 7 & 2 \\ 2 & 3 & 0 & 2 & 5 \\ 2 & ⑥ & 3 & 0 & 4 \\ ⑥ & 2 & 4 & 4 & 0 \end{bmatrix}$$

$d_{ij}^{(2)}$ 与 $d_{ij}^{(3)}$ 分别表示从 v_i 到 v_j 最多经 2 个与 3 个中间点 v_1，v_2 与 v_1，v_2，v_3 的最短路长。

$$D^{(4)} = \begin{bmatrix} 0 & 4 & 1 & 2 & 6 \\ 5 & 0 & 6 & 7 & 2 \\ 2 & 3 & 0 & 2 & 5 \\ 2 & 6 & 3 & 0 & 4 \\ 6 & 2 & 4 & 4 & 0 \end{bmatrix} \quad D^{(5)} = \begin{bmatrix} 0 & 4 & 1 & 2 & 6 \\ 5 & 0 & 6 & ⑥ & 2 \\ 2 & 3 & 0 & 2 & 5 \\ 2 & 6 & 3 & 0 & 4 \\ 6 & 2 & 4 & 4 & 0 \end{bmatrix}$$

由于 $d_{ij}^{(5)}$ 表示从 v_i 点到 v_j 点，最多经由中间点 v_1，v_2，$\cdots$，v_5 的所有路中的最短路长，所以 $D^{(5)}$ 就给出了任意两点间不论几步到达的最短路长。

如果希望计算结果不仅给出任意两点的最短路长，而且给出具体的最短路径，则在运算过程中要保留下标信息，即 $d_{ik}+d_{kj}=d_{ikj}$ 等。

如上例中以 $D^{(1)}$ 的 $d_{23}=6$ 是由 $d_{21}^{(0)}+d_{13}^{(0)}=5+1=6$ 得到的，所以 $d_{23}^{(1)}$ 可写为 6_{231}，而 $d_{35}^{(2)}=5$ 是由 $d_{32}^{(1)}+d_{25}^{(1)}=3+2=5$ 得到的，所以 $d_{35}^{(2)}$ 可写为 5_{325}，而 $D^{(5)}$ 中的 $d_{15}^{(3)}=5$，是由 $d_{13}^{(1)}+d_{33}^{(2)}=1+5=6$ 得到的，而 $d_{35}^{(2)}=5_{325}$，所以 $d_{15}^{(3)}$ 可写为 6_{1235} 等。

由此：

$$D^{(5)} = \begin{bmatrix} 0 & 4_{132} & 1_{13} & 2_{24} & 6_{1325} \\ 5_{21} & 0 & 6_{213} & 6_{254} & 2_{25} \\ 2_{31} & 3_{32} & 0 & 2_{34} & 5_{325} \\ 2_{41} & 6_{4132} & 3_{413} & 0 & 4_{45} \\ 6_{531} & 2_{52} & 4_{53} & 4_{54} & 0 \end{bmatrix}$$

上述两种优化算法均为经典的最短路求解算法，是针对不同网络权值特征下的求解流程进行优化设计的算法。读者在了解经典算法的基础上，能更加深入地理解标号法及贝尔曼最优化原理的核心思想，对进一步深入学习最短路优化问题和对算法进行改进具有重要作用。

9.3.3 算法的 MATLAB 实现

【问题描述】

某市医院为了更好地实现紧急救护服务，针对全市的交通路线情况决定定制一套救助路线规划系统，以便救护车司机可以精准应对全市每个区的紧急救助需求。根据交通数据建立权重矩阵，以各交叉路口为节点进行序列编号，若两节点之间存在直接的道路连通，则以距离为权值进行赋值，没有直接相连的节点之间的权值记为无穷大，制定全市交通道路线路网络图，进行最优路线设计。

【求解算法】

该问题是一个单源最短路径问题，即在图中求出给定顶点到其他任一顶点的最短路径。在弄清楚如何求算单源最短路径问题之前，必须弄清楚最短路径的最优子结构性质。

1）最短路径的最优子结构性质

该性质描述为：如果 $P(i,j)=\{v_i, \cdots, v_k, \cdots, v_s, \cdots, v_j\}$ 是从顶点 v_i 到 v_j 的最短路径，v_k 和 v_s 是这条路径上的中间顶点，那么 $P(k,s)$ 必定是从 v_k 到 v_s 的最短路径。

2）Dijkstra 算法

为求出最短路径，Dijkstra 提出了以最短路径长度递增，逐次生成最短路径的算法。对于源顶点 v_0，首先选择其直接相邻的顶点中长度最短的顶点 v_i，那么当前可得从 v_0 到达 v_i 顶点的最短距离 $dist[j]=\min(dist[j], dist[i]+matrix[i][j])$。根据这种思路，假设存在图 $G=<V, E>$，源顶点为 v_0，$U=\{v_0\}$，$dist[i]$ 记录 v_0 到 v_i 的最短距离，$path[i]$ 记录实现从 v_0 到 v_i 最短路径序列的 v_i 前面的一个顶点。

（1）从 $V\sim U$ 中选择使 $dist[i]$ 值最小的顶点 v_i，将 v_i 加入到 U 中；

（2）更新从 v_i 直接相邻顶点的 $dist$ 值，$dist[j]=\min(dist[j], dist[i]+matrix[i][j])$；

（3）直到 $U=V$，停止。

【算法代码】

```
#include <stdio.h>
#include<algorithm>
#define Max 0x3f3f3f3f
#define RANGE 101
int cost[RANGE] [RANGE];
int d[RANGE];
bool used[RANGE];
int n,m                        %定义城市数量
using namespace std;
void Dijkstra( int s)          %开始最短路算法
{
    int I,v,u;
    for(i=1;i<=n;++i)          %计算出发点到其余城市距离
    {
        used[i]=false;         %将城市定义为未到达
        d[i]=cost[1][i];       %计算出发点到该城市的欧氏距离
    }
    d[s]=0;
```

```
      while(true)
      {
        v=-1;                  %到达城市初始化，取-1 表示未选择
        for(u=1;u<=n,++u)
           if(!used[u]&&(v==-1||d[u]<d[v]))    %判断城市 u 为访问，v 未赋值或相比
                                                城市 u 距离更远
            v=u;              %将城市 u 序号赋值给 v
        if(v==-1)break;        %若没有未赋值城市，则跳出循环
        used[v]=true;          %将城市 v 定义为已到访
        for(u=1;u<=n;++u)
           d[u]=min(d[u],d[v]+cost[v][u]);    %比较从出发点到达 u 和经过 v 到达 u
                                               距离的最小值并进行赋值
      }
    }
   int main()
   {
      int A,B,C,I,j;
      while(scanf("%d%d",&n,&m))
      {
        if(!n&&!m) break;
        for(i=1;i<=n;++i)
          for(j=1;j<=I;++j)
             if(i==j) cost[i][j]=0;            %定义相同城市间距离为 0
             else cost[i][j]=cost[j][i]=MAX;   %定义不同城市间距离为 MAX
        for(i=0;i<m;++i)
        {
          scanf("%d%d%d",&A,&B,&C);
          cost[A][B]= cost[B][A]=C;
        }
        Dijkstra(1);                %运用狄克斯特拉算法计算最短距离
        Printf("%d\n",d[n]);
      }
      Return 0;
   }
```

通过对最短路问题的分析，采用 Dijkstra 算法进行求解，代码编写采用 C++平台，完成对实例的计算。代码编写的思想来源于贝尔曼最优化原理，在编写过程中，结合动态规划思想，采用迭代计算的形式，实现了对网络中任意两节点间的最短路进行求解，并得到最短路的路权。读者亦可采用 Floyd 算法对上述实例进行求解，并结合本章中两

种算法的求解思路分析其算法实现的流程区别和计算复杂度的差异。

9.4 最大流问题

前面章节针对以网络图为基础的最小生成树及最短路问题进行了深入分析，探索了以边权和网络拓扑结构为核心的网络优化问题。然而，在分析由网络刻画的现实世界中，在网络节点和连边上的负载及流量匹配问题也是网络优化研究和线性规划中十分重要的研究方向。为此，本节将讲解网络优化研究中的另一个重要问题——最大流问题。

9.4.1 问题描述

最大流问题（Maximum Flow Problem）是一种组合最优化问题，就是讨论如何充分利用装置的能力，使得运输的流量最大，以取得最好的效果。20 世纪 50 年代福特、福克逊建立的"网络流理论"，是网络应用的重要组成部分。考虑到最大流问题与最短路问题同属网络优化分析中的关键问题且均从网络的基本定义出发，在构建最大流问题模型并学习求解算法前，首先要明确如何定义最大流问题。

定义 9.8：给定有向图 $G=(V, E)$，V 为网络中节点集，E 为网络中连边（又称弧）集，对于每一条有向弧，均能在网络中找到节点对 v_i 和 v_j，以 $v_i \to v_j$ 表示有向弧由节点 v_i 指向 v_j，以 v_i 表示发点，以 v_j 表示收点，以 c_{ij} 表示有向弧的权重（容量）。可定义满足以上描述的有向图 G 为网络，记作

$$G=(V, E, C) \tag{9.1}$$

所谓网络上的流，是指途经网络中各有向弧上的流量，又称为弧上的负载，用函数 $f_{ij}=f(v_i, v_j)$ 表示。其中，有向弧能够承担的最大负载即为有向弧的容量。求解最大流问题，实际上是判断在满足有向弧容量条件下的流量最大路径方案。从最优化理论角度来看，是要建立优化模型的目标函数和约束条件，其中目标函数明确了最优路径方案的评价标准（即流量最大），而约束条件则是判断各路径方案是否可行的基础。也就是，先求解网络中满足有向弧容量的可行流路径方案，再从中寻找流量最大的路径方案的过程。

定义 9.9：满足下述条件的流 f 称为可行流。

（1）容量限制条件。对每一弧 $(v_i, v_j) \in E$ 必须满足

$$0 \leqslant f_{ij} \leqslant c_{ij}$$

（2）平衡条件。

对于中间点，流出量等于流入量，即对每个 $i \neq s$, $i \neq t$ 有

$$\sum_{(v_i, v_j) \in A} f_{ij} - \sum_{(v_j, v_i) \in A} f_{ji} = 0 \tag{9.2}$$

对于发点 v_s，记为

$$\sum_{(v_s, v_j) \in A} f_{ij} - \sum_{(v_j, v_s) \in A} f_{js} = v(f) \tag{9.3}$$

对于收点 v_t，记为

$$\sum_{(v_t,v_j)\in A} f_{tj} - \sum_{(v_j,v_t)\in A} f_{jt} = -v(f) \tag{9.4}$$

式中：$v(f)$为网络流中可行流的流量，即发点或收点的流量输出或输入量。

根据上述分析，即可给出最大流问题的具体定义，即求一组流$\{f_{ij}\}$使网络流量$v(f)$达到最大，其目标函数与约束条件为

$$\max Z = v(f) \tag{9.5}$$

$$\text{s.t} \quad 0 \leqslant f_{ij} \leqslant c_{ij} \quad (v_i, v_j) \in V$$

$$\sum_{(v_i,v_j)\in V} f_{ij} + \sum_{(v_i,v_j)\in V} f_{ji} = \begin{cases} v(f), & i=s \\ 0, & i \neq s,t \\ -v(f), & j=t \end{cases} \tag{9.6}$$

可以看出，最大流问题也是线性规划问题。考虑到最大流问题可以采用网络图的形式进行描述，因此结合图上作业和线性规划方法可以更为直观地分析和求解这类问题。

在正式学习最大流问题求解方法前，需要先明确增广链、截集和截量的概念。

1）增广链

若给一个可行流$f=\{f_{ij}\}$，将不同流量的弧分类为

（1）饱和弧，弧上流量满足$f_{ij}=c_{ij}$；

（2）非饱和弧，弧上流量满足$f_{ij}<c_{ij}$；

（3）零流弧，弧上流量为零$f_{ij}=0$；

（4）非零流弧，弧上流量不为零$f_{ij}>0$。

在图上分析时，可以根据有向弧上的流量和容量间大小关系判断网络弧的类型。给定u为网络中连接发点v_s和收点v_t的一条有向链，且流量的方向为$v_s \rightarrow v_t$，若有向弧和上述链同向，则称为前向弧，记为u^+，反之则为反向弧，记为u^-。

定义9.10：设f是一可行流，u是从v_s到v_t的一条链，若u满足下列条件，称为增广链。

（1）正向弧$(v_i, v_j) \in u^+$满足$0 \leqslant f_{ij} < c_{ij}$，即$u^+$中每一条弧是非饱和弧；

（2）反向弧$(v_i, v_j) \in u^-$满足$0 < f_{ij} \leqslant c_{ij}$，即$u^-$中每一条弧是非零流弧。

2）截集与截量

构建二部图(S, T)，满足$S, T \subset V, S \cap T = \varnothing$，网络所有弧的起始点在$S$中，终点在$T$中。

定义9.11：给定图$G=(V, E, C)$，若点集V被剖分为两个非空集合V_1和$\overline{V}_1$，使$s \in V_1$，$t \in \overline{V}_1$，则把弧集$(V_1, \overline{V}_1)$称为截集。截集反映的是从v_s到v_t的必经之道。

定义9.12：给一截集$(V_1, \overline{V}_1)$，把截集$(V_1, \overline{V}_1)$中所有弧的容量之和称为截集$(V_1, \overline{V}_1)$的容量，即截量，记为$c(V_1, \overline{V}_1)$。

$$c(V_1, \overline{V}_1) = \sum_{(v_i, v_j) \in (V_1, \overline{V}_1)} c_{ij} \tag{9.7}$$

任何一个可行流的流量$v(f)$满足

$$v(f) \leqslant c(V_1, \overline{V}_1) \tag{9.8}$$

显然，若对于一个可行流，网络中的一个截集，使 $v(f^*)=c(V_1^*,\overline{V_1^*})$，则 f^* 必是最大流，而 $(V_1^*,\overline{V_1^*})$ 必定是 D 的所有截集中，容量最小的一个，即最小截集。因此，当且仅当不存在关于 f^* 的增广链时，可行流 f^* 也是最大流。下面介绍如何求解最大流问题。

9.4.2 标号法

从一个可行流出发（零流也是可行流），需要经过标号与调整两个过程。

1）标号过程

标号过程类似于最短路问题中 Diskstra 算法的探寻过程。以起点 v_s 为出发点，初始标记 $(0, l(v_s))$，$l(v_s)=\infty$。标号包含两个标记部分：一个是表明它的前述节点，确定"流"流动的链接关系；第二个标记是通过检查后确定可调流量，该参数是最大流问题优化的关键参数。

初始时刻 v_s 是标号而未检查的点，其余都是未标号点。基本步骤如下。

取一个标号而未检查的点 v_i，对与其存在直接连接弧的未标号的点 v_j 进行以下判断：

（1）若弧(v_i, v_j)上的流满足 $f_{ij}<c_{ij}$，则 v_j 标号$(v_i, l(v_j))$。其中 $l(v_j)=\min[l(v_i), c_{ij}-f_{ij}]$。这时点 v_j 转变为标号而未检查的点。

（2）若弧(v_j, v_i)上满足 $f_{ij}>0$，则给 v_j 标号$(-v_i, l(v_j))$。$(-v_i)$ 表示 v_j 指向 v_i，$l(v_j)=\min[l(v_i), f_{ij}]$。这时点 v_j 转变为标号而未检查的点。

此时，v_i 称为标号而已检查过的点。重复上述步骤，一旦 v_t 被标上号，表明得到一条从 v_s 到 v_t 的增广链 u，转入调整过程。

若所有标号都是已检查过的，而标号过程进行不下去时，则算法结束，这时的可行流就是最大流。

2）调整过程

调整过程，即对未达到可行流上限弧进行优化的过程。首先以 v_t 为起点，通过第一标记的"反向追踪"找出到达 v_s 的增广链 u。令调整量 θ 为 $l(v_t)$，即 v_t 的第二个标记。令网络弧上新的流为

$$f'_{ij}=\begin{cases} f_{ij}+\theta, & (v_i,v_j)\in u^+ \\ f_{ij}-\theta, & (v_i,v_j)\in u^- \\ f_{ij}, & (v_i,v_j)\notin u \end{cases} \qquad(9.9)$$

即对增广链上弧的流进行优化调整，将正向弧的流增大至其可行流上限，反向弧上的流减少为 0，非增广链上的弧的流不影响最大流结果，故不做调整。去掉所有的标号，对新的可行流 $f'=\{f'_{ij}\}$，重新进入标号过程。

例 9.9 用标号法求解如图 9.21 所示网络的最大流。弧旁的数为(c_{ij},f_{ij})。

解：（1）标号过程。

Step1：首先给 v_s 标上$(0, +\infty)$。

Step2：v_s 在弧(v_s, v_1)上 $f_{s1}=c_{s1}=3$，不满足标号条件。弧(v_s, v_2)，$f_{s2}=3$，$c_{s2}=4$，则 v_2 可标号为$(v_s, l(v_2))$，其中 $l(v_2)=\min[l(v_2), (c_{s2}-f_{s2})]=\min[+\infty, 4-3]=1$。

Step3：检查 v_2，在弧 (v_2, v_3) 上，$f_{23}=c_{23}=3$，不满足标号条件。在弧 (v_2, v_1) 上，$f_{21}=1>0$，则给 v_1 记下标号为 $(-v_2, l(v_1))$，$l(v_1)=\min[l(v_1), f_{12}]=\min[1,1]=1$。

Step4：检查 v_1，在弧 (v_1, v_t) 上，$f_{1t}=3$，$c_{1t}=5$，$f_{1t}=c_{1t}$，则给 v_t 标号 $(v_1, l(v_t))$，$l(v_t)=\min[l(v_1), c_{1t}-f_{1t}]=\min[1, 5-3]=1$。$v_t$ 获得了标号，转入调整过程。

（2）调整过程。

根据各标号点的第一个标记得到一条增广链，如图 9.22 中双线所示。

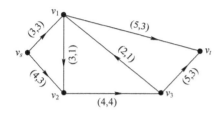
图 9.21　最大流网络图

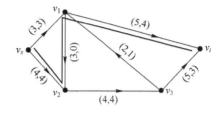
图 9.22　更新后的最大流网络图及其增广链

显然，$u^+=\{(v_s, v_2), (v_1, v_t)\}$，$u^-=\{(v_1, v_2)\}$；按 $\theta=l(v_t)=1$ 在增广链上调整流 f。正向弧 u^+ 上 $f_{s2}+\theta=3+1=4$，$f_{1t}+\theta=3+1=4$；反向弧 u^- 上 $f_{12}-\theta=1-1=0$，其余弧上的流 f_{ij} 不变。

调整后即可求解出可行流，对这个可行流执行新的标号过程，寻找增广链。

开始给 v_s 标以 $(0, +\infty)$，于是检查 v_s，弧 (v_s, v_1) 和弧 (v_s, v_2) 上分别满足 $f_{s1}=c_{s1}$ 和 $f_{s2}=c_{s2}$，均不符合标号条件，标号过程无法继续下去，算法结束。此时求解出的可行流即为所求最大流，最大流量计算如下：

$$V(f)=f_{s1}+f_{s2}=f_{1t}+f_{3t}=7$$

由上例可知，用标号法找增广链以求最大流的结果，同时得到一个最小截集。最小截集容量的大小影响总的输送量。因此，为提高总的输送量，必须首先考虑改善最小截集中各弧的输送状况，提高它们的通过能力。另外，一旦最小截集中弧的通过能力被降低，就会使总的输送量减少。

9.4.3　Ford-Fulkerson 算法

【问题描述】

为保障疫情期间 A 市口罩供应量，现确定 B 市作为口罩生产和供应点，向 A 市进行保障。已知所有口罩运输均采用陆运，从 B 市到 A 市有多条运输路径可供选择，假设 B 市口罩供应数量无限制，但各条运输路径有运输容量要求，在不考虑运输时效的情况下，初步判断从 B 市到 A 市的口罩最大供应量。

【求解算法】

Ford-Fulkerson 算法是一种贪婪算法，用于计算网络流中的最大流量。算法的核心是通过引入"反向边"及"剩余图"的概念对原先的运输方案进行纠错、改进。其基本思想为：当存在从起点到终点的路径，且路径中的所有弧都具有可用容量，就沿着其中一个路径发送流。依此类推，再去找到另一条路径进行计算。具有可用容量的路径称为扩充路径。通过将流量增加路径添加到已建立的流量，当不再能够找到流量增加路径时，将达到最大流量。

【算法代码】

```
function [f,MinCost,MaxFlow]=MinimumCostFlow(a,c,V,s,t)
%% MinimumCostFlow.m
%%最小费用最大流算法通用 Matlab 函数
%% 基于 Floyd 最短路算法的 Ford 和 Fulkerson 叠加算法
%% 输入参数列表
%%a 单位流量的费用矩阵
%%c 链路容量矩阵
%%V 最大流的预设值，可为无穷大
%%s 源节点
%%t 目的节点
%% 输出参数列表
%%f 链路流量矩阵
%%MinCost 最小费用
%%MaxFlow 最大流量
%% 第一步：初始化
N=size(a,1);              %节点数目
f=zeros(N,N);             %流量矩阵，初始时为零流
MaxFlow=sum(f(s,:));      %最大流量，初始时也为零
flag=zeros(N,N);          %真实的前向边应该被记住
for i=1:N
    for j=1:N
        if i~=j&&c(i,j)~=0
            flag(i,j)=1;       %前向边标记
            flag(j,i)=-1;      %反向边标记
        end
        if a(i,j)==inf
            a(i,j)=BV;
            w(i,j)=BV;         %为提高程序的稳健性，以一个有限大数取代无穷大
        end
    end
end
if L(end)<BV
    RE=1;                 %如果路径长度小于大数，则说明路径存在
else
    RE=0;
end
```

```matlab
%%  第二步：迭代过程
while RE==1&&MaxFlow<=V      %停止条件为达到最大流的预设值或没有从 s 到 t 的
                             最短路
%以下为更新网络结构
MinCost1=sum(sum(f.*a));
MaxFlow1=sum(f(s,:));
f1=f;
TS=length(R)-1;              %路径经过的跳数
LY=zeros(1,TS);              %流量裕度
    for i=1:TS
        LY(i)=c(R(i),R(i+1));
    end
maxLY=min(LY);               %流量裕度的最小值，也即最大能够增加的流量
    for i=1:TS
        u=R(i);
        v=R(i+1);
        if flag(u,v)==1&&maxLY<c(u,v)      %当这条边为前向边且是非饱和边时
            f(u,v)=f(u,v)+maxLY;           %记录流量值
            w(u,v)=a(u,v);                 %更新权重值
            c(v,u)= c(v,u)+maxLY;          %反向链路的流量裕度更新
        elseif flag(u,v)==1&&maxLY== c(v,u)  %当这条边为前向边且是饱和边时
            w(u,v)=BV;                     %更新权重值
            c(v,u)= c(v,u)-maxLY;          %更新流量裕度值
            w(v,u)=-a(u,v);                %反向链路权重更新
        elseif flag(u,v)==-1&&maxLY< c(v,u)  %当这条边为反向边且是非饱和边时
            w(v,u)=a(v,u);
            c(v,u)= c(v,u)+maxLY;
            w(u,v)=-a(v,u);
        elseif flag(u,v)==-1&&maxLY== c(v,u) %当这条边为反向边且是饱和边时
            w(v,u)=a(v,u);
            c(v,u)= c(v,u)-maxLY;
            w(u,v)=BV;
        else
        end
    end
MaxFlow2=sum(f(s,:));
MinCost2=sum(sum(f.*a));
    if MaxFlow2<=V
```

```
                MaxFlow=MaxFlow2;
                MinCost=MinCost2;
                [L,R]=FLOYD(w,s,t);
            else
                f=f1+prop*(f-f1);
                MaxFlow=V;
                MinCost=MinCost1+prop*(MinCost2-MinCost1);
                 return
            end
            if L(end)<BV
                RE=1;       %如果路径长度小于大数，说明路径存在
            else
                RE=0;
            end
        end
```

通过对最大流运输问题的分析，采用 Ford-Fulkerson 算法进行求解，代码编写采用 MATLAB 平台，完成对实例的计算。通过迭代计算的形式，实现了对网络最大流运输路径的探寻。

9.5 网络计划技术

20 世纪 50 年代以来，各国科学家都在探索网络计划技术。网络计划技术是一种编制大型工程进度计划的有效的技术方法，也是系统工程中常用的科学管理方法。把工程开发研制过程看成一个系统，将组成系统的各项工作和各个阶段按先后顺序，通过网络图的形式，统筹规划、全面安排，并对整个系统进行组织、协调和控制，以达到最有效地利用资源，并用最少时间来实现系统的预期目标。1956 年，美国杜邦公司和兰德公司为了协调公司内不同业务部门的工作，共同制定了一种系统的计划方法，即关键路径法（Critical Path Method，CPM）。1958 年，美国海军特种计划局在研制"北极星"导弹核潜艇的过程中，提出了一种新的计划管理方法，即计划评审技术（Program Evaluation and Review Technique，PERT），PERT 在 CPM 的基础上考虑了项目时间的不确定性。因为这两种方法都是建立在网络模型的基础上，所以统称为网络计划技术。

9.5.1 网络图的组成及绘制

网络图又称箭线图或统筹图，它用图解形式形象地表示一个生产任务或工程项目中各组成要素间的逻辑关系，并形成时间的流程图，可用来计算时间参数、规划工程任务和确定关键路线（Critical Path，CP）。下面先给出一个网络图的示例。

例 9.10 组织某次战斗任务的网络计划图如图 9.23 所示,表 9.10 是其相应的任务作业表。

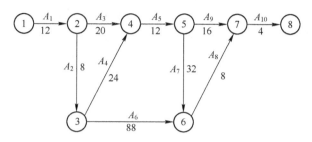

图 9.23 组织某次战斗任务的网络计划图(单位:min)

表 9.10 组织战斗任务的作业表 (单位:min)

作业代号	作业名称	先行作业	后续作业	作业时间
A_1	了解任务和估算时间	—	A_2, A_3	12
A_2	下达预先号令	A_1	A_4, A_6	8
A_3	判断情况与定下决心	A_1	A_5	20
A_4	书写战斗义书	A_2	A_5	24
A_5	下达命令	A_3, A_4	A_7, A_9	12
A_6	部署战斗准备	A_2	A_8	88
A_7	部署指挥员工作	A_5	A_8	32
A_8	部署报告准备	A_6, A_7	A_{10}	8
A_9	检查、帮助部署工作	A_5	A_{10}	16
A_{10}	向上级报告战斗准备情况	A_8, A_9	—	4

图 9.23 和表 9.10 以不同的形式清晰地给出了组织某次战斗任务的计划,提供了各项作业的代号、名称、需要消耗的时间、作业之间的紧前和紧后关系等必要信息。其实,这两种形式的计划是一一对应的,只不过图 9.23 以网络计划图的形式提供了更加直观的表示,而表 9.10 则以表格的形式给出了更加丰富的信息(因为网络图应该尽量精简,故一般不会在图上标出作业的名称或解释)。

1)网络图的组成

由图 9.23 可知,一个网络图由事项、作业两个基本要素组成。

(1)事项。事项(节点)是一项作业开始或完工的瞬间阶段点或标志点,并不消耗人力、物质和时间。在网络图中用节点(以圆圈"○"表示)来代表事项,其中编上序号代表事项的顺序。各个事项之间用箭线连接,并规定箭尾事项的代号一定小于箭头事项的代号,不允许逆序。因此,一般是网络图已基本定妥后才由左向右按顺序编写事项代号,或者采取跳跃式编号(如 1、3、5、8、…),留下一些空序号以便改变网络图时使用。

(2)作业。作业泛指需要消耗人力、物质和时间的具体活动过程,又称为工序或活动。在网络图中用箭线表示,并一般在其上方标写作业名称或代号,在其下方标写完成任务的时间。箭线的长短、粗细并无实际意义。作业也可用节点代号 $i \to j$ 表示。例如，图中的箭线即表示从节点 i 到节点 j 的作业，也可记为 (i, j)。

除此以外，还有两个基本概念需要说明，即路线和虚作业。

沿箭线方向顺序连接起点、终点事项的通路称为路线。一个网络图通常有多条路线。如图9.23中网络图共有5条路线，分别是：①→②→④→⑤→⑦→⑧；①→②→④→⑤→⑥→⑦→⑧；①→②→③→⑥→⑦→⑧；①→②→③→④→⑤→⑦→⑧；①→②→③→④→⑤→⑥→⑦→⑧。

某条路线上各作业的时间之和称为该路线的路长，如路线①→②→④→⑤→⑦→⑧的路长为64min。同一网络图不同路线的路长并不相同。

用虚线画的箭线代表虚作业，既无作业代号也无作业时间。虚作业不占用时间，也不消耗任何人力与资源，它只是用来辅助描述作业间的逻辑关系。

2）网络图绘制基本规则

绘制网络图的依据是作业表。在进行一项工程前，应根据事先研究和制定的"过程系统图"或设想的作业流程，将各项作业、作业时间以及作业之间的衔接关系列成作业表，然后在此基础上绘制网络图，如表9.10即为图9.23的作业表。

绘制网络图必须遵循以下规则。

（1）不允许出现循环回路。

（2）不允许出现编号相同的作业，即一对节点之间只能有一条箭线或虚箭线。

（3）只能有一个起点和一个终点。

（4）作业顺序的表示法。网络图中用节点和箭线的连接顺序来表示作业顺序，以下通过两个示例对作业顺序的表示法进行说明。

图9.24和图9.25给出两个例子（都是一个网络计划图的一部分）。图9.24表示 a 作业完成后，才能开始 c 作业，这是很清楚的。但是为了表示 a、b 都完成之后才开始 d 则应加上从节点7指向节点8的虚作业。在此情况下，7、8两节点是不能合并的，否则表示 c 作业也只能在 a、b 都完工后才能开工，这就误解了原计划安排。图9.25表示 a、b、c 均完成后，d 才开工；b、c 完工后，e 才可开工。

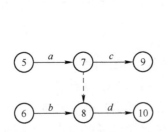

图9.24 作业顺序表示（一）

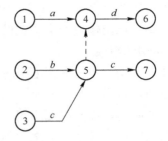

图9.25 作业顺序表示（二）

（5）交叉作业的表示法。例如，有三件相同的产品，通过 a 作业之后，才能进行 b 作业。有以下两种作业安排法。

一种安排方法为三件产品都通过作业之后再进行 b 作业，具体如图9.26所示，显然这种安排耽误了许多时间；另外一种安排方法如图 9.27 所示，称为交叉作业，这种方法显然节约了时间。

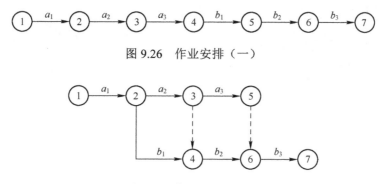

图 9.26　作业安排（一）

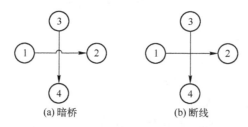

图 9.27　作业安排（二）

（6）虚箭线的使用。虚箭线是不得已时才使用的，切不可滥用。在绘制完网络图后应进行检查，不必要的或多余的虚箭线应该舍去。

（7）网络图应尽量采用平行箭线，减少箭线的相互交叉。当交叉不可避免时，应采用"暗桥""断线"的办法，具体如图 9.28 所示。

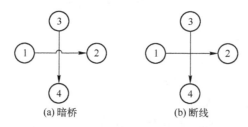

图 9.28　交叉箭线的表示法示例

（8）网络图的分类。网络图可以采用分级递阶的办法进行处理，以避免一张网络图过分复杂。例如，工厂一级的总图可以对细节忽略，以掌握全貌；而车间、科室一级的分图，则应对各部门的作业画得详细一点。在工厂网络计划图上，对采购作业可以只画一个箭线，指示采购总任务的完工时间；而供应科则需画出采购每一项零件的作业，标明每一项采购任务的完成期限。这种方法通常是必要的。

对某一系统绘制的网络图可以分为总系统图、分系统图、环节图。它们各有粗细之别、详细与简单之分，以便供各级人员使用，甚至可以根据需要将网络分为一级、二级、三级等多级网络。因而，在网络图的绘制上就有组合与并图的技巧。例如，图 9.29(a)可以组合为图 9.29(b)，显然，图 9.29(b)是作为上一级部门使用的总图。一般来说，可以先制定图 9.29(a)，后综合为图 9.29(b)；也可先确定图 9.29(b)，再分到各部门分别绘制图 9.29(a)。上下部门结合，互相补充修正，正是网络图绘制工作中所必需的。分图组合为总图时，也可采取并图的技巧。如图 9.30 所示，上半部分(节点 1~6)为一组作业，下半部分(节点 10~14)为另一组作业。两个分图绘制后，再用虚箭线连成总图。

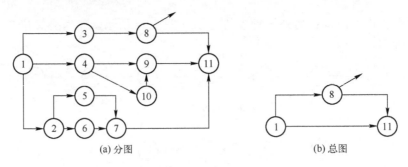

图 9.29 网络图的总图和分图示例

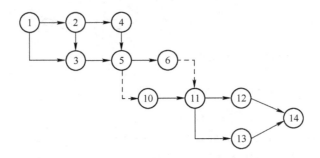

图 9.30 网络图的组合

3）网络图的绘图步骤

网络图的绘制可分为以下三个步骤。

（1）任务的分解。任务的分解就是把一个工程或一项任务分解成若干作业，确定它们之间的关系。如果工程比较复杂，可以首先编制相应的作业表。作业之间的关系共有四种（见图 9.31）：①先行作业，即某作业前面的作业；②后续作业，即某作业后面的作业；③并行作业，即与某作业同时进行的作业；④中途作业，即在某作业中途可以进行的作业。

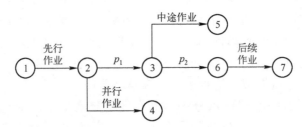

图 9.31 作业之间的关系示例

这样将任务分解后，可列成表格形式的作业表。表 9.11 即为某施工单位拆换蒸汽配管的作业表，表中应给出作业名称、作业代号、先后顺序等必要信息。

表 9.11 拆换蒸汽配管的作业表

作业代号	作业名称或内容	先行作业
A	勘察设计	
B	搭架拆旧管	A

(续)

作业代号	作业名称或内容	先行作业
C	制新管及零件	A
D	制新阀	A
E	安装新管	B、C
F	焊新管	E
G	装新阀	D、E
H	保温	F、G

（2）画图。完成作业表的编制后，就可以进行网络图绘制。绘图是从第一项作业开始，以箭线代表作业，按照前述规则，依先后顺序一支箭线接一支箭线地从左向右画下去，直到最后一项作业为止，并在箭线之间的分界处画一个圆圈。

（3）编号。将网络图中的圆圈编上代号，从左至右，从小到大，不得出现重复的编号，这样就完成了一个任务的网络图。例如，由表 9.11 所示作业表绘制成的网络图如图 9.32 所示。

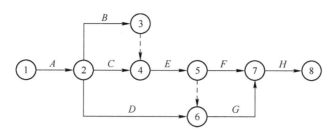

图 9.32　拆换蒸汽配管的网络图

4）作业时间的确定

我们知道，要想正确地制订计划和有效地控制系统，必须对作业所需时间进行科学的估计。作业时间是网络图的基本参数之一，记作业(i,j)的时间为$t(i,j)$。如果时间估计不准，会直接影响计划的质量，因而必须对其予以高度重视。对作业时间的估计一般可用三种方法：对确定性问题采用一时估计法、对非确定性问题采用三时估计法或平均值法。

（1）一时估计法。在正常情况下，有同类作业所需时间等方面资料作参考，可以依据经验直接估计出一个时间值作为作业(i,j)所需时间 $t(i,j)$。这个时间不考虑不确定性。

（2）三时估计法。对不确定性问题，在无可靠资料和经验来确定 $t(i,j)$ 的情况下，取下列三个时间的加权平均值作为作业时间 $t(i,j)$。a 为乐观时间，是指在顺利情况下完成作业所需的时间，即最短时间；b 为悲观时间，是指在极不利的情况下完成作业所需的时间，即最长时间；c 为最可能时间，是指完成作业通常需要的时间，即一般情况下完成作业的时间。

若 $t(i,j)$ 取 a、c 的加权平均，可假定：

$$P\{t(i,j)=c\}=2P\{t(i,j)=a\}$$

则平均值为$(a+2c)/3$。同理 $t(i,j)$ 取 c、b 的加权平均值为$(b+2c)/3$。因此

$$P\{t(i,j)=(a+2c)/3\}= P\{t(i,j)=(b+2c)/3\}=1/2$$

于是
$$t_m(i,j) = E\{t(i,j)\} = \frac{1}{2}\left(\frac{a+2c}{3} + \frac{b+2c}{3}\right) = \frac{a+b+4c}{6}$$

式中：$t_m(i,j)$为作业(i,j)的平均时间（期望时间）。

（3）平均值法。如果作业$t(i,j)$的同种作业以往进行过n次，通过资料知道过去的作业时间分别是a_1，a_2，a_3，$\cdots$，a_n，则用$\bar{a} = \dfrac{a_1+a_2+\cdots+a_n}{n}$作为对$t(i,j)$的估计。

9.5.2　网络图的参数计算

假设本节所讨论的网络图从起点到终点的编号按$1,2,\cdots,h,i,j,k,\cdots,n$。

1）节点的时间参数与计算

（1）节点j的最早开始时间$t_E(j)$。节点j的最早开始时间是指从起点到节点j的所有工序最短时间之和，在此时刻之前节点j是不能开始的。记节点j的最早开始时间为$t_E(j)$。

一般地，令起点的最早开始时间为零，即：

$$t_E(1)=0$$

当$j \neq 1$时，若节点j只有一条箭线进入，被该箭尾所触节点的最早开始时间加上箭线时间（作业时间）即为节点j的最早开始时间；若节点j有多条箭线进入，则对每条箭线都进行上述计算之后，取其中最大数值为节点j的最早开始时间，即

$$t_E(j) = \max_i [t_E(i) + t(i,j)], \quad j=2,3,\cdots,n$$

（2）节点i的最迟完成时间$t_L(i)$。节点i的最迟完成时间是指节点i最迟必须结束的时间。节点i若不能在此时间内完成，就要影响其后续作业按时开工。记节点i的最迟完成时间为$t_L(i)$。

特别地，若规定了总工期，则终点n的最迟完成时间为

$$t_L(n)=总工期$$

若对任务的总工期没有特别规定，则令

$$t_L(n) = t_E(n)$$

即终点的最迟完成时间就是终点的最早开始时间，也即为总工期。

当$i \neq n$时，若节点i只发出一条箭线，则节点i的最迟完成时间等于箭头所触节点的最迟完成时间减去该条箭线所代表的作业所需时间；若节点i发出多条箭线，则对每条箭线都进行上述运算之后，取其中最小值作为节点i的最迟完成时间，即

$$t_L(i) = \min_j [t_L(j) - t(i,j)], \quad i=n-1,n-2,\cdots,1$$

（3）节点的时差$S(i)$。节点i的时差$S(i)$等于节点i的最迟完成时间减去其最早开始时间，即

$$S(i)=t_L(i)-t_E(i)$$

接下来可以给出关键节点的定义如下。

定义 9.13：时差为零的节点称为关键节点。

2）作业的时间参数与计算

（1）作业(i, j)的最早开始时间$t_{ES}(i, j)$。任意一个作业(i, j)必须等它前面的作业全部完工之后才能开始，在这之前认为是不具备开工条件的。这个时间称为作业(i, j)的最早开始时间，其意义是该作业最早什么时候可以开始，记为$t_{ES}(i, j)$。

$t_{ES}(i, j)$的计算方法有两种：一是通过(i, j)的先行作业的最早开始时间加上先行作业的时间来计算；二是通过节点i的最早开始时间来计算。

第一种方法，其公式为

$$t_{ES}(i, j) = \max_n [t_{ES}(h, j) + t(h, i)]$$

式中：$t_{ES}(h, j)$为作业(i, j)的先行作业的最早开始时间，从左至右一直计算到终点为止。

第二种方法，其公式为

$$t_{ES}(i, j) = t_E(i)$$

即作业(i, j)的最早开始时间等于节点i的最早开始时间。

（2）作业(i, j)的最早完成时间$t_{EF}(h, j)$。一个作业(i, j)的最早完成时间就是它的最早开始时间加上本作业所需的时间。其意义是作业(i, j)最早什么时间可以完成，记为$t_{EF}(i, j)$。它的计算也有两种方法。

第一种方法，其公式为

$$t_{EF}(i, j) = t_{ES}(i, j) + t(i, j)$$

第二种方法，其公式为

$$t_{EF}(i, j) = t_E(i) + t(i, j)$$

即作业(i, j)的最早完成时间等于节点i的最早开始时间加上作业(i, j)所需时间。

（3）作业(i, j)的最迟开始时间$t_{LS}(i, j)$。如果一个作业(i, j)之后有一个或几个作业，为了不影响后续作业如期开始，它应有一个最迟必须开始时间，称为作业(i, j)的最迟开始时间，记为$t_{LS}(i, j)$。它的计算有两种方法。

第一种方法，其公式为

$$t_{LS}(i, j) = \min_k [t_{LS}(i, k) - t(i, j)]$$

式中：$t_{LS}(i, j)$为作业(i, j)的后续作业的最迟开始时间，计算是从右向左直到起点为止。

第二种方法，其公式为

$$t_{LS}(i, j) = t_L(j) - t(i, j)$$

即作业(i, j)的最迟开始时间等于节点j的最迟完成时间减去作业(i, j)所需时间。

（4）作业(i, j)的最迟完成时间$t_{LF}(i, j)$。一个作业(i, j)的最迟完成时间等于它的最迟开始时间加上本作业所需要的时间，即作业(i, j)最迟应该什么时候完成，记为$t_{LF}(i, j)$。它的计算也有两种方法。

第一种方法，其公式为

$$t_{LF}(i, j) = t_{LS}(i, j) + t(i, j)$$

第二种方法，其公式为

$$t_{LF}(i, j) = t_L(ij)$$

即作业(i,j)的最迟完成时间等于节点j的最迟完成时间。

（5）作业的总时差$R(i,j)$。任取一个作业(i,j)来分析。如果它在最早开始时间$t_{ES}(i,j)$开始，且耗费规定工时$t(i,j)$，则它一定能在最早完成时间$t_{EF}(i,j)$完成；作业(i,j)又有一个最迟开始时间$t_{LS}(i,j)$，它只要不超过$t_{LF}(i,j)$而完工，就不会拖延整个任务的工期。所以，作业(i,j)的安排在时间上具有一定的回旋余地，其回旋范围称为作业(i,j)的总时差，记为$R(i,j)$，计算公式如下：

$$R(i,j)=t_{LF}(i,j)-t_{EF}(i,j)$$

将最早完成时间$t_{EF}(i,j)$，最迟完成时间$t_{LF}(i,j)$的计算公式代入上式：

$$R(i,j)=t_{LS}(i,j)-t_{ES}(i,j)$$

$$R(i,j)=t_L(j)-t_E(i)-t(i,j)$$

定义 9.14：对作业(i,j)，如果$R(i,j)=0$，意味着作业(i,j)在时间上毫无回旋余地，则称作业(i,j)为关键作业。

如果$R(i,j)\neq 0$，则作业(i,j)可以作如下两种机动安排：或者适当推迟其开工时间（只要不超过其最迟开始时间）；或者适当放慢进度，延长其工时$t(i,j)$（只要延长量不超过$R(i,j)$即可）。当然，也可以将两种机动安排结合使用，适当推迟一些开工时间，同时又适当放慢一些该作业的进度。这些机动安排称为"时差的调用"，记调用量为$\delta(i,j)$，则调用原则可以统一表示为$\delta(i,j)\leq R(i,j)$。

$R(i,j)$的数值实际上表明作业(i,j)具有的潜力，调用时差就是挖掘其中的潜力（人力、物力、财力）。

（6）作业的单时差$r(i,j)$。当$R(i,j)\neq 0$而$\delta(i,j)>0$时，只要满足$\delta(i,j)\leq R(i,j)$，整个任务的总工期是不会拖延的。但对于任一个后续作业(j,k)来说，则会出现两种情况：一是后续作业受到干扰，无法在其最早开始时间$t_{ES}(j,k)$开工；二是后续作业不受干扰，仍然可以在$t_{ES}(j,k)$开工。对于后一种情况，我们称作业(i,j)单时差大于0。这时作业(i,j)还有不影响后续作业在其最早开始时间开工的回旋余地。记作业(i,j)的单时差为$r(i,j)$，也就是说，作业(i,j)的单时差$r(i,j)$为在不影响任何后续作业(j,k)的最早开始时间$t_{ES}(j,k)$的前提下，作业(i,j)可以自由利用的机动时间范围。用公式表示为

$$r(i,j)=\min_k t_{ES}(j,k)-t_{EF}(i,j)$$

由于对任意k均有$t_{ES}(j,k)=t_{ES}(j)$，并将最早完成时间$t_{EF}(i,j)$代入上式，得

$$r(i,j)=t_E(j)-t_E(i)-t(i,j)$$

3）关键路线与时差

首先给出关键路线的定义如下。

定义 9.15：网络图中，从起点到终点，沿箭头方向把关键作业连接起来所形成的路线称为关键路线。关键路线可在图上用粗线或双线表示。

可以验证，关键路线的路长等于工程任务需要的总时间（如对总工期无特别规定，关键路线总时间即为总工期），并且关键路线是网络图的所有路线中路长最长的。要想缩短整个任务的工期，必须在关键路线上想办法，即缩短关键路线上的作业时间；反之，

若关键路线的工期拖长,则整个计划工期就要拖长。一个网络图的关键路线可以有多条。关键路线越多,表明各项作业的工期都很紧张,要求必须加强管理、严格控制,以保证任务按期完成。

关键路线与时差的关系可以归纳为以下三条定理。

定理 9.3:在关键路线上 $t_L(n)=t_E(n)$ 的前提下,对网络图上各项作业均有

$$0 \leqslant r(i,j) \leqslant R(i,j)$$

且当 j 为关键节点时,$r(i,j)=R(i,j)$。特别地,有 $r(i,n)=R(i,n)$。

定理 9.4:在关键路线上,全部节点时差均为零,反之不真。

定理 9.5:在关键路线上,全部作业的总时差均为零,反之亦真。

要注意,定理 9.4 只是提供了确定关键路线的必要条件,而关键节点组成的路线并不就是关键路线。定理 9.5 则给出了确定关键路线的充分必要条件。在我们计算了各项作业的总时差以后,由 $R(i,j)=0$ 的作业连成的路线即为关键路线。或者说,关键路线就是关键作业组成的路线。

由定理 9.3 还可知,关键路线上各项作业的单时差也为零。

非关键路线上各项作业的时差不全为零,即或多或少有潜力可挖。

网络计划技术的精华就在于根据网络图找出关键路线,从而重点保证关键路线;利用非关键路线上作业的时差,调用其中的人力、物力、财力去支援关键路线,使关键作业及整个任务能按期或提前完成。

调用单时差对后续作业不发生任何影响,所以它是"自由时差"。调用时差时,应该首先调用单时差。总时差与单时差的关系可以用图 9.33 表示。

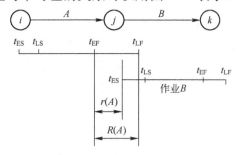

图 9.33 总时差与单时差的关系

4)网络图参数计算法

在网络计划技术的应用中,我们不但要找出关键路线,而且要知道各种作业时间参数,这样才能便于挖掘潜力、合理安排、采取措施,保证关键路线上的作业按期或提前完成,从而保证整个任务按期或提前完成。

计算作业的时间参数有两种方法可用:一种方法是利用已算得的节点时间参数进行,计算结果用适当的符号标注在图上,故称图上计算法;另一种方法是利用作业之间的关系列表进行计算,故称表格计算法。

(1)图上计算法。通过一个例子来说明图上计算法的计算步骤。

例 9.11 利用图上计算法计算图 9.34 的网络计划图的节点和作业的时间参数。

解：可以用框图 9.35 完整地描述图上计算法的整个过程。

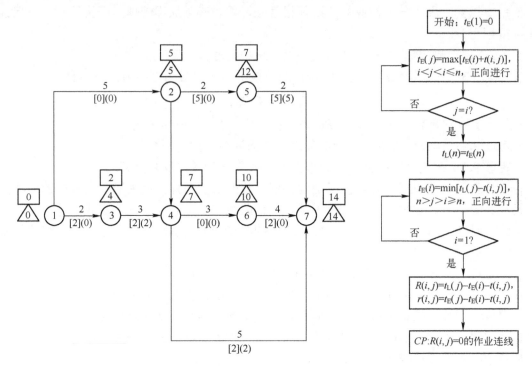

图 9.34　例 9.11 和例 9.12 的网络图　　　　图 9.35　图上计算法的过程

（1）计算节点的最早开始时间 $t_E(j)$。从起点开始，自左向右，逐个节点地进行计算直到终点为止。计算结果填入节点近旁的框型符号"□"之中。

（2）计算节点的最迟完成时间 $t_L(i)$。从终点开始，自右向左，逐个节点地进行计算直到起点为止。计算结果填入节点近旁的三角形符号"△"之中。

（3）计算作业的总时差 $R(i,j)$。得到的总时差 $R(i,j)$ 的数值用方括号"[ ]"括起来，标注在作业箭线旁。也可将计算公式形象化地表示为

$$[\ ] = \triangle_j - \square_i - t(i,j)$$

（4）计算作业的单时差 $r(i,j)$。计算得到的单时差 $r(i,j)$ 的数值用圆括号"( )"括起来，标注在作业箭线旁。也可形象化地表示为

$$(\ ) = \square_j - \square_i - t(i,j)$$

（5）将总时差为零的作业连接起来形成路线，就得到网络图的关键路线为①→③→④→⑥→⑦。

图上计算法的特点是形象、具体，在节点少时省事、方便，但是节点多时图面标注很拥挤，而且容易遗漏。为了计算更大规模网络的参数，可以采用表格计算法。

（2）表格计算法。表格计算法就是先制定一个合适的表格，然后在表格上按一定的顺序和规定的算法来计算网络图的各个参数。仍以图 9.34 所示的例子介绍表格计算法的步骤。

例 9.12　用表格计算法计算如图 9.34 所示网络图的时间参数。

解：(1) 做表格。做一个表格，每一格里填上一个参数名称（见表9.12）。

表9.12 网络计划图时间参数计算的表格样式

1	2	3	4	5	6	7	8	9
作业 $i \to j$	作业时间 $t(i,j)$	最早开始时间 t_{ES}	最早完成时间 t_{EF}	最迟开始时间 t_{LS}	最迟完成时间 t_{LF}	总时差 R	单时差 r	关键作业
			3+2		5+2	5−3		

(2) 填表格。按网络图的顺序自上而下，逐行填写表格的第1、2列。将图9.34的数据填在表9.12中，得表9.13。

表9.13 例9.11表格计算法结果

1	2	3	4	5	6	7	8	9
作业 $i \to j$	作业时间 $t(i,j)$	最早开始时间	最早完成时间 t_{EF}	最迟开始时间 $t_{LS}(i,j)$	最迟完成时间 $t_{LF}(i,j)$	总时差 $R(i,j)$	单时差 $r(i,j)$	关键作业
①→②	2	0	2	2	4	2	0	
①→③	5	0	5	0	5	0	0	①→③
②→④	3	2	5	4	7	2	2	
③→④	2	5	7	5	7	0	0	①→④
③→⑤	2	5	7	10	12	5	0	
④→⑥	3	7	10	7	10	0	0	④→⑥
④→⑦	5	7	12	9	14	2	2	
⑤→⑦	2	7	9	12	14	5	5	
⑥→⑦	4	10	14	10	14	0	0	⑥→⑦

(3) 在表上计算参数。

第一步，计算作业最早开始时间和最早完成时间（第3、4列）。

表9.13中第3列是作业最早开始时间，第4列是作业最早完成时间，这两列由上至下一行一行地计算。

对于从起点出发的各作业，它们的最早开始时间是0，最早完成时间就是自己的作业时间，所以只需将作业时间写入第4列相应的行内。如在表9.13中，作业①→②和①→③在第4列的数字分别为2、5。

对于上述作业的后续作业，我们知道，一个作业的最早开始时间就是它所有先行作业最早完成时间的最大值。所以，在填写作业的第3列数值时，只需将其所有先行作业在第4列的数值填入再取其最大值，即得这一作业的最早开始时间。有了最早开始时间加上作业时间就是第4列的数。如在表9.13中算到④→⑥作业时，它的先行作业有两个，即②→④和③→④，相应在第4列上的数是5、7。按选最大数的原则，$t_{ES}(4,6)=7$，写入第3列相应行中，而它的最早完成时间，$t_{EF}(4,6)=3+7=10$，写入第4列相应行中。

这样算下去，就可算出全部作业的第3列和第4列的数值。

第二步，计算作业的最迟开始时间和最迟完成时间（第5、6列）。

表 9.13 的第 5 列是各作业的最迟开始时间，第 6 列是作业的最迟完成时间。第 5 列的计算是从终点算起，由下往上逐个进行。

从终点的时间参数可知，整个工程的最早完成时间等于其最迟完成时间（这里讨论的是不对总工期专门规定的情况）。因此，对于进入终点的各作业，它们的最迟开始时间就是其最迟完成时间（即终点的最迟完成时间或最早开始时间）减去各自的作业时间。如表 9.12 中，⑤→⑦、⑥→⑦作业的最迟开始时间分别为 12、10，记入第 5 列相应格中。

对于其他作业，按照作业的最迟开始时间等于它后续作业的最迟开始时间减去本作业所需时间，当后续作业有多个时，选其中最小者。这样一行一行地算下去，直到与起点相连的作业为止。如表 9.13 中，算到作业④→⑥时，找到它的后续作业是⑥→⑦；在第 5 列找到，$t_{LS}(6, 7)=10$；将此数减去第④→⑥行上的第 2 列的作业时间得 7，即 $t_{LS}(4, 6)=7$。将此数写入④→⑥行的第 5 列上。又如，在算②→④和③→④作业时，查到它们的后续作业是④→⑥、④→⑦，按取最小数的原则，从第 5 列已算出的，$t_{LS}(4, 6)=7$, $t_{LS}(4, 7)=9$，两数中取最小者 7，这个数与②→④、③→④两个作业时间分别相减，即得它们的最迟开始时间。$t_{LS}(2, 4)=4$, $t_{LS}(3, 4)=5$，再将这两个数写入第 5 列的②→④、③→④格中，逐行计算，直到第 5 列全部填满为止。

第 6 列是最迟完成时间，是第 2 列与第 5 列的数字之和。

第三步，计算作业的总时差和单时差（第 7、8 列）。

第 7 列是作业的总时差，可由各作业的第 5 列数字与第 3 列的数字相减求得。

第 8 列是作业的单时差，它是由后续作业的最早开始时间减去所算作业的最早完成时间而求得。如表 9.13 中，③→④的后续作业是④→⑥、④→⑦，查得在第 3 列上的 $t_{ES}(4, 6)=7$，$t_{ES}(4, 7)=7$，又在第 4 列查得③→④的最早完成时间是 7，因此③→④作业的单时差为 7-7=0。

同理计算，直到最后一个作业为止。

第四步，标出关键作业（第 9 列）。

第 9 列是关键作业，将第 7 列中总时差为 0 的作业标在第 9 列中。串联第 9 列的作业，能够形成一条通路的路线即为关键路线。

9.5.3 任务按期完成的概率分析

在 9.5.2 节中，学习的对网络的有关时间参数进行计算有一个前提，即每个作业所需时间都是确定的数值，因而算出来的总计划所需时间也是确定的数值。在这种情况下，可以使总预定完成时间等于总的所需时间，即 $t_L(n)=t_E(n)$。即经过科学的计算，一个计划完成需要多少时间，就给它多少时间。

但在实际工程中，完成某项作业所需的时间是不容易确定为某一确切数值的，往往只能凭经验或过去的试验结果做一定的估算。对这种估算所带来的一系列问题需要慎重考虑。前面讲过，不确定条件下，作业时间可用三时估计法求出的平均时间来估算，但因此算出的最早开始时间等时间参数，必然包含某些不确定因素，并不是非常准确的时间。所以，需要进一步研究，这些具有不确定因素的计划是否能按期完成，或者说计划按期完成的可能性有多大。

1) 任务完成时间的统计分布规律

如 9.5.2 节所述，工程任务的总工期就是关键路线的路长。因此，应从关键路线来研究任务完成时间的统计分布规律。

根据概率论中著名的中心极限定理，可以认为，关键路线路长是近似符合正态分布的。有了这样一个结论后，只要计算出关键路线上每个作业预计完工时间的平均值和方差，就可以利用正态分布求出工程任务按期完成的概率，就能对整个工程任务能否按期完成给予概率评价，并对计划的执行做出预测。

（1）平均值。根据三时估计，作业(i, j)的平均时间为 $t_m(i, j)=(a+b+4c)/6$，它与三个估计时间参数有关。

（2）标准差与方差。当关键路线上的作业由 10 个以上组成时，作业时间的分布大概率落在$[\mu-3\sigma, \mu+3\sigma]$内，任务在这一段时间内实现的机会为 99.7%，其方差计算可得 $\sigma^2=(b-a)^2/36$，它只与作业的最长（悲观）时间与最短（乐观）时间有关，与最可能时间无关，是作业时间概率分布离散程度的度量。

（3）任务完成时间。根据中心极限定理，关键路线路长呈正态分布，并以 $t_m = \sum_{k=1}^{J} \frac{a_k + b_k + 4c_k}{6}$ 为平均值，以 $\sigma_{cp} = \sqrt{\sum_{k=1}^{J} \left(\frac{b_k - a_k}{6}\right)^2}$ 为标准差。这里 J 为关键路线上的关键作业项数，k 为关键路线上各项关键作业的序号。当 J 充分大时，关键路线路长服从正态分布，这是一个渐近估计值。实际上，我们可用概率曲线形象地分析。这可用图 9.36 来说明。

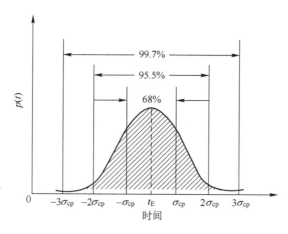

图 9.36 任务完成时间的正态分布密度曲线

曲线上任一点的高度用来衡量任务在横轴上相应的时间里完成的概率密度，任意一条垂直线左方的面积代表任务在相应时间里实现的概率，实际概率曲线从 $-3\sigma_{cp}$ 到 $+3\sigma_{cp}$ 的水平宽度是对任务完成时间（即终点的最早开始时间）的不确定性的一个度量。σ_{cp} 越小，水平宽度越窄，则任务完成时间越肯定；反之，σ_{cp} 越大，任务完成时间越不肯定。σ_{cp} 是从一系列 σ^2 值推导出来的，而 σ^2 值又依赖于每项作业的$(b-a)^2/36$。为了尽可能地增加任务完成时间的确定性，应使(b-a)越小越好。虽然不大可能在一切情况下都把(b-a)限制得很小，可是对那些特别大的(b-a)至少应该检查一下，看看是否判断错误。

2）任务按期完成的概率计算

（1）计算方法。为计算任务按期完成的概率，引入一个概率因子 z，以便于查正态分布表。任务按期完成的概率为

$$P=P(z), z=(t_L-t_E)/\sigma_{cp}$$

式中：t_L 为终点的最迟完成时间；t_E 为终点的最早开始时间；t_L-t_E 也为终点的时差；σ_{cp} 为关键路线上作业方差之和的平方根，也叫终点的标准差，即 $\sigma_{cp}=\sqrt{\sum \sigma_i^2}$，其中 σ_i^2 为关键路线上各作业时间的方差。

若已经规定了计划的完成时间为 t_S 就用此规定时间。因为 t_E 是已知的，σ_{cp} 也是已知的，这样就可以计算出 z 值。根据 z 值查正态分布表即得任务完工概率 P。

（2）应用举例。

例 9.13　已知某设备组装工程的网络图如图 9.37 所示，对应的各工序完成时间见表 9.14，计算工程完成的期望时间及其方差，并计算工程想要在 25 天内完成的概率是多少？

表 9.14　例 9.12 数据表格

时间	1～2	1～3	1～4	2～5	3～4	3～6	4～5	4～7	5～7	6～7
a	2.2	1.51	5	6	2	5.51	1.76	4	5	2.51
c	2.45	6.12	9.9	7.5	5	10.21	4.06	8.16	10.38	5.61
b	6	10	15.39	12	8	14	6	11.35	13.49	11

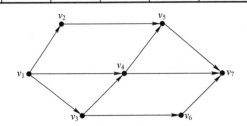

图 9.37　任务完成时间的正态分布密度曲线

解：（1）根据公式 $t_m(i, j)=(a+b+4c)/6$ 和 $\sigma^2=(b-a)^2/36$ 计算各工序期望时间和方差。计算结果如表 9.15 所示。

表 9.15　例 9.13 计算结果

时间	1～2	1～3	1～4	2～5	3～4	3～6	4～5	4～7	5～7	6～7
E	3	6	10	8	5	10	4	8	10	6
σ^2	0.4	2	3	1	1	2	0.5	1.5	2	2

通过表格计算法计算网络图关键路径，如表 9.16 所示。

表 9.16 表格计算法结果

1	2	3	4	5	6	7	8	9
作业 $i \rightarrow j$	作业时间 $t(i,j)$	最早开始时间	最早完成时间 t_{EF}	最迟开始时间 $t_{LS}(i,j)$	最迟完成时间 $t_{LF}(i,j)$	总时差 $R(i,j)$	单时差 $r(i,j)$	关键作业
①→②	3	0	3	4	7	4	4	
①→③	6	0	6	0	6	0	0	①→③
①→④	10	0	10	1	11	1	1	
②→⑤	8	3	11	7	15	4	4	
③→④	5	6	11	6	11	0	0	③→④
③→⑥	10	6	16	9	19	3	3	
④→⑤	4	11	15	11	15	0	0	④→⑤
④→⑦	8	11	19	17	25	6	6	
⑤→⑦	10	15	25	15	25	0	0	⑤→⑦
⑥→⑦	6	16	22	19	25	3	3	

得到工程的关键路径为①→③→④→⑤→⑦；因此，工程网络的期望工期为 T_E=6+5+4+10=25；方差为 σ^2=2+1+0.5+2=5.5。

$$P(T \leqslant 25) = \int_{-\infty}^{25} N(25, 5.5) \mathrm{d}t = \int_{-\infty}^{(25-25)/\sqrt{5.5}} N(0,1) \mathrm{d}t = 0.5$$

例 9.14 设某装备组装工程的网络图如图 9.38 所示，试计算该工程在 20 天完成组装的可能性。如果要求完成的可能性达到 94.5%，则工程的工期应规定为多少天合适？

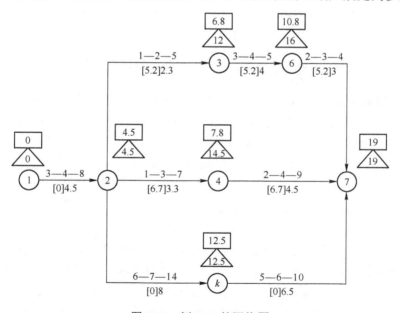

图 9.38 例 9.14 的网络图

解：（1）先求出时间 $t_m(i,j)$。其可用 $t_m(i,j)=(a+b+4c)/6$ 求得，标在每个作业线的下面，时间单位为天。

（2）计算 t_E 值。用公式 $t_E(i)=\max_i[t_E(i)+t_m(i,j)]$ 求得 $t_E(7)=19$（天）。

（3）计算 t_L 值。令 $t_L(7)=t_E(7)=19$（天）。

（4）计算 $t_L=19$ 天的完成概率。

$$z=(t_L(7)-t_E(7))/\sigma_{cp}=(19-19)/\sigma_{cp}=0$$

根据正态分布概率表，由 $z=0$ 查得 $P=0.5$，即工程按时完成的可能性为 50%。

（5）计算当 $t_S=20$ 天时，完成任务的概率。

确定关键路线为①→②→⑤→⑦，关键路线上的方差 σ_e^2 分别为

$$\left(\frac{8-3}{6}\right)^2=\frac{25}{36},\ \left(\frac{14-6}{6}\right)^2=\frac{64}{36},\ \left(\frac{10-5}{6}\right)^2=\frac{25}{36}$$

关键路线上的方差之和为

$$\sum\sigma_i^2=\frac{25}{36}+\frac{64}{36}+\frac{25}{36}\approx 3.2$$

由此可得概率因子为

$$z=\sqrt{\frac{t_S-t_E}{\sum\sigma_i^2}}=\frac{20-19}{\sqrt{3.2}}-\frac{1}{1.8}\approx 0.56$$

查正态分布表得 $P=0.7$，即该工程在 20 天完成的可能性为 70%。

（6）如要求按时完成的可能性为 94.5%，计算需要的天数。由公式 $z=\dfrac{t_L-t_S}{\sum\sigma_i^2}$ 得

$$t_L=t_E+z\sum\sigma_i^2$$

查正态分布概率表 $P=0.945$ 时，$z=1.6$。于是 $t_L=09+1.6\times 1.8=22$（天），即若要求按时完成可能性为 94.5%，则所需工期为 22 天。

（3）讨论。由公式 $z=\dfrac{t_L-t_S}{\sum\sigma_i^2}$ 来看，$t_L-t_E=$ 终点时差。严格地讲，时差也要用概率来处理，但这样算起来工作量太大了。由于时差只是作为调整的参考，所以也就省略了概率计算。若 $t_L-t_E=0$，则完成任务的概率为 50%；若 $t_L-t_E>0$，则完成任务的概率大于 50%；假设 (t_L-t_E) 为 σ_{cp} 的三倍，则完工概率为 99%；若 $t_L-t_E<0$，则完成任务的概率小于 50%；如果，$t_L-t_E<-\sigma_{cp}$，则可以判断很难按时完成任务；如果 $t_L-t_E<-3\sigma_{cp}$，则肯定是大有问题了，比如按时完成任务只有千分之一的可能性。这样，管理人员就可根据终点时差和关键路线路长的标准差来判断按时完成任务的可能性。这就是置信度的分析与计算。

一般若任务在指定日期完成的概率 $P(z)$ 满足 $0.3\leq P(z)\leq 0.7$，则表示如果按此网络图执行计划，在指定日期完成是可能的，计划可以安排得既紧凑又留有充分余地。

（4）关键路线的重新定义。前面是用时间平均值把非确定型问题化为确定型问题，从而找出关键路线。这样做是否合适，值得重新考虑。化为确定型问题来寻找关键路线的方法，可以看成在以 50%的可能性来完成整个任务的条件下，确定关键路线。当考虑不确定性因素时，关键路线的确切提法应该是，给一个预计完成日期，在所有的路线中，依预计日期完成的可能性最小的路线才是关键路线，而不能只把总时差为零的作业连成的路线称为关键路线，即应从时差为负值、零或正值三种情况综合考虑来定关键路线。

第9章 图与网络分析方法

> **拓展角**：图示评审技术（GERT）是解决活动与活动之间的逻辑关系具有不确定性，且活动费用和时间参数也不确定，按随机量进行分析的网络计划技术。它比 CPM 和 PERT 能更真实地描述大型项目工程的进程，能够考虑工作中的返工、放弃和重复等行为对工程进度的影响，尤其适用于新品的研制、测试等活动。三种方法各有优劣，使用中应根据项目类型需求进行选择。

习　题

1. 查阅相关资料，思考最小支撑树有哪些方面的实际应用需求。
2. 试阐述 Dijkstra 算法的求解过程中如何体现贝尔曼最优化原理。
3. 试分析 Dijkstra 算法与穷举法相比较计算复杂度的优势。
4. 什么是网络计划技术，它的主要用途是什么？它最适宜解决什么样的问题？
5. 绘制网络图必须遵守哪些规则？如何具体绘制一个工程任务的计划网络图？
6. 分别用 Prim 法和 Kruskal 法寻找下图的最小支撑树。

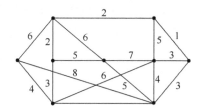

7. 分别用 Dijkstra 和 Floyd 方法求下图中各点之间的最短距离。

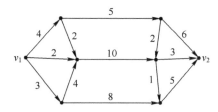

8. 求下图中从 v_1 到 v_2 的网络最大流。（弧上的数字是 (c_{ij}, f_{ij})）

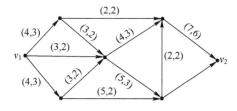

9. 某工程由 A、B、C、D、E、F 六组作业组成，其前后关系及作业时间估计值如表 9.17 所示。

表 9.17 逻辑关系及作业时间

作业代号	先行作业	紧后作业	乐观时间	最可能时间	悲观时间
A	—		1	2	3
B	—		2	4	6
C	—		2	5	8
D	A、B		1	2	9
E	A、C		1	3	5
F	A、B、C		3	6	9

（1）请补充完善紧后作业关系，绘制该工程的网络计划图。

（2）找出网络计划图的期望关键路径，并计算该工程所需时间的期望和方差。

（3）如果要求完成的可能性达到 90%，则工程的工期应规定为多少天？

参 考 文 献

[1] 《运筹学》教材编写组. 运筹学[M]. 3 版. 北京：清华大学出版社，2005.

[2] 李杜娟. EMS 动物园营投部经营管理若干问题的研究[D]. 北京：北京交通大学，2013.

[3] 吕胜利，李静铂. 最短路算法在生产最优化中的应用[J]. 控制工程，2006，13(5):404-406.

第 10 章 装备管理中的运筹优化案例

随着技术的发展，装备管理中的问题越来越趋于复杂。在各类复杂问题分析过程中往往会遇到规模大、关系杂、约束多、要求高等各种因素，这都加强了运筹优化思想在装备管理中的实践应用需求。在装备保障理论研究中，运筹学能提供崭新的思想、方法和手段。从定量化、模型化入手，使装备保障理论更加系统完备，装备管理效果更加科学合理。

10.1 航空装备研制风险管控

随着科学技术的飞速发展与国际形势的迅猛变化，航空装备的研制越来越复杂，具有长周期、高投资、多层次、参研单位多、技术创新复杂、影响因素繁多等特点，这也导致了航空装备研制风险的多样性与高耦合特性。为了有效提高航空装备研制的成功率、降低风险带来的危害，应针对性地设计航空装备研制风险的控制策略，优化航空装备研制风险控制策略组合，实现有限资源的效益最大化。

10.1.1 航空装备研制风险类别

航空装备研制风险的产生源于航空装备研制过程中存在大量非决定性现象，航空装备研制由于其高技术、高集成、高成本等特性而导致存在大量的风险，同时由于航空装备研制的长周期、多系统、多层次特性而导致风险类型的多样性，常见的航空装备研制风险主要包括：

（1）竞争风险。航空装备的研制往往以战争需求背景为基础，经常是以对抗假想敌方的某种装备而特别研制的，因此航空装备的研制存在与敌竞赛的特性，敌方单位的不确定性导致了装备研制的巨大风险。

（2）环境风险。环境风险是指由于政治、经济等因素的波动或者重大自然灾害等导致环境变化而诱发的装备研制风险，环境风险往往是不可控的，仅可以通过松弛装备研制约束来缓解环境风险的影响。

（3）需求变动风险。需求变动风险是指随着航空装备研制过程的推进，装备需求部门随着对新环境、新装备、新技术的了解而改动需求指标，需求变动风险往往会造成航空装备研制的巨大损失，此类风险必须通过详细的项目论证才能予以避免。

（4）系统风险。系统风险是指装备设计的结构存在一定的缺陷，各个系统之间的相互关系会放大系统风险，从而使一个子系统中微小的误差发酵为另一个子系统中巨大的风险危害。有的正常秩序会由于随机因素和不确定性因素产生不可测的多样性后果。系统风险是研制项目脆弱性的一种表现。

（5）技术风险。在装备研制的各类风险中，技术风险是最容易下放和设计风险控制策略的风险，技术风险主要指子系统、分系统在有限时间、有限经费、有限人力资源的前提下不能有效完成期望技术和战术指标的风险。技术风险一般由装备研制过程中的技术缺陷导致，技术风险也经常表现为涨经费、降指标、拖进度等情况。

（6）管理风险。航空装备研制是一个十分复杂的巨系统，需要大量行为主体分别承担各个子系统、分系统的研制，然而各个行为主体由于其自身理性发展的本质诉求，必然导致各行为主体之间构成竞争合作博弈的关系。因此需要通过先进的、严格的、正规的管理体系来促进各个行为主体向着纳什均衡的均衡点发展，避免各自为战而产生重复研制、无效研制甚至对立研制等风险。

（7）费用风险。费用风险是指行为主体在装备研制过程中发生预拨经费不足而申请续费的风险，虽然航空装备研制都有"风险储备金"，但是在面对大量研制行为主体产生的不同费用风险时，基于建立"风险储备金"的经费划拨方案也存在费用风险。

（8）进度风险。进度风险是指项目研制的实际周期超过预期周期的时间范畴，由于装备研制过程中大量子系统的研制是在其他子系统研制完成的基础上完成的，因此对于偏向于基础类的子系统，如果出现拖进度的现象，将导致相关子系统的研制难以完成，因此早期子系统研制的进度风险对系统研制成功与否有着十分重要的影响。

（9）保障风险。保障风险是指在系统研制时行为主体需要其他相关部门提供技术保障、费用保障、人力保障等，由于保障行为主体技术水平有限、设备性能不高、工作人员责任心不足等问题带来的风险，保障风险由于其分散性往往难以避免，且常常与费用风险、进度风险相耦合，通常可将保障风险中的保障资源不足转化为费用风险，将保障进度迟滞转化为进度风险。

（10）试验风险。试验风险是指由于航空装备的特殊性，其试验样本往往不能保证，相对应的试验样本量根本不可能满足大数定律，因此航空装备的试验结果得出的结果存在偏差的可能性很大，由于少量试验结果造成的风险即为试验风险。

10.1.2 航空装备研制风险控制策略

航空装备研制风险控制是航空装备研制风险分析的关键。由于航空装备研制过程中存在各种类型的风险，因此进行风险处置的相关控制策略也根据不同风险的特点进行针对性控制，对于不同的航空装备研制风险，一般要求行为主体提供多种风险控制策略，常采用的风险控制策略包括风险规避、风险转移和风险缓解。

（1）风险规避。风险规避是指针对系统风险、技术风险等风险，从系统产生的根源出发，降低风险产生的可能性或减小风险发生带来的危害。对于系统风险而言，改变航空装备研制计划或研制内容，从根源上降低系统架构之间风险产生的可能；对于技术风险而言，采用技术成熟度高的高新技术来替换技术成熟度低的技术、使用现有系统、降低高新系统性能提升的幅度等方式来规避技术风险的发生；采用相关技术策略也是风险规避的常用策略，例如：冗余技术可以通过新增冗余系统来消除单系统风险带来的危害、单向传递技术可以通过单向防护装置来避免微小风险诱发危害较大的风险等。

（2）风险转移。风险转移是指设法将航空装备研制风险通过分包等方式转移出去。航空装备研制风险转移大多采取将本集团、分系统、合作行为主体不能有效完成的装备研制部分分包给技术水平更高、系统资源更丰富、工作标准更严格的行为主体。风险转移可以解决当前装备研制中可能出现的风险，但会导致本系统不能获得相关研究经验，失去远期能力价值储备机会，而且由于分包合作的行为主体均为理性经济行为主体，必然导致相关资源耗费的波动甚至上涨。

（3）风险缓解。风险缓解是装备研制风险控制的主要策略，又称为风险减轻，通过降低装备研制风险发生的概率将风险危害降低到可以接受的程度。风险缓解往往需要根据具体系统研制的要求出发，设计相关的风险缓解策略。由于不同行为主体的能力储备不同、研制风险不同，设计的相关风险缓解策略也不同，包括降低风险发生概率、分散风险的危害对象、降低风险发生的损失、设计风险发生时的应对策略等，因此风险缓解策略数量繁多，且风险缓解策略之间存在相互依赖、相互对立、指定实施等约束。

10.1.3 风险控制组合策略背包问题模型

为了有效控制航空装备研制风险，航空装备研制总体部门促使子部门、合作单位设计相关风险控制策略以提高航空装备研制的成功率。一般地，可供选择的风险控制策略远远多于实际实施策略的数量，而可用于风险控制的资源是有限的，为了促使有限的资源产生最优的风险控制效能，必须在资源约束的前提下从大量备选风险控制策略中选择一组风险控制效能最大的组合策略。

1）风险控制组合策略的决策变量

在航空装备研制风险的控制过程中，航空装备研制是一个连续多期的过程，研制风险控制策略也具有多阶段的特点。在实施研制风险控制策略过程中，不同控制策略需求的时间跨度不同，将不同时间跨度的风险控制策略采用不同的决策变量来表示，分为短周期风险控制策略和长周期风险控制策略。短周期风险控制策略的决策变量记为 $x=\{x_1, x_2, \cdots, x_k\}$，表示共有 k 个备选短周期风险控制策略；长周期风险控制策略的决策变量记为 $y=\{y_{k+1}, y_{k+2}, \cdots, y_m\}$，表示共有 $m-k$ 个备选长周期风险控制策略，所有短周期、长周期备选风险控制策略共 m 项。

由于短周期风险控制策略实施完成后将会释放一定的有效资源，为了高效利用风险控制系统所拥有的资源，在第一期短周期风险控制策略实施完成后，以未选入第一期实施的短周期风险控制策略为备选集合，选择部分短周期风险控制策略为第二期风险控制策略，由于第二期短周期风险控制策略备选集是第一期短周期风险控制策略备选集的子集，因此第二期短周期风险控制策略的决策变量采用与第一期短周期风险控制策略的决策变量相似的决策变量，从而避免第二期短周期风险控制策略的决策变量因第一期短周期风险控制策略的变化而变化。记第二期短周期风险控制策略的决策变量为 $z=\{z_1, z_2, \cdots, z_k\}$，表示第二期短周期风险控制策略的备选方案与第一期短周期风险控制策略的备选方案相同，共有 k 项。

综上，航空装备研制风险控制策略的决策变量由第一期短周期风险控制策略、第一期长周期风险控制策略和第二期短周期风险控制策略，记第一期的决策变量为 $X=\{x,y\}_{1\times m}=\{x_1, x_2, \cdots, x_k, y_{k+1}, \cdots, y_m\}$，第二期的决策变量为 $z=\{z_1, z_2, \cdots, z_k\}$，整个系统的决策变量记为 $\{x, y, z\}_{1\times(m+k)}=\{x_1, x_2, \cdots, x_k, y_{k+1}, \cdots, y_m, z_1, z_2, \cdots, z_k\}$。由于备选方案只存在实施与不实施两种情况，因此各决策变量 x_i, y_j, z_l 的取值设定只能是 0 或 1，也就是说各决策变量均为 0-1 确定性变量。第 i 个短周期风险控制策略在第一期实施则表示为 $x_i=1$，不实施则表示为 $x_i=0$；第 j 个长周期风险控制策略在第一期实施则表示为 $y_j=1$，不实施则表示为 $y_j=0$；第 l 个短周期风险控制策略在第二期实施则表示为 $z_l=1$，不实施则表示为 $z_l=0$。只要确定了决策变量 $\{x, y, z\}_{1\times(m+k)}$ 的值，就确定了对应的航空装备研制风险控制组合策略。

2）风险控制组合策略的目标函数

航空装备研制风险控制策略的选择是在多个价值目标的影响下进行决策的，不仅要考虑风险控制策略的现实安全效用，还应当考虑风险控制策略的实施带来远期效用。航空装备研制风险控制策略的目标函数包括安全功效和能力价值储备两个优化目标。

（1）安全功效目标函数。

航空装备研制风险控制策略的安全功效是风险控制策略有效收益的直接体现，因此可以通过能够有效避免风险带来的损失来描述。不失一般性，假定风险控制策略 x_i 所对应的风险一旦发生造成的安全性损失为 L_i^0，且风险事件发生的信度为 ξ_i^0，则该装备研制风险造成的安全性损失为 $L_i^0 \cdot \xi_i^0$；同时，当实施风险控制策略 x_i 后，所对应的风险造成的安全性损失为 L_i^1，且风险事件发生的信度为 ξ_i^1，则实施风险控制策略 x_i 后该装备研制风险造成的安全性损失为 $L_i^1 \cdot \xi_i^1$，因此可以得知实施风险控制策略 x_i 可以获得的安全功效为

$$v_i^{1(1)} = L_i^0 \cdot \xi_i^0 - L_i^1 \cdot \xi_i^1 \tag{10.1}$$

式中：$v_i^{1(1)}$ 为风险控制策略 x_i 得到的不确定安全功效。

结合航空装备研制风险控制的两期实施策略，可以得知在设定风险控制决策时的第一期短周期风险控制组合策略的目标函数值：

$$F_{11}(x, L^0, L^1, \xi^0, \xi^1) = \sum_{i=1}^{k}(L_i^0 \cdot \xi_i^0 - L_i^1 \cdot \xi_i^1) \cdot x_i \tag{10.2}$$

第一期长周期风险控制组合策略的目标函数值为

$$F_{12}(y, L^0, L^1, \xi^0, \xi^1) = \sum_{i=k+1}^{m}(L_i^0 \cdot \xi_i^0 - L_i^1 \cdot \xi_i^1) \cdot y_i \tag{10.3}$$

第二期短周期风险控制组合策略的目标函数值为

$$F_{13}(z, L^0, L^1, \xi^0, \xi^1) = \sum_{i=1}^{k}(L_i^0 \cdot \xi_i^0 - L_i^1 \cdot \xi_i^1) \cdot z_i \tag{10.4}$$

结合三类风险控制组合策略的目标函数，可以获知在实施风险控制策略之前进行决策可以获得的不确定安全功效目标函数为

$$F_1(x, y, z, L^0, L^1, \xi^0, \xi^1) = \sum_{i=1}^{k}(L_i^0 \cdot \xi_i^0 - L_i^1 \cdot \xi_i^1) \cdot (x_i + z_i) + \sum_{i=k+1}^{m}(L_i^0 \cdot \xi_i^0 - L_i^1 \cdot \xi_i^1) \cdot (y_i) \tag{10.5}$$

由于第二期实施的风险控制策略随着时间的变化，其所面临的风险危害、风险事件发生信度都将有所变化，同时随着风险控制项目组能力储备的提升等促使项目实施后风

险危害程度、风险事件发生信度的降低等。因此，为了有效刻画第二期风险实施策略在装备研制单位时间周期后进行决策与第一期进行决策时的信息环境的不同，可采取松弛第一期短周期风险控制策略风险危害、风险事件发生信度的方式来刻画第二期短周期风险控制策略的安全功效，记松弛后实施风险控制策略 z_i 可以获得的安全功效 $v_i^{2(1)}$ 为

$$v_i^{2(1)} = L_i^0 \cdot \xi_i^0 - L_i^2 \cdot \xi_i^2 \tag{10.6}$$

结合第二期风险控制实施策略的决策变量，可以获知第二期风险控制组合策略的目标函数值为

$$f_1(z, L^0, L^2, \xi^0, \xi^2) = \sum_{i=1}^{k}(L_i^0 \cdot \xi_i^0 - L_i^2 \cdot \xi_i^2) \cdot z_i \tag{10.7}$$

（2）远期能力价值储备目标函数。

航空装备研制风险控制策略的远期能力价值储备是风险控制实施部门（系统、子系统等）远期收益，也就是备选风险控制策略的潜力收益，主要受到现阶段研制风险控制的相关技术、应用对象、实施环境等因素的影响，由于各个风险控制策略的具体情况不同，可采用专家评判的方式来评判各个风险控制策略的远期能力价值储备。由于风险控制策略的远期能力价值储备是不能确定预见的，属于不确定信息，因此可采用不确定变量来描述航空装备研制风险控制策略的远期能力价值储备。假定短周期风险控制策略 x_i 所对应的远期能力价值储备不确定变量为 $v_i^{1(2)}$，长周期风险控制策略 y_{k+i} 所对应的远期能力价值储备不确定变量为 $v_i^{2(2)}$，同时由于远期能力价值储备原本即为对远期的一个期望，因此在进行研制风险控制策略的决策时，第二期短周期风险控制策略 z_i 与第一期短周期风险控制策略的远期能力价值储备相同，有 $v_i^{3(2)} = v_i^{1(2)}$。可以得知在设定风险控制决策时的第一期短周期风险控制组合策略的远期能力价值储备目标函数：

$$F_{21}(x, v^{1(2)}) = \sum_{i=1}^{k} v_i^{1(2)} \cdot x_i \tag{10.8}$$

第一期长周期风险控制组合策略的远期能力价值储备目标函数：

$$F_{22}(x, v^{2(2)}) = \sum_{i=k+1}^{m} v_i^{2(2)} \cdot y_i \tag{10.9}$$

第二期短周期风险控制组合策略的远期能力价值储备目标函数：

$$F_{32}(x, v^{1(2)}) = \sum_{i=1}^{k} v_i^{1(2)} \cdot z_i \tag{10.10}$$

结合三类风险控制组合策略的目标函数，可以获知在实施风险控制策略之前进行决策可以获得的不确定安全功效目标函数为

$$F_2(x, y, z, v^{1(2)}, v^{2(2)}, v^{3(2)}) = \sum_{i=1}^{k} v_i^{1(2)} \cdot x_i + \sum_{i=k+1}^{m} v_i^{2(2)} \cdot y_i + \sum_{i=1}^{k} v_i^{1(2)} \cdot z_i \tag{10.11}$$

由于在进行第二期风险控制策略决策时，依然需要考虑各个短周期风险控制策略的远期能力价值储备，因此记第二期风险控制组合策略的远期能力价值目标函数值为

$$f_2(z, v^{1(2)}) = F_{32}(z, v^{1(2)}) = \sum_{i=1}^{k} v_i^{1(2)} \cdot z_i \tag{10.12}$$

3）风险控制组合策略相关约束条件

根据航空装备研制过程中存在的风险类型和相关风险控制策略的实施特点，将航空装备研制风险控制策略按约束分为以下几类：消耗类资源约束、再生类资源约束、项目总量约束、子系统风险控制策略的上下界约束、风险控制策略相互依赖约束、互斥约束、指定约束等。

（1）消耗类资源约束。

消耗类资源约束是航空装备研制风险控制中不可再生的资源约束，包括资金约束、耗材类物力约束等，即每一种研制风险控制策略的实施都将耗费一定的资金、耗材物力等，资金、耗材物力等消耗后就不能再用于其他研制风险控制策略。一般地，消耗类资源约束的限制总量都是已知的，也就是说各类消耗类资源约束的限制总量为确定性变量，用 c_j 表示；相对地，各个研制风险控制策略对资源约束的消耗在项目研制之前是不能确定的，属于不确定变量，记第 i 个长周期研制风险控制策略对第 j 类消耗类资源约束的耗费为 w_{ij}^l，第 i 个短周期研制风险控制策略对第 j 类消耗类资源约束的耗费为 w_{ij}^s。

由于消耗类资源约束为不可再生资源约束，因此该类资源约束不受风险控制策略是长周期策略还是短周期策略的影响，也与研制风险控制策略在第一期开始实施或第二期开始实施无关，属于研制风险控制决策的系统级顶层约束，将第 j 类消耗类资源耗费的不确定约束记为 $C_j^{co}(x,y,z,w_j^l,w_j^s)$，即：

$$C_j^{co}(x,y,z,w_j^l,w_j^s) = \left\{ \sum_{i=1}^{k} x_i w_{ij}^s + \sum_{i=k+1}^{m} y_i w_{ij}^l + \sum_{i=1}^{k} z_i w_{ij}^s \leqslant c_j \right\} \tag{10.13}$$

式中：$x=\{x_1, x_2, \cdots, x_k\}$（$x_i \in \{0, 1\}$）为第一期实施的短周期研制风险控制策略的决策变量；$y=\{y_{k+1}, y_{k+2}, \cdots, y_m\}$（$y_i \in \{0, 1\}$）为第一期实施的长周期研制风险控制策略的决策变量；$z=\{z_1, z_2, \cdots, z_k\}$（$z_i \in \{0, 1\}$）为第二期实施的短周期研制风险控制策略的决策变量；不确定资源耗费变量 w_{ij}^l、w_{ij}^s 均为定义在不确定空间 $(\Gamma, \mathcal{L}, \mathcal{M})$ 上的不确定变量。

（2）再生类资源约束。

再生类资源约束与消耗类资源约束同为航空装备研制风险控制中的资源限制类约束，再生类资源约束主要包括相关人力资源、可重复使用的试验装备等，人力资源、可重复使用的试验装备等在一定程度上并非耗费类资源，而是占用型资源，当第一期短周期研制风险控制策略完成后，其占用的再生类资源即可释放，也就是说该类资源又成为可使用资源总量的一部分。再生类资源约束在第一期研制风险控制策略进行决策所对应的资源限制总量、各个研制风险控制策略的资源耗费与消耗类资源约束相一致，第二期研制风险控制策略是在第一期研制风险控制策略决策的基础上进行决策的，也就是说再生类资源约束在两层背包问题的顶层背包的资源约束与底层背包的资源约束不同。

第一期研制风险决策的限制总量是已知的，用确定性变量 c_j 表示，各个研制风险控制策略对资源约束的消耗在项目研制之前是不能确定的，第一期第 i 个长周期研制风险控制策略对第 j 类再生类资源约束的耗费为 w_{ij}^l，第 i 个短周期研制风险控制策略对第 j 类再生类资源约束的耗费为 w_{ij}^s。则有研制风险控制策略的顶层背包问题不确定约束 $C_j^{re}(x,y,w_j^l,w_j^s)$ 为

$$C_j^{\text{re}}(x,y,w_j^1,w_j^s) = \left\{\sum_{i=1}^{k} x_i w_{ij}^s + \sum_{i=k+1}^{m} y_i w_{ij}^1 \leqslant c_j\right\} \tag{10.14}$$

式中：$x=\{x_1, x_2, \cdots, x_k\}$ ($x_i \in \{0, 1\}$) 为第一期实施的短周期研制风险控制策略的决策变量；$y=\{y_{k+1}, y_{k+2}, \cdots, y_m\}$ ($y_i \in \{0, 1\}$) 为第一期实施的长周期研制风险控制策略的决策变量；不确定资源耗费 w_{ij}^1、w_{ij}^s 均为不确定空间 $(\Gamma, \mathcal{L}, \mathcal{M})$ 上的不确定变量。

第二期研制风险决策的限制量是在第一期进行决策的基础上分析得出的，用不确定变量 χ_j 表示；第二期研制风险控制策略对资源约束的消耗在第二期控制策略实施之前也是不确定的，第二期第 i 个短周期研制风险控制策略由于第一期研制风险控制策略实施过程中人力资源、试验设备的使用而发生耗费变动（人力资源随着技术储备的不断增强而促使资源耗费的减少，试验设备由于使用磨损等而导致资源耗费的增多），记第二期第 i 个短周期研制风险控制策略对第 j 类再生类资源约束的耗费为 w_{ij}^{sf}。则有研制风险控制策略的底层背包问题不确定约束 $C_j^{\text{re2}}(z, w_j^{\text{sf}}, \chi_j)$ 为

$$C_j^{\text{re2}}(z, w_j^{\text{sf}}, \chi_j) = \left\{\sum_{i=1}^{k} z_i w_{ij}^{\text{sf}} \leqslant \chi_j\right\} \tag{10.15}$$

式中：$z=\{z_1, z_2, \cdots, z_k\}$ ($z_i \in \{0, 1\}$) 为第一期实施的长周期研制风险控制策略的决策变量；不确定资源耗费变量 w_{ij}^{sf} 为定义在不确定空间 $(\Gamma, \mathcal{L}, \mathcal{M})$ 上的不确定变量。

(3) 项目总量约束。

由于用以规避航空装备研制风险的资源有限，不可能将所有的风险控制策略都实施，而且为了有效保证各个风险控制策略的实施，往往对风险控制策略的总数予以限制，决策层设定一个风险控制策略的总量控制指标 n_t，有

$$C_t(x,y,z,n_t) = \left\{\sum_{i=1}^{k} x_i + \sum_{i=k+1}^{k=m} y_i + \sum_{i=1}^{k} z_i \leqslant n_t\right\} \tag{10.16}$$

式中：n_t 为正整数。

(4) 子系统风险控制策略的上下界约束。

航空装备是一个典型的复杂巨系统，由不同功能模块的子系统构成。因此航空装备的研制分为各个子系统进行研制，为了平衡各个子系统在研制风险方面的关系，对各个子系统研制风险控制决策的最小控制功效与各个子系统的最大实施数予以限制。不失一般性，假设航空装备研制风险控制由 n_{sub}（n_{sub} 为正整数且 $n_{\text{sub}}<m$）个子系统 K_q^{sub}（$q=1$, 2, $\cdots$, n_{sub}）构成，且子系统之间互不覆盖（$\bigcap_{q=1}^{n_{\text{sub}}} K_q^{\text{sub}} = \varnothing$），第 q 个子系统所实施的所有风险控制策略的安全功效不低于一定的安全功效，由于安全功效限制在研制风险控制策略实施之前限定，因此采用确定性变量 c_q 表示，则第 q 个子系统的下界约束 $C_{q,d}^{\text{sub}}(x,y,z,v^s,v^1,v^{\text{sf}})$ 为

$$C_{q,d}^{\text{sub}}(x,y,z,v^s,v^1,v^{\text{sf}}) = \left\{c_q \leqslant \sum_{i \in K_q^{\text{sub}}} x_i v_i^s + \sum_{i \in K_q^{\text{sub}}} y_i v_i^1 + \sum_{i \in K_q^{\text{sub}}} z_i v_i^{\text{sf}}\right\} \tag{10.17}$$

式中：$i \in K_q^{\text{sub}}$ 表示第 i 个风险控制策略属于对第 q 个子系统实施研制风险控制。

同时为了避免对子系统实施研制风险控制策略时耗费过多资源，决策层将第 q 个子系统的风险控制策略总数设计为 n_q^{sub}，则第 q 个子系统的上界约束为

$$C_{q,u}^{\text{sub}}(x,y,z,n_q^{\text{sub}}) = \left\{ \sum_{i \in K_q^{\text{sub}}} x_i + \sum_{i \in K_q^{\text{sub}}} y_i + \sum_{i \in K_q^{\text{sub}}} z_i \leqslant n_q^{\text{sub}} \right\} \quad (10.18)$$

（5）风险控制策略相互依赖约束。

在航空装备研制过程中，风险控制策略中存在大量相互依赖的策略，即虽然风险控制所对应的子系统、分系统不同，但是由于子系统、分系统之间存在相互依赖的关系，对某一个子系统、分系统的研制风险的单独控制并不能带来整个研制系统安全性的提高，只有当相互依赖的风险控制策略同时实施时，才能发挥其安全功效。因此，相互依赖的风险控制策略采取都实施或者都不实施的方式来开展。虽然相互依赖的风险控制策略可以合并为一个风险控制策略来实施，但风险控制策略的合并也导致了各个风险控制策略对不同子系统的影响、对各个风险控制策略之间的逻辑关系等方面因素的忽略，此处采用风险控制策略相互依赖约束的方式来表述特殊关系。记存在相互依赖关系的风险控制策略组 K_q^{in} 共 n_{in} ($n_{\text{in}}<m$) 组，则有约束条件：

$$C_q^{\text{co}}(x,y,z) = \{Z_i = Z_j \mid Z_i, Z_j \in K_q^{\text{co}}\} \quad (10.19)$$

式中：Z_i, Z_j 代表任意的第一期短周期变量 x_i、第一期长周期变量 y_i、第二期短周期决策变量 z_i。

（6）互斥类约束。

互斥类约束是指备选方案之间具有互不相容的特性，也就是说在选择备选方案时，不能将互斥的备选方案同时选择实施，一旦其中一个备选方案被选择，与之互斥的方案就必须放弃。互斥类约束又称为对立性约束、替代性约束等。

在航空装备研制风险控制过程中，对同一个研制风险可能有多个控制策略，如风险规避、风险缓解等，由于对同一个研制风险控制时所需的人力资源、技术资源、物力资源等往往存在包含与被包含的关系。为了避免资源浪费，将包含与被包含关系的方案采用互斥约束的方式来分析，记存在互斥关系的风险控制策略组 K_q^{op} 共 n_{op} ($n_{\text{op}}<m$) 组，则有约束条件：

$$C_q^{\text{op}}(x,y,z) = \left\{ \sum_{x_i,y_i,z_i \in K_q^{\text{op}}} x_i + y_i + z_i = 1 \right\} \quad (10.20)$$

式中：$x_i, y_i, z_i \in K_q^{\text{op}}$ 表示隶属于第 q 个互斥类风险控制策略组 K_q^{op} 的风险控制策略 x_i, y_j, z_k。

（7）指定类约束。

在航空装备研制过程中，某些子系统、分系统的安全性过低，则与之对应的风险控制策略就必须实施，进而有效提高风险控制能力；同时，由于有些风险控制策略存在技术上难以实现、风险控制效率过低等原因，这一类备选策略被指定为不能选择。指定为必须实施的风险控制策略集合为 K^{de}，指定为不能实施的风险控制策略集合为 K^{qu}，则有约束条件为

$$C^{\text{de}}(x,y,z) = \{x_i = y_j = z_k = 1 \mid x_i, y_j, z_k \in K^{\text{de}}\} \quad (10.21)$$

$$C^{\text{qu}}(x,y,z) = \{x_i = y_j = z_k = 0 \mid x_i, y_j, z_k \in K^{\text{qu}}\} \tag{10.22}$$

同时，还存在部分风险控制策略考虑到装备研制发展进程的问题，指定为在第二期实施或者指定不能在第二期实施，记第二期风险控制策略的指定实施类约束的集合为 K_2^{de}，指定为不能实施的风险控制策略集合为 K_2^{qu}，则有约束条件为

$$C_2^{\text{de}}(z) = \{z_i = 1 \mid z_i \in K_2^{\text{de}}\} \tag{10.23}$$

$$C_2^{\text{qu}}(z) = \{z_i = 0 \mid z_i \in K_2^{\text{qu}}\} \tag{10.24}$$

此处暂且仅考虑上述相关约束条件，在处理具体的航空装备研制风险控制组合策略优化问题时，还可能存在特定的约束条件，可以根据具体的装备研制应用问题进行具体的分析，进而添加相关的约束条件。

4）风险控制组合策略优化模型

航空装备研制风险控制组合策略决策是指在满足研制风险控制决策相关约束条件的基础上，确定一组风险控制组合策略，促使组合策略安全功效最大化、远期能力价值储备最大化。由于研制风险控制策略采取两期（可拓展至多期）组合策略实施的方式来开展，可通过构建不确定复杂背包问题（不确定多层、多目标、多维背包问题）模型来描述研制风险控制策略的组合决策问题。

首先，由于该航空装备风险管控策略分两期决策实施，因此将航空装备研制风险控制组合策略模型抽象为不确定双层背包问题。上层优化模型的决策变量由短周期决策变量 $x = \{x_1, x_2, \cdots, x_k\}$ 与长周期决策变量 $y = \{y_{k+1}, y_{k+2}, \cdots, y_m\}$ 组合构成 $X = \{x, y\}_{1 \times m} = \{x_1, x_2, \cdots, x_k, y_{k+1}, y_{k+2}, \cdots, y_m\}$；目标为促使系统安全功效 $\max F_1(x, y, z)$ 和远期能力价值储备 $\max F_2(x, y, z)$ 两个目标函数最大化；约束条件包括第二期风险控制的组合策略最优解、消耗类资源约束 $C_j^{\text{co}}(x, y, z, w_j^l, w_j^s)$、再生类资源约束 $C_j^{\text{re}}(x, y, w_j^l, w_j^s)$、项目总量约束 $C_t(x, y, z, n_t)$、子系统组合策略的上界约束 $C_{q,u}^{\text{sub}}(x, y, z, n_q^{\text{sub}})$、子系统组合策略的下界约束 $C_{q,d}^{\text{sub}}(x, y, z, v^s, v^l, v^{\text{sf}})$、相互依赖约束 $C_q^{\text{co}}(x, y, z)$、互斥类约束 $C_q^{\text{op}}(x, y, z)$、指定实施类约束 $C^{\text{de}}(x, y, z)$、指定不实施类约束 $C^{\text{qu}}(x, y, z)$ 等。下层优化模型的决策变量为第二期短周期风险控制策略的决策变量 $z = \{z_1, z_2, \cdots, z_k\}$；目标函数为第二期风险控制策略的安全功效最大化 $\max f_1(z)$、远期能力价值储备最大化 $\max f_2(z)$；约束条件包括再生类资源约束 $C_j^{\text{re2}}(z, w_j^{\text{sf}}, \chi_j)$、指定二期实施类约束 $C_2^{\text{de}}(z)$、指定二期不能实施类约束 $C_2^{\text{qu}}(z)$ 等。

通过综合以上分析的风险控制组合策略决策优化问题的决策变量、目标函数和约束条件，可知上层优化问题可抽象为不确定多目标多维背包问题，下层优化问题可抽象为在指定个别决策变量基础上的不确定多目标背包问题，在这两层背包问题的基础上，上下两层优化问题之间的关系可抽象为不确定双层背包问题。

记 $j_1 = 1, 2, \cdots, n_{\text{co}}$ 表示存在 n_{co} 类消耗类资源约束，$j_2 = 1, 2, \cdots, n_{\text{re}}$ 表示存在 n_{re} 类再生类资源约束，$q_1 = 1, 2, \cdots, n_{\text{sub}}$ 表示系统存在 n_{sub} 个子系统，$q_2 = 1, 2, \cdots, n_{\text{in}}$ 表示风险控制策略集合中存在 n_{in} 个相互依赖的策略集合，$q_3 = 1, 2, \cdots, n_{\text{op}}$ 表示风险控制策略集合中存在 n_{op} 个相互排斥（互斥类）的策略集合，可将该航空装备研制风险控制组合策略优化问题抽象为不确定复杂背包问题模型，有

$$\begin{cases}
\max_{(x,y,z)} F_1(x,y,z,\xi) = \sum_{i=1}^{k}(L_i^0 \cdot \xi_i^0 - L_i^1 \cdot \xi_i^1) \cdot (x_i + z_i) + \sum_{i=k+1}^{m}(L_i^0 \cdot \xi_i^0 - L_i^1 \cdot \xi_i^1) \cdot y_i \\
\max_{(x,y,z)} F_2(x,y,z,\xi) = \sum_{i=1}^{k} \upsilon_i^{1(2)} \cdot x_i + \sum_{i=k+1}^{m} \upsilon_i^{2(2)} \cdot y_i + \sum_{i=1}^{k} \upsilon_i^{1(2)} \cdot z_i \\
\text{约束条件：} \\
C_{j_1}^{\mathrm{co}}(x,y,z,\omega_{j_1}^{1},\omega_{j_1}^{\mathrm{s}}) = \left\{ \sum_{i=1}^{k} x_i \omega_{ij_1}^{\mathrm{s}} + \sum_{i=k+1}^{m} y_i \omega_{ij_1}^{1} + \sum_{i=1}^{k} z_i \omega_{ij_1}^{\mathrm{s}} \leqslant c_{j_1} \right\} \\
C_{j_2}^{\mathrm{re}}(x,y,\omega_{j_2}^{1},\omega_{j_2}^{\mathrm{s}}) = \left\{ \sum_{i=1}^{k} x_i \omega_{ij_2}^{\mathrm{s}} + \sum_{i=k+1}^{m} y_i \omega_{ij_2}^{1} \leqslant c_{j_2} \right\} \\
C_t(x,y,z,n_t) = \left\{ \sum_{i=1}^{k} x_i + \sum_{i=k+1}^{m} y_i + \sum_{i=1}^{k} z_i \leqslant n_t \right\} \\
C_{q_1,d}^{\mathrm{sub}}(x,y,z,\upsilon^{\mathrm{s}},\upsilon^{1},\upsilon^{\mathrm{sf}}) = \left\{ c_{q_1} \leqslant \sum_{i \in K_{q_1}^{\mathrm{sub}}} x_i \upsilon_i^{\mathrm{s}} + \sum_{i \in K_{q_1}^{\mathrm{sub}}} y_i \upsilon_i^{1} + \sum_{i \in K_{q_1}^{\mathrm{sub}}} z_i \upsilon_i^{\mathrm{sf}} \right\} \\
C_{q_1,u}^{\mathrm{sub}}(x,y,z,n_{q_1}^{\mathrm{sub}}) = \left\{ \sum_{i \in K_{q_1}^{\mathrm{sub}}} x_i + \sum_{i \in K_{q_1}^{\mathrm{sub}}} y_i + \sum_{i \in K_{q_1}^{\mathrm{sub}}} z_i \leqslant n_q^{\mathrm{sub}} \right\} \\
C_{q_2}^{\mathrm{in}}(x,y,z) = \left\{ Z_i = Z_j \mid Z_i, Z_j \in K_{q_2}^{\mathrm{in}} \right\} \\
C_{q_3}^{\mathrm{op}}(x,y,z) = \left\{ \sum_{x_i, y_j, z_k \in K_{q_3}^{\mathrm{op}}} x_i + y_j + z_k = 1 \right\} \\
C^{\mathrm{de}}(x,y,z) = \left\{ x_i = y_j = z_k = 1 \mid x_i, y_j, z_k \in K^{\mathrm{de}} \right\} \\
C^{\mathrm{qu}}(x,y,z) = \left\{ x_i = y_j = z_k = 0 \mid x_i, y_j, z_k \in K^{\mathrm{qu}} \right\} \\
z = \{z_1, z_2, \cdots, z_k\} \text{是如下问题的解} \\
\begin{cases}
\max_z f_1(z,\xi) = \sum_{i=1}^{k}(L_i^0 \cdot \xi_i^0 - L_i^2 \cdot \xi_i^2) \cdot z_i \\
\max_z f_2(z,\xi) = \sum_{i=1}^{k} \upsilon_i^{1(2)} \cdot z_i \\
Subject\ To: \\
C_{j_2}^{\mathrm{re2}}(z,\omega_{j_2}^{\mathrm{sf}},\chi_{j_2}) = \left\{ \sum_{i=1}^{k} z_i \omega_{ij_2}^{\mathrm{sf}} \leqslant \chi_{j_2} \right\} \\
C_2^{\mathrm{de}}(z) = \left\{ z_i = 1 \mid z_i \in K_2^{\mathrm{de}} \right\} \\
C_2^{\mathrm{qu}}(z) = \left\{ z_i = 0 \mid z_i \in K_2^{\mathrm{qu}} \right\}
\end{cases}
\end{cases} \quad (10.25)$$

10.2 军事物资配送路径优化

军事物流是指为了满足部队战时保障和非战时供应需要的物流活动，把各类军事物资从供给地向部队用户转移或消耗的全过程，其中既包括对军事物资的采集、包装和运输环节，又包括对军事物资的加工、仓储、供应等环节。

10.2.1 联勤体制下的军事物流

美国海军陆战队的乔治·索普中校在《理论后勤学》中提出："凡是可以统一完成的工作，均应组织全国性的后勤"。最初，我军把联勤主体界定为"诸军种间"，显然这是狭义的。广义上看，联勤主体可以是不同建制系统、不同战区之间、军地之间、多国部队之间等。

军事物流的构成环节可以用图 10.1 表示。

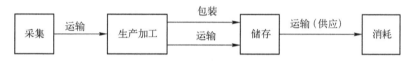

图 10.1 军事物流环节的构成

此处主要对军事物流环节从储存到消耗过程的运输（供应）过程中的运输路径优化问题进行分析。

我军实行联勤体制后，军事物流配送形式也随之发生改变，从分送式配送为主体逐渐转变成了配送式配送为主体，如图 10.2 和图 10.3 所示。

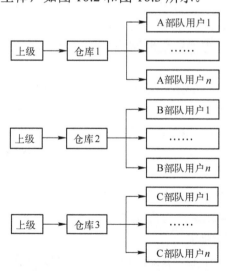

图 10.2 联勤体制推广前的军事物流配送模式

联勤体制下的配送问题主要是车辆路径配送问题。由于联勤体制的推行，军事物资配送中车辆路径配送问题由以前的单车场车辆路径问题转向了多车场车辆路径问题。车辆路径问题（Vehicle Routing Problem，VRP）是典型的具有研究价值的组合优化问题之一。车辆路径问题一般描述性定义如下：对于 M 个车场（配送中心），N 个配送点（用户），按照一定的配送路线，在使每个配送点（用户）的需求都能满足的条件下，尽可能地使目标函数最优。目标函数可以是运输时间最短、运输成本最少等。

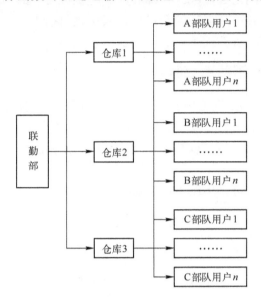

图 10.3 实行联勤体制后的军事物流配送模式

10.2.2 车辆路径问题的信息要素

车辆路径问题的研究就是如何最大限度的节约人力物力，提高经济效益。车辆路径问题已被明确地证明为 NP-难问题了，用精确的算法几乎很难求得结果。车辆路径问题的主要影响要素有以下几个方面：道路网络、配送点、车场、配送车辆、约束条件、目标函数。

（1）道路网络。车辆运输的基础是道路网络。节点和弧是道路网络的组成部分，其中的节点表示的是配送点和车场点，弧表示各个顾客点或车场点之间的连接，弧可以是单向的，也可以是双向的。给弧赋予相应的权值可以表示节点之间运输所需费用、时间等。根据节点之间的双向弧值是否相等，可以将问题分为对称车辆路径问题和非对称车辆路径问题。

（2）配送点。配送点就是物流配送过程中的客户点。一般情况下，各个配送点分布在不同的位置，而且不同的配送点对配送中心有不同的具体要求。在实际的配送过程中，还有可能临时提出一些特殊要求。

（3）车场。也就是配送中心，配送中心主要是对货物采购存储。然后根据各个配送点的需求不同，将货物配送到各个配送点。由于配送中心的个数不一定是一个，所以可以分为单配送中心和多配送中心。一般来讲，配送中心的选址要受很多因素的影响，比如：环境、道路网络、配送点的地理位置等。合理的选址对高效的物流配送具有重大的意义，能够提高经济效益，降低物流成本。目前，选址问题也是运筹学中优化问题的主要研究对象之一。

（4）约束条件。车辆路径问题在实际的配送过程中会受到很多条件的限制，比如，一个车场的车辆数、车辆到达配送点的时间、车辆的容量、车辆的最大行驶距离等，这些都是在配送过程中需要考虑的因素。在符合这些约束条件的情况下，合理地进行统筹规划，使运输费用最小（或者其他目标函数最优）。

（5）目标函数。根据实际研究的车辆路径问题的特征不同，可以把车辆路径问题分为单目标优化和多目标优化两类问题，典型的单目标优化有以下几种：

① 行驶距离的最小化；

② 车辆数目的最小化；

③ 总运输费用的最小化，车辆的固定费用和可变费用等都属于运输费用。

多目标优化就是同时优化多个目标函数，有时候会对不同的目标函数赋予相应的权值进行量化，以便能找到问题的最优策略。

（6）配送车辆。不同的车辆具有不同的约束条件和特征，例如载重量、最大行驶距离、最大体积等。因此在物流配送时，选择合适的配送车辆也具有十分重要的意义。配送车辆的正确选择，能有效地降低配送的代价。

10.2.3 多车场车辆路径问题的分类

随着我军联勤体制的推行，单一军事物流配送中心的物流系统已经大幅度减少，随之增加的是多个军事物流配送中心的物流系统。多个军事物流配送中心与部队用户一起构成了复杂的运输网络，形成新的军事物流配送问题，即多车场车辆路径问题（MDVRP）。

在多车场车辆路径问题中，根据约束条件和目标函数的不同，可以对多车场车辆路径问题再进行详细的划分，如表 10.1 所示。

表 10.1 MDVRP 的分类

分类标准	类型 I	类型 II
按目标数分类	单目标问题	多目标问题
按供需特征分类	确定问题	随机问题
按运输车辆数分类	有限制问题	无限制问题
按运输距离（时间）分类	限定问题	不限定问题
按时间窗限制分类	有时间窗问题	无时间窗问题
按配送任务分类	单向问题	双向问题
按车辆是否满载分类	满载问题	非满载问题
按车型分类	单车型问题	多车型问题

表 10.1 中各个分类的标准解释如下。

（1）目标数。在非战时，MDVRP 的目标通常是使总的费用最小，当然也会考虑时间等目标条件，这样能节省更多的军事开支，节约更多的时间。但在战时，MDVRP 的目标通常是几乎不考虑运输费用，要最大限度地为战场提供支持。

（2）供需特征。确定性是指部队用户对军事物资的需求量是确定的，并且短时间内不会改变，这符合非战时军事物流的特征。而在战时，由于战争的不确定性，导致了战争对军事物资的需求也是随机的、不确定的。

（3）运输车辆数。是指在一个车场有多少车辆，这确定了一个配送中心同时最多能有几条出发路线。

（4）运输距离（时间）。是指车辆在单次配送过程中能达到的最长距离（时间），按照这个分类标准，可以分为限定和不限定两种。

（5）时间窗限制。时间窗限制主要是指部队用户对物资到达时间的要求。在非战时军事物流中，一般的部队用户对时间没有什么特殊的要求，但是战时一般情况下会对军事物资的到达时间有特殊的要求。时间窗又分为软时间窗和硬时间窗，软时间窗是指在规定的时间内如果无法完成任务，要进行一定的惩罚，硬时间窗指必须在规定的时间内完成各项任务。

（6）配送任务。配送任务分为单向和双向两种。单向是指装载军事物资的车辆从配送中心（部队仓库）出发，把军事物资配送到各个部队用户，或者是空车从配送中心出发，把各个部队的军事物资运到配送中心。双向是指装载军事物资的车辆从配送中心出发，配送到各个部队用户的同时将部队用户的一些军事物资运输到配送中心来。

（7）车辆是否满载。从车辆的装载能力角度出发，可以分为非满载和满载两类问题。非满载是车辆在配送的过程中所需要装载的货物量不超过车辆的容量；满载是车辆在配送的过程中所装载的货物量可能需要超过车辆的容量。当部队用户需求量小于车辆容量时，一辆车可以执行多向任务，就是可以向多个需求点进行配送。当部队需求量超过车辆容量时，需要两辆或者两辆以上的车来完成同一个任务，车辆完成任务，就会存在满载的车辆。这类问题又有两种类型：一种是由同一辆车多次进行配送同一任务，另外一种则是多辆车共同完成这个任务。

（8）车型。按照车型可以分为单车型和多车型。单车型即只有一种车型，也就是车的性能和属性（包括容量等）是一样的；多车型是指车的性能和属性不完全一样，比如有些时候要用不同容量的车进行运输。

10.2.4 多车场车辆路径问题模型

军事物流配送和普通物流配送在平时并没有多大的差异性，但在战时会根据不同的需求而存在不同的目标函数和约束。在平时，经济性是物流配送考虑的重心。但在战时，军事物资配送时经济性并不甚重要，时效性和安全性是战时军事物资配送首先要考虑的两个问题。

1）平时多车场车辆路径问题建模

多车场车辆路径问题用数学语言描述如下：有 M 个车场，每个车场的车辆数目为 K_m（$m=1, 2, \cdots, M$），每辆车的载重量均为 q，点 i 与点 j 之间的距离用 d_{ij} 表示，每个需求点的需求量为 g_i（$i=1, 2, \cdots, N$），满足 $g_i<q$，每个车场可以为任意一个需求点服务，但每个需求点只能有一辆车服务，同时要求每辆车货物配送完后必须回到原来的车场，每辆车可以服务多个需求点，但是所服务的需求点需求量之和不能超过这辆车的载重量，

目标是合理地安排配送路线，使每个需求点都能满足需求的条件下同时能够使车辆的总的行驶路程最短。图10.4所示为多车场车辆路径问题简化图。

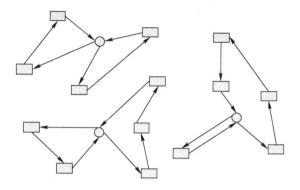

□表示需求点（配送点），○表示配送中心（车场）

图 10.4 多车场车辆路径问题简化图

需求点的编号为 1, 2, $\cdots$, N，车场编号为 $N+1, N+2, \cdots, N+M$，定义变量如下。

$$x_{ij}^{mk} = \begin{cases} 1, & \text{车场}m\text{的车辆}k\text{从需求点}i\text{行驶到需求点}j \\ 0, & \text{否则} \end{cases} \quad (10.26)$$

由此得到建立数学模型如下。

目标函数为

$$f = \min \sum_{i=1}^{N+M} \sum_{j=1}^{N+M} \sum_{m=1}^{M} \sum_{k=1}^{K_m} d_{ij} x_{ij}^{mk} \quad (10.27)$$

约束条件为

$$\sum_{i=1}^{N} \sum_{k=1}^{K_m} x_{ij}^{mk} \leqslant K_m, \quad i = m \in \{N+1, N+2, \cdots, N+M\} \quad (10.28)$$

$$\sum_{i=1}^{N} g_i \sum_{j=1}^{N+M} x_{ij}^{mk} \leqslant q, \quad m \in \{N+1, N+2, \cdots, N+M\}, \quad k \in \{1, 2, \cdots, K_m\} \quad (10.29)$$

$$\sum_{i=1}^{N+M} \sum_{m=1}^{M} \sum_{k=1}^{K_m} x_{ij}^{mk} = 1, \quad i \in \{1, 2, \cdots, N\} \quad (10.30)$$

$$\sum_{j=1}^{N+M} \sum_{m=1}^{M} \sum_{k=1}^{K_m} x_{ij}^{mk} = 1, \quad j \in \{1, 2, \cdots, N\} \quad (10.31)$$

$$\sum_{i=1}^{N} x_{ij}^{mk} = \sum_{j=1}^{N} x_{ij}^{mk} \leqslant 1, \quad i = m \in \{N+1, N+2, \cdots, N+M\}, k \in \{1, 2, \cdots, K_m\} \quad (10.32)$$

$$\sum_{i=N+1}^{N+M} x_{ij}^{mk} = \sum_{j=N+1}^{N+M} x_{ij}^{mk} = 0, \quad i = m \in \{N+1, N+2, \cdots, N+M\}, k \in \{1, 2, \cdots, K_m\} \quad (10.33)$$

在上述模型中，式（10.27）表示目标函数，即为车辆的最低运输成本；式（10.28）

表示各个车场派出的车辆总数不超过各自车场拥有的车辆数目；式（10.29）表示车辆的载重量不能超过车辆本身的容量；式（10.30）和式（10.31）表示每个需求点只能被一辆车服务一次；式（10.32）表示每个车辆都是从各自的车场出发最后返回到各自的车场；式（10.33）表示车辆不能从一个车场到另外一个车场。

2）战时军事物资配送建模

时效性是关系战争胜负的重要因素之一，现代战争的节奏越来越快，哪一方能够第一时间掌握有效信息，第一时间保障作战物资的供应，哪一方就能够掌握战争的主动权。所以时效性是战时军事物资配送中的首要考虑因素。另外，战争发生时，道路的条件变得异常复杂，部分道路会被敌方损坏封锁起来，部分由于破坏会大大降低安全性，在车辆运输物资过程中，还可能遭到敌人的伏击，因此在军事物资配送中，安全性必须作为一个重要的优化目标。

在非战时多车场车辆的基础上，建立战时军事物资配送模型如下。

目标函数：

$$f_1 = \min \sum_{i=1}^{N+M} \sum_{j=1}^{N+M} \sum_{m=1}^{M} \sum_{k=1}^{K_m} t_{ij} x_{ij}^{mk} \tag{10.34}$$

$$f_2 = \max \prod_{i=1}^{N+M} \prod_{j=1}^{N+M} \prod_{m=1}^{M} \prod_{k=1}^{K_m} p_{ij} x_{ij} \tag{10.35}$$

$$\sum_{i=1}^{N} \sum_{k=1}^{K_m} x_{ij}^{mk} \leqslant K_m, \quad i = m \in \{N+1, N+2, \cdots, N+M\} \tag{10.36}$$

$$\sum_{i=1}^{N} g_i \sum_{j=1}^{N+M} x_{ij}^{mk} \leqslant q, \quad m \in \{N+1, N+2, \cdots, N+M\}, k \in \{1, \cdots, K_m\} \tag{10.37}$$

$$\sum_{i=1}^{N+M} \sum_{m=1}^{M} \sum_{k=1}^{K_m} x_{ij}^{mk} = 1, \quad i \in \{1, 2, \cdots, N\} \tag{10.38}$$

$$\sum_{j=1}^{N+M} \sum_{m=1}^{M} \sum_{k=1}^{K_m} x_{ij}^{mk} = 1, \quad j \in \{1, 2, \cdots, N\} \tag{10.39}$$

$$\sum_{i=1}^{N} x_{ij}^{mk} = \sum_{j=1}^{N} x_{ij}^{mk} \leqslant 1, \quad i = m \in \{N+1, N+2, \cdots, N+M\}, k \in \{1, 2, \cdots, K_m\} \tag{10.40}$$

$$\sum_{i=N+1}^{N+M} x_{ij}^{mk} = \sum_{j=N+1}^{N+M} x_{ij}^{mk} = 0, \quad i = m \in \{N+1, N+2, \cdots, N+M\}, k \in \{1, 2, \cdots, K_m\} \tag{10.41}$$

f_1 表示配送时间最小，f_2 表示安全系数最高。

车辆从点 i 到点 j 的通过时间用 t_{ij} 来表示，车辆能安全地从点 i 到点 j 的概率用 p_{ij} 表示。

这是一个多目标优化问题，通常情况下的解决办法是赋予两个目标函数权重值，把问题简化成单目标优化问题进行解决完成。

10.3 RFID 读写器网络优化部署

射频识别（Radio Frequency Identification, RFID）技术作为物联网感知层的核心技术，起着联系物理世界和信息世界的纽带作用。RFID 系统通过读写器来感知物理世界。单个读写器的读写范围有限，需要一定数量的读写器同时部署在待监控区域协同工作才能完整、立体地反映出对物理世界的认知。随着 RFID 技术的不断成熟，RFID 系统的规模扩大，系统结构复杂度越来越大，读写器部署的数量越来越多、部署位置也越来越分散，这给 RFID 系统的应用造成了诸多问题，例如读写器部署的冗余、大量数据的重复、负载的失衡等。RFID 读写器部署问题成为了 RFID 技术应用亟须解决的首要问题。

10.3.1 RFID 系统概念及组成

RFID 系统由读写器、标签和天线三部分组成，读写器和标签之间通过无线电波进行通信。RFID 网络是在由同一工作区域内部署的多个 RFID 系统组成，如图 10.5 所示。

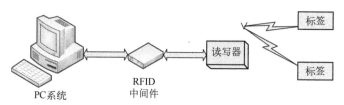

图 10.5 RFID 系统组成图

（1）标签（Tag），是可以附着到监控对象的小型设备，依靠自身天线与读写器通过无线电波信号进行通信。

（2）读写器（Reader），是通过发射无线电波信号和标签建立通信的设备。主要由发射器、接收器、天线和控制单元组成。其中，发射器通过产生功率以激活并向标签供电，发送数据；接收器从标签接收反射信号和数据。控制单元基于微处理器来控制与标签的通信，主要对从标签接收到的信号进行编码和解码。读写器的工作范围取决于天线的尺寸大小。

（3）天线（Antenna），天线是标签和读写器之间能够进行通信的导电元件，读写器和标签都具有各自的天线，二者可以通过天线实现非接触式的数据传输。其中，读写器的天线将读写器产生的电力转换为无线电波并发送到标签；标签的天线接收无线电波并将其转换为电标签供电。天线的种类和功率大小，决定了读写器与电子标签的通信方式和传输通道。

10.3.2 读写器部署问题描述及分析

RFID 读写器部署问题也称为覆盖问题。在任何一个网络规划中，覆盖问题都是核心问题，当有标签未被任何读写器覆盖时，必然造成信息的遗漏，影响系统整体的通信质量，因此覆盖问题是首要的约束指标。

1）读写器覆盖问题分类

RFID 网络的性能与读写器在监控区的放置直接相关,针对不同任务目标使用不同的覆盖策略及模型。按照 RFID 网络的覆盖效果,覆盖问题可分为点覆盖、区域覆盖和栅栏覆盖。

（1）点覆盖。如果待监测区中存在有限个离散的标签,这些标签可用于表示 RFID 网络中一些物理目标,同时要求每一个标签至少被其附近一个 RFID 读写器所感知到。为了覆盖这些标签,RFID 读写器被确定地或随机部署在传感器领域中,这种覆盖被称为点覆盖,如图 10.6 所示。

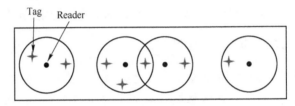

图 10.6　RFID 点覆盖模拟图

（2）区域覆盖。RFID 网络中的待监测区域为整个 RFID 网络,也就是说覆盖区域内的所有标签都被读写器覆盖,这种覆盖称为区域覆盖,如图 10.7 所示。

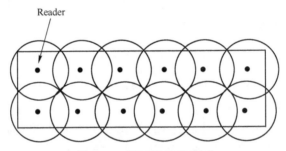

图 10.7　区域覆盖模拟图

（3）栅栏覆盖。当覆盖涉及构建检测入侵路线,或者在 RFID 网络中找到具有一些所需覆盖特征的穿透路径时,这种覆盖被称为栅栏覆盖,主要研究的是人或物体经过监控区域被检测到的概率,如图 10.8 所示。

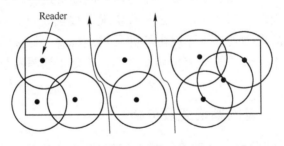

图 10.8　栅栏覆盖效果图

2）读写器部署方式

RFID 读写器具有数据信息采集功能、数据信息计算处理功能以及无线通信等功能,其部署方式关系 RFID 网络的构建方式。通常，RFID 网络通过将读写器确定性放置在期望的位置，或通过将读写器随机散射到 RFID 网络中来构造。

（1）确定性部署。确定性部署主要应用于已知环境中的中小型 RFID 网络。确定性部署的目标可归纳为回答以下问题：部署读写器的最佳位置（可用位置）在哪里可以最小化读写器数量（或网络成本），并可以满足点覆盖要求。主要在工业控制、智能交通、智能家居等领域中进行应用。

（2）随机性部署。当网络规模大或 RFID 环境偏远和敌对时，随机性部署可能是唯一的选择。最常用的随机部署模型是统一部署，其中每个读写器在 RFID 环境中的任何位置都具有相同的可能性。

10.3.3 读写器部署冗余问题及优化模型

1）读写器部署冗余问题

在 RFID 大型系统中，通常由于读写器的询问区域有限，需要大量读写器协作共同监视部署中的标签。在标签密集分布区域，会出现一个标签同时被多个读写器监控的情况，造成读写器的冗余部署。冗余读写器是指如果其询问区域内的所有标签被至少一个相邻读写器同时覆盖，则读写器是冗余的。以点覆盖形式为例，图 10.9 展示了 RFID 网络中冗余读写器的部署，其中，R1~R5 为读写器，T1~T6 为标签，为了保证标签全覆盖，只需要部署读写器 R1、R3，则系统内的冗余读写器为 R2、R4、R5。

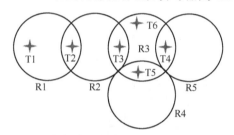

图 10.9 读写器冗余部署

解决信号冲突的方法之一就是读写器的去冗余，即冗余读写器消除。读写器去冗余问题的特定目的是通过消除最大化冗余读写器的数量来优化 RFID 系统服务质量，其可以被视为绿色计算的有效方法。首先，读写器的去冗余是提高 RFID 网络性能的一种优化方法，其主要通过减少能量消耗和读写器冲突来优化网络的部署，此外，它可以减少需要由后台软件系统处理的数据的大小。通常情况下，越多的冗余读写器被关闭，网络性能就越好。其次，可以将其视为 RFID 网络规划设计的评价指标之一。具有少量冗余读写器的网络是经济实用的，可以应用于许多领域，特别是在大规模和密集部署的 RFID 网络中。

2）读写器部署模型

为了简化研究，将 RFID 读写器部署候选点集合 $\varGamma$ 以及标签部署候选点集合 T 离散化为已知区域内的整数点集，并对 RFID 系统模拟环境做出以下假设：

(1) 读写器和标签是静态部署；
(2) 整个监视环境是平面的；
(3) 所有标签是无源的；
(4) 读写器天线为全向覆盖天线。

覆盖模型也称天线传播模型（Propagation Pattern），是指读写器的射频信号覆盖范围，也称为读写器的读写区域。读写器读写范围是 RFID 系统中最为关键的性能指标，也是决定覆盖模型的重要因素。把读写器的覆盖模型抽象为以读写器为中心，读写器的信号覆盖范围即圆形区域的大小。

二元模型，也称为 0-1 模型或者布尔模型。如图 10.10 所示，RFID 网络中某一读写器 R 的覆盖半径为 r，如果标签 T 与该读写器 R 的欧氏距离小于其覆盖半径，那么该标签 T 被感知的概率为 1，否则为 0。该模型的数学表示如下：

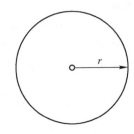

图 10.10　二元模型

$$p(R,T) = \begin{cases} 1, & d(R,T) \leqslant r \\ 0, & \text{其他} \end{cases} \tag{10.42}$$

其中，式（10.42）中 $p(R, T)$ 表示标签 T 被读写器 R 识别的概率；r 是读写器的最大读写半径；$d(R, T)$ 是读写器 R 和标签 T 之间的欧氏距离。

3）性能评价指标

（1）读写器部署数量。

RFID 网络的复杂度大小和运行成本高低取决于读写器部署的数量多少。因此，在实现全覆盖的前提下，对读写器数量进行最小化优化是 RFID 网络规划的首要目标。RFID 网络部署的最小读写器数量满足如下规划。

$$\min \sum_{i=1}^{I} c_i \tag{10.43}$$

$$\text{s.t.} \ \delta_{ij} = \begin{cases} 1, & \text{标签} j \text{被读写器} i \text{覆盖} \\ 0, & \text{其他} \end{cases} \tag{10.44}$$

$$\sum_{i=1}^{I} c_i > 0, \quad j = 1, 2, \cdots, J \tag{10.45}$$

$$c_i \in \{0,1\}, \ i = 1, 2, \cdots, J \tag{10.46}$$

（2）覆盖重叠指数。

RFID 网络中，读写器之间的距离越大，覆盖重叠率越小。因此，用覆盖重叠率指数来表示 RFID 系统内读写器之间覆盖重叠程度，其函数表达式如下。

$$\text{OLP} = \sum_{i=1}^{m-1} \sum_{j=i+1}^{m} O_{ij} \tag{10.47}$$

$$O_{ij} = \begin{cases} 1, & \text{dist}(R_i, R_j) < (r_i + r_j) \\ 0, & \text{其他} \end{cases} \tag{10.48}$$

式中：OLP 表示系统的覆盖重叠率指数；m 表示系统内部署的读写器数量；O_{ij} 为读写器是否重叠的判定值；$\text{dist}(R_i, R_j)$ 表示任意读写器 R_i 和 R_j 的欧氏距离；r_i 和 r_j 分别表示读写器 i 和 j 的询问半径。

4）有效冗余读写器消除模型

有效冗余读写器消除模型主要由性能函数和权重函数两部分组成。其原理为：首先，根据每个读写器的邻居数和覆盖数来定义性能函数；然后，使用结合性能函数和权重因子的权重方程给每个读写器分配权重；最终，具有最大权重的读写器获得标签，未分配任何标签或具有最小权重的读写器将被删除，实现冗余部署优化。

（1）性能函数方程为

$$f_c = \frac{C(r)}{\alpha \times \max[C(R)]} \tag{10.49}$$

$$f_n = 1 - \frac{N(r)}{\max[N(R)]} \tag{10.50}$$

式中：R 表示所有读写器的集合；r 表示个体读写器；$C(R)$ 和 $N(R)$ 分别表示各读写器的覆盖数集合和邻居数集合；f_c 和 f_n 分别表示覆盖数 $C(r)$ 的代价函数和邻居数 $N(r)$ 的性能函数；$\alpha \in (1, 3)$ 表示用户定义的乘法因子，用来使读写器 r 的代价函数 f_c 成比例并且可以相互影响。

（2）权重方程为

$$TW = l_c \times f_c \times l_n \times f_n \tag{10.51}$$

式中：TW 表示读写器的权重；l_c 和 l_n 分别为分配给性能函数 f_c 和 f_n 的权重因子，由用户定义并满足 $l_c + l_n = 1$。

10.3.4 读写器负载均衡问题及优化模型

1）读写器负载均衡问题

考虑读写器由电池供电的情况，由于环境约束，充电或更换电池很困难，所以，RFID 技术应用存在严重的能量约束问题，是其应用的"瓶颈"。而加强 RFID 网络数据处理能力、提高网络灵活性和可用性的技术就是负载均衡。

读写器负载是指单个读写器覆盖的标签的最大数量，其均衡问题是指，应该尽可能地使 RFID 系统内每个读写器监测相同数量的标签。日常部署的大型 RFID 系统，RFID 读写器通过向其询问区域内的被动式标签发射读写信号来建立通信。每个读写器的运行成本与其负责监控的标签的数量成正比。考虑读写器由电池供电的情况，分配给每个读写器的标签数量越多，其能量耗尽的速度就越大，系统的响应时间就越长。特别地，随着标签相对读写器的分布越来越分散，一些负载较大的读写器将越容易过早损坏，从而导致覆盖率下降，最终降低整个 RFID 系统的性能。图 10.11 给出了读写器失衡部署的典型案例。

2）性能评价指标

负载均衡性指标可用于确定整个 RFID 系统或 RFID 系统某一区域的负载均衡性。设 $N = \{num_i, \cdots, num_n\}$ 是 RFID 系统中部署读写器的负载集合，则系统均衡性指数可表示如下。

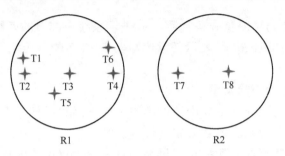

图 10.11　读写器负载失衡部署

$$LB = \left(\sum_{i=1}^{n} \text{num}_i\right)^2 / n\sum_{i=1}^{n} \text{num}_i^2 \quad (10.52)$$

其中，均衡指数的值在 0～1 之间，值越高表明均衡性越好。如果均衡性指数为 1，则负载分布是完全均衡的，在这种情况下，每个读写器与相同数量的标签相关联。如果负载分布完全不均衡，则均衡性指数为 $1/n$，这里所有标签都将与单个读写器相关联。

3）集合覆盖与读写器部署优化模型

已知，集合 $X=\{x_1, x_2, \cdots, x_n\}$，$F=\{S_1, S_2, \cdots, S_m\}$ 是 X 的子集系。若存在集合 C，其中 $C \subseteq F$，且满足式（10.53），则称 C 为 X 的一个集合覆盖（Set Cover, SC）。亦指 X 中的每一元素都至少包含于某一集合 S_i（$S_i \in F$）中。

$$\bigcup_{S_i \in C} S_i = X \quad (10.53)$$

集合覆盖问题（Set Cover Problem, SCP）是运筹学研究中的一个基本的组合优化问题。其概念是为求出满足式（10.53）的集合 C 的最小基数值，已经被证明是一个 NP 完全问题。设置放置问题是其主要有变形之一。

假设标签的位置坐标已知，并且实验区域抽象为所有整数点的集合，相关定义如下：

（1）读写器集合：$R=\{r_1, r_2, \cdots, r_n\}$；

（2）标签集合：$T=\{t_1, t_2, \cdots, t_n\}$；

（3）相应序号的读写器覆盖的标签数量集合：$N=\{\text{num}_1, \text{num}_2, \cdots, \text{num}_n\}$；

（4）相应序号的读写器所覆盖的标签集合：$C=\{C_{r1}, C_{r2}, \cdots, C_{rn}\}$。

设满足负载均衡并覆盖所有标签的读写器集合为 S，将读写器的优化部署问题映射为集合覆盖问题，可用式（10.54）的形式化语言表示。

$$\bigcup_{C_i \in S} C_i = T \quad (10.54)$$

令 δ_{ij} 表示标签 t_j 是否可以被读写器 r_i 覆盖的状态函数，对每一标签引入决策变量：

$$\delta_{ij} = \begin{cases} 1, & \text{标签}j\text{被读写器}i\text{覆盖} \\ 0, & \text{其他} \end{cases} \quad (10.55)$$

为了确保均衡不同读写器负载的同时能尽可能减少读写器之间的覆盖重叠，使用负载均衡性指数和抗干扰指数作为优化目标，建立如下模型：

$$\max f = \left(\sum_{i=1}^{n} \text{num}_i\right)^2 / n \sum_{i=1}^{n} \text{num}_i^2 \tag{10.56}$$

$$\text{s.t.} \sum_{i=1}^{n} \delta_{ij} > 0, \quad j=1,2,\cdots,n \tag{10.57}$$

$$f \in (0,1] \tag{10.58}$$

式中：f 表示负载均衡性指数；约束条件式（10.57）确保了系统内任意标签 j 都至少被一个读写器覆盖。

10.4 战时装备维修任务规划

维修任务规划是指在特定背景下，针对不同类型的待维修装备，选择与各部分相适宜的维修策略，加之对有限维修资源、路径等进行科学合理配置，使装备恢复到规定状态，并以高效节时、提高安全可靠性和降低代价为目标，对维修任务进行的全局优化。战时维修任务规划是与平时相对应，在作战过程中、在战场环境下进行的维修任务规划工作。

10.4.1 战时维修保障任务基本概念

战时装备维修属于装备保障体系，在整个系统的运作中发挥着巨大作用。图 10.12 所示为装备保障系统的构成。

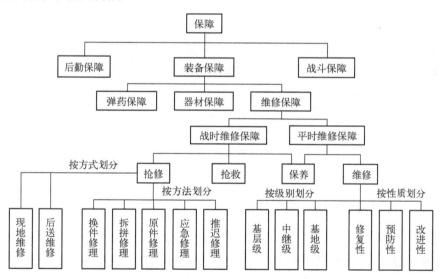

图 10.12 装备保障系统构成

战时维修保障又称为装备战场损伤评估与修复，主要包括装备的战场抢修、保障物资运输、维修资源调度等活动。其中，战场抢修即应用应急修复技术，对装备战损状况进行检查与诊断，根据战争需求对装备部件进行修复或替换，使之恢复战斗能力；保障物资运输、维修资源调度是指将战场抢修工作所需的人力物力等必需资源运送到需求地。这是战时保障中最重要的环节，对保持战斗力、主导战争进程具有至关重要的影响。

虽然战时维修与平时维修的最终目的都是使装备或器材恢复到可以完成任务的功能状态，但因为所处环境和条件的不同，两者还是有很大差异，不可一概而论。二者的差异主要表现在维修方法、维修顺序、维修质量要求等方面，具体如表 10.2 所示。

表 10.2 战时维修与平时维修的对比

	战时维修	平时维修
维修方法	多种维修方法相结合，出现不可维修的情况概率增加，需进行换件维修	一般采用修复性维修与预防性维修相结合，方法较为固定
维修时间	战场时间紧迫，维修时间要求（即最大维修保障时间）较高，必须尽快完成修理，不能影响作战任务	一般维修时间要求较宽松，时间相对宽裕
维修质量标准	以使装备能尽快重新投入战斗为目的，关键装备维修要求较高，一般装备不影响使用即可	应对所有装备进行尽可能细致的维修保障活动，对维修质量要求较高
故障原因	故障因战场上被炮弹、冲击波等击中而产生，发生突然，故障频率较高，不存在准确规律或因数据不足，难以进行统计	大部分故障由疲劳损伤导致，具有一定的故障规律，可根据对大量故障发生的概率进行统计，获得故障分布类型
装备重要性	重点维修制约装备性能的关键故障部件	每个部件在非战时对装备系统的影响一般不发生变化，其重要性是一定的，维修时一般不考虑重要性因素
维修顺序	根据装备战损情况和时间要求随时调整不同部件的维修顺序，灵活机动性较强	按照标准化维修流程进行维修，维修顺序固定，不常变动
维修环境	环境往往混乱多变，时常面临火力威胁或极端天气，缺乏必要的人力物力资源，人员心理因素不稳定	具有固定的场地和维修设备，维修人员、维修资料等较齐全，环境安全，人员心理因素稳定

现行战时装备地面维修保障方式有两种：后送维修和现地维修。此处针对现地维修，即由维修分队奔赴战场，对战损装备进行现场修理。主要分析以时效优先为目标的战时装备维修任务规划模型。

基于时效优先的单目标模型是通过对多个维修分队的路线和维修任务顺序进行规划，使维修分队在最短时间遍历所有任务点，但是由于战时环境具有不确定性与动态性，使得该模型比普通多旅行商问题更为复杂，一方面战损发生的时间、地点、数量难以通过随机方法进行预测；另一方面，战损随时可能发生，维修任务的数量并不是固定的，维修分队需要随时根据任务数量的变化调整路线，重新进行规划。此外，也涉及很多约束条件，比如每个维修分队分担的任务数量应当尽可能均衡、道路的通畅状况等。约束的处理是优化问题的关键，也为模型的构建和求解增加了难度。

10.4.2 战时维修任务需求分析

假设战场上陆续出现 N 处等待接受维修的战损装备，将之视作 N 个任务点，任务点之间的距离 d_{ij} 表示从任务点 i 到任务点 j 之间的距离，t_{ij} 表示从任务点 i 到任务点 j 的行进时间，t_{ij} 为不确定变量，其分布与 d_{ij} 相关。现指挥中心派出 M 个维修分队，从指挥中心出发，每个分队经历一部分任务点对战损装备进行维修，直到所有任务点都被遍历，维修分队再返回任务中心。

以三个维修分队为例，记为 m_1、m_2、m_3，分别从指挥中心出发，遍历战场上的 17 个维修任务点（依次编号为 $N_1 \sim N_{17}$），三个维修分队形成 3 个封闭回路，完成所有维修任务后返回指挥中心。其路径分别为 m_1 (0→7→4→1→2→3→0)、m_2 (0→12→9→16→11→6→8→5→0)、m_3 (0→10→13→15→17→14→0)，如图 10.13 所示。

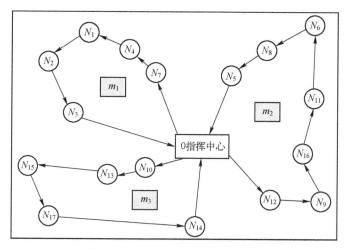

图 10.13　一个任务规划方案示例

时效优先的任务规划模型是一个单目标模型，要求完成任务的总时间最短，即合理安排每个维修分队的行进路线，使全局相应最快，时效性最高。从任务形式与需求分析上看，该问题与多旅行商问题类似。多旅行商行问题是经典的旅行商问题的扩展，即多个旅行商同时从一个城市出发，各自遍历一部分城市后回到出发点，要求每个城市都被一个旅行商经过一次。然而不同之处在于，战时维修任务具有动态性，任务的数量和位置随时会发生变化，这使得问题的复杂程度与求解难度进一步加大。

当任务点的数量不断增加时，从初始时刻维修分队出动开始，在行进过程中可能会接到新的指令，要求改变原路线，前往新产生的任务点。假设在上述基础上，随着时间推移，陆续增加了 3 个新的维修任务，记为 N_{18}～N_{20}，则新的路线如图 10.14 中实线所示，虚线为原路线。新路径为 m_1 (0→7→18→1→4→2→20→3→0)、m_2 (0→12→9→16→19→11→6→8→5→0)、m_3 (0→10→13→15→17→14→0)。

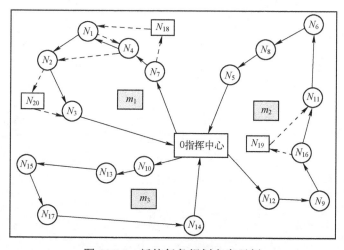

图 10.14　新的任务规划方案示例

这种问题相当于动态多旅行商问题，是一种复杂程度非常高的问题，求解十分困难。此类动态问题的求解方法可以分为两类：一是局域优化策略，即信息更新后，在初始路径的基础上进行局部调整，使初始解得到优化，而整体方案变动不大；二是整体重新优化策略，在信息更新后，将发生变化的问题看作一个新的静态问题重新求解。前者适用于规模较大的问题，局部优化效率更高，避免了整体变动造成的时间损失，但局部优化未必就能使整体也达到最优。后者适合中小规模的问题，可以使每次优化的结果都是全局最优，但要付出更多时间和计算的代价。

10.4.3 战时维修任务约束条件分析

上述问题本身就具有多约束的性质，而维修保障任务规划问题在此基础上还包含其他约束条件，比如道路通行率、装备完好率的最低要求、维修分队执行任务的能力上限以及总任务时间的限制等，这些约束条件共同作用使问题的描述更符合实际情况。

派遣多个维修分队的意义在于将任务分解成多个相对独立的子任务，能够提高效率节约时间。在规划战时维修任务时，为避免有的维修分队处于空闲状态造成资源浪费，而有的分队任务过多，延长了整体时间，每个维修分队负责的任务数量应基本均衡，这样才能在相近的时间内同时完成任务。图 10.15（a）和图 10.15（b）分别为均衡和不均衡任务分配示例。

设有 m 个维修分队，n 个任务点，一个指挥中心，M_p 表示第 p 个维修分队，N_i 表示第 i 个任务点，每个维修分队的路径和任务顺序记为 $T_p\{n_{p1}, n_{p2}, \cdots, n_{pt}\}$，每个分队负责的任务数量为 t_p，其中最大值 $\max(t_p)$，最小值 $\min(t_p)$，二者的差值与均衡度 e 成反比，即不同维修分队负责的任务数量差距越大，均衡度越低，有

$$e = \frac{1}{\max(t_p) - \min(t_q)} \tag{10.59}$$

在建模的过程中，应对均衡度进行限制，可将任务数量差值作为约束条件限定在一定范围内，或者将均衡度尽可能地作为一个目标进行求解。

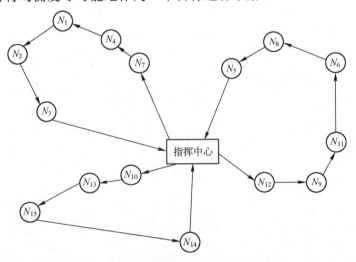

(a) 相对均衡的任务分配方案

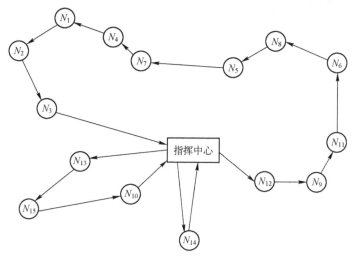

(b) 不均衡的任务分配方案

图 10.15　任务分配方案的均衡性对比

10.4.4　战时维修时效优先模型构建

为更准确地描述维修分队之间的协同状态，并且简化一些因素，需要首先进行一些假设，模型的构建是基于以下假设进行的。

（1）维修分队在初始时刻一同从指挥中心出发，任务途中仅接受指挥中心调遣。

（2）每个任务点都随时与指挥中心保持联系，能够及时告知指挥中心其位置坐标、装备受损程度等信息。

（3）每两个任务点之间都只有一条道路相连，若该道路不能通行，只能通过其他任务点迂回。任务点与指挥中心之间的道路一直可以通行。

（4）指挥中心能够实时规划每个维修分队的行进路线，并且立刻传达，该过程不耗费时间。

（5）每处受损装备只由一个维修分队进行维修，一个维修分队每次也只能进行一处任务。每个任务一旦开始就不能暂停或者更换其他分队。

（6）每个维修分队的维修能力和效率相同。

问题的抽象数学含义描述如下。

定义 10.1：经过赋权图 G 的每个顶点一次形成的封闭的圈，称为 Hamilton 圈，权值最低的 Hamilton 圈称为最优 H 圈。

有赋权完全图 $G(V, E, w)$，顶点集 $V=\{0, v_1, v_2, \cdots, v_n, v_{n+1}, \cdots, v_{n+k}\}$ 表示区域中的源点，E 为边集，w 为权值（指距离、时间或风险）。求顶点集的一个划分 $\{V_1, V_2, \cdots, V_m\}$，使每个集合都包含源点，将 G 划分为 m 个含有源点的子集 $G_1(V_1, E_1)$, $G_2(V_2, E_2)$, $\cdots$, $G_m(V_m, E_m)$，也就是 m 个 H 圈，当其边上权值之和最小时为最优 H 圈。

据此建立时效优先的战时装备维修任务规划模型：

$$\min \sum_{i=1}^{n+k} \sum_{j=1}^{n+k} t_{ij} x_{ij} \tag{10.60}$$

服从以下约束：

$$\sum_{i=1}^{n+k} x_{i0} = m \tag{10.61}$$

$$\sum_{j=1}^{n+k} x_{0j} = m \tag{10.62}$$

$$\sum_{i=1}^{n+k} x_{ij} = 1, \quad \forall j = 1,2,\cdots,n,n+1,\cdots,n+k \tag{10.63}$$

$$\sum_{j=1}^{n+k} x_{ij} = 1, \quad \forall i = 1,2,\cdots,n,n+1,\cdots,n+k \tag{10.64}$$

$$\sum_{i \notin S}\sum_{j \in S} x_{ij} \geqslant 1, \quad \forall S \subseteq V, S \neq \Phi \tag{10.65}$$

$$x_{ij} \in \{0,1\}, \forall (i,j) \in G \tag{10.66}$$

$$0 \leqslant \max(t_p) - \min(t_p) \leqslant D \tag{10.67}$$

$$P_{\min} \leqslant P_{ij} \leqslant P_{\max}, \quad \forall i,j = 1,2,\cdots,n,n+1,n+2,\cdots n+k \tag{10.68}$$

各符号含义如表 10.3 所示。

表 10.3 符号含义

符号	含义	符号	含义
n	初始时刻已存在的任务点数量	t_p	维修分队 M_p 承担的任务数
k	后续增加的任务点数量	$\max(t_p), \min(t_p)$	维修分队承担任务数量最大值和最小值
m	维修分队数量	D	任务数量差值上限
S_{ij}	任务点 i 到 j 的距离	P_{ij}	i 到 j 的道路通行率
t_{ij}	任务点 i 到 j 的时间	$p_{\min}, p_{\max}$	道路通行率上下限
x_{ij}	$x_{ij} = \begin{cases} 1, & \text{维修分队从任务点}i\text{到}j \\ 0, & \text{其他} \end{cases}$		

第 11 章　经典优化算法及其优化思想

随着对世界复杂性认识的加深，以及科技进步所带来装备的快速发展现状，现代装备管理涌现出了许多复杂组合优化问题，其不确定性和复杂性所带来的挑战造就了许多新的优化方法和思想的诞生。如第 10 章所列举的案例，其复杂性就很难运用传统的优化模型和方法进行求解。因此，本章主要对近几年发展的几个经典的优化算法及其优化原理和思想进行介绍。

11.1　梯度下降算法

梯度下降法（Gradient descent, GD）是求解无约束优化问题最简单、最经典的方法之一。顾名思义，梯度下降法指其计算过程是沿梯度下降的方向求解极小值。将最优化问题对应为求解函数极值的问题，其最大或最小优化方向即为极大值和极小值的求解。而微积分为我们求函数的极值提供了一个统一的思路：即找函数一阶导数等于 0 的点。梯度即为导数对多元函数的推广，它是多元函数对各个自变量偏导数形成的向量。因此，梯度下降法可以说是基于数学逻辑来实现最优化的求解方法。从数学的角度来看，梯度的方向是函数增长速度最快的方向，那么梯度的反方向就是函数减小最快的方向。

为了便于理解，我们以下山为例。比如刚开始的初始位置是在山顶位置，那么现在的问题是该如何快速达到山底呢？按照梯度下降算法的思想，它将按如下操作达到最低点：

Step1：明确自己现在所处的位置；
Step2：找到相对于该位置而言下降最快的方向，即梯度最大的反方向；
Step3：沿着 Step2 所找到的方向走一步，到达一个新的位置，此时的位置会比原来低；
Step4：循环操作 Step1～Step4，直至达到最低点，即梯度为 0 的点。

按以上 4 个步骤，最终可达到最低点，上述就是梯度下降的完整流程。对于凸函数而言，上述流程能够很精确地实现最优解的求解。但对于大多数问题，并不一定能满足标准凸函数的要求，往往不能找到最小值，只能找到局部极小值。因此，可通过设置多个不同的初始位置进行梯度下降，来寻找更优的极小值点。

一般将最优化问题统一表述为求解函数的极小值问题，即：$\min f(x)$。

对于一元函数，其泰勒公式展开为

$$f(x+\Delta x) = f(x) + f'(x)\Delta x + \frac{1}{2}f''(x)(\Delta x)^2 + \cdots + \frac{1}{n!}f'''(x)(\Delta x)^n \tag{11.1}$$
$$= f(x) + f'(x)\Delta x + o(\Delta x)$$

其中，$o(\Delta x)$ 表示高阶项。某点处导数 $f'(x)$ 与 0 的关系将决定函数值 $f(x)$ 随 x 的变化关系。

对于多元函数。其泰勒公式展开表达式为

$$f(x+\Delta x) = f(x) + (\nabla f(x))^T \Delta x + \frac{1}{2}H^2(\Delta x)(\Delta x)^2 + \cdots + \frac{1}{n!}H^n(\Delta x)(\Delta x)^n \tag{11.2}$$
$$= f(x) + (\nabla f(x))^T \Delta x + o(\Delta x)$$

其中，一次项 $(\nabla f(x))^T \Delta x$ 即为梯度向量 $\nabla f(x)$ 与自变向量增量 Δx 的内积。忽略高阶项，调整表达式为

$$f(x+\Delta x) - f(x) \approx (\nabla f(x))^T \Delta x \tag{11.3}$$

可以看到，多元向量梯度下降的关系反映函数值的变化为 $f(x+\Delta x) < f(x)$。相同增量 Δx 下，梯度越大，函数优化的效果越好。通过不断的迭代，当梯度满足 $\Delta f(x)=0$，实现极小值。

根据梯度下降法的实现步骤可以发现，其极小值的实现过程受到初始位置、迭代步长和局部最优的影响。

（1）初始位置。初始位置即迭代开始时的初始值。一般地，对于不带约束条件的优化问题，通常将初始值设置为 0，或者设置为随机数，对神经网络的训练，一般设置为随机数，这对算法的收敛具有极大影响。但有时候变量 x 存在约束，如等式约束或不等式约束定义了其可行域。此时可通过拉格朗日乘数法进行预处理。拉格朗日乘子法的基本思想是通过引入拉格朗日乘子将含有 n 个变量和 k 个约束条件的约束优化问题转化为含有 $(n+k)$ 个变量的无约束优化问题。

（2）迭代步长。迭代步长即每次计算迭代时，自变向量 Δx 的增量。根据式（11.3），通过调整步长 Δx 来控制每次移动的距离，可以实现优化幅度的调控。然而，实际计算过程中，过小的迭代步长会增大计算复杂性，降低优化计算的效率。而过大的迭代步长可能导致极值点被错开，无法找到最优值，如图 11.1 所示。因此，需要选择合适的迭代步长才能实现有效的优化计算。

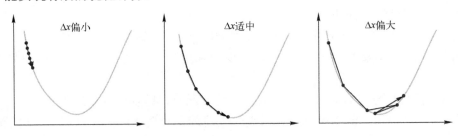

图 11.1　不同步长下的优化示意图

（3）局部最优。迭代寻优过程中，梯度下降法不一定能实现全局最优，非凸函数的寻优过程可能会使执行过程在局部的极小值点或者鞍点处停止操作。通过随机设置多初值进行寻优，将结果进行对比可减少局部最优结果的误判，但仍不能保证得到全局最优解。

尽管梯度下降法存在着靠近极小值时收敛减速、"之"字形下降和直线搜索易出问题等缺陷，其严密的数学逻辑使其仍然是许多组合算法所钟爱的对象。尤其随着机器学习和人工智能的兴起，梯度下降法在实现递归性逼近最小偏差模型中再次发挥着自己的价值。

11.2 模拟退火算法

模拟退火算法（Simulated Annealing, SA）的思想来源于固体退火原理。将固体加热升温时，固体内部粒子的运动随温度的升高变为无序状态，导致内能增大；之后再让固体缓缓冷却，冷却过程中粒子的运动渐趋有序，在每个温度都达到平衡态，最后在常温时达到基态，内能降为最小。1983 年，S. Kirkpatrick 等基于物理中固体物质的退火过程与一般组合优化问题之间的相似性，将退火思想引入组合优化领域中，它是通过基于 Monte-Carlo 迭代求解实现随机寻优。模拟退火算法从某一较高初温出发，伴随温度参数的不断下降，结合概率突跳特性在解空间中随机寻找目标函数的全局最优解，对于局部最优解能实现概率性地跳出并最终趋于全局最优。

根据 Metropolis 准则，粒子在温度 T 时趋于平衡的概率为 $e^{(-\Delta E/(kT))}$，其中，E 为温度 T 时的内能，ΔE 为其能量改变量，k 为 Boltzmann 常数。用固体退火模拟组合优化问题，将内能 E 模拟为目标函数值 f，温度 T 演化成控制参数 t，即得到解组合优化问题的模拟退火算法：由初始解 i 和控制参数初值 t 开始，在给定的控制参数初值下，算法随机地从可行解出发，持续进行"产生新解—判断—接受／舍弃"的迭代过程，在迭代递减时产生一系列的马尔可夫链，通过计算系统的时间演化过程，逐步逼近问题的最优解。停止准则达到后（设置误差或迭代次数），根据控制参数衰减函数减小控制参数的值，重复进行上述步骤，就可以在控制参数达到终止时，求得组合优化问题的整体最优解。退火过程由冷却进度表控制，包括控制参数的初值 t 及其衰减因子 Δt、每个 t 值时的迭代次数 L 和停止条件 S。

模拟退火算法求得的解与初始解状态无关，因此其初始值可以随机选取；其渐近收敛性已在理论上被证明是一种以概率 1 收敛于全局最优解的全局优化算法。模拟退火算法求解的关键可以分为解空间、目标函数和初始解三部分，主要包括以下 6 个组成要素：

（1）状态空间与状态生产函数。搜索空间也称为状态空间，由经过编码的可行解集合所组成。状态产生函数应尽可能保证产生的候选解遍布全部解空间。可按某概率密度函数对解空间进行随机采样得到备选解。

（2）状态转移概率。状态转移概率是从一个状态向另一个状态进行转变的概率；这里表示为对一个新解的接受概率；一般采用 metropolis 准则来实现转移判断。

（3）冷却进度表。冷却进度表是从某一高温状态向低温状态冷却时的降温管理表。假设初始时刻的高温为 T_0，时刻 t 的温度为 $T(t)$，则经典模拟退火算法的降温方式为 $T(t)=T_0/\lg(1+t)$。

（4）初始温度。实验表明，初温越大，获得高质量解的概率越大，但这将增加计算时间。因此，初始温度的确定应需要综合考虑优化质量和优化效率。

（5）内循环终止准则。或称 Metropolis 抽样稳定准则，用于决定在各温度下产生候选解的数目。常用的抽样稳定准则包括：①检验目标函数的均值是否稳定；②连续若干步的目标值变化较小；③按一定的步数抽样。

（6）外循环终止准则。即算法终止准则，可以设置终止温度的阈值，也可通过设置迭代次数，或通过误差阈值等方式实现。

设目标函数为 $y=f(x)$，模拟退火算法的基本流程如图 11.2 所示。

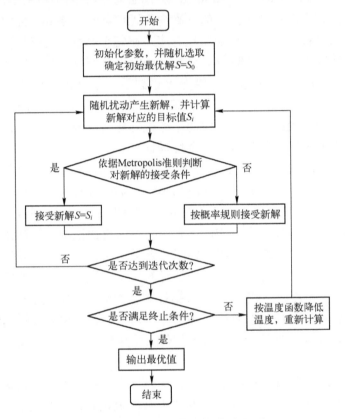

图 11.2　模拟退火算法基本流程图

Step1：选定初始控制温度 T_0（通常设置为充分大），马氏链长度 L_0，在可行解空间中随机选取一个初始解 S_0，此时，设定最优解为 $S=S_0$，迭代次数记为 $k=0$，降温函数（即控制参数衰减函数）$T_k=h(k)$。

Step2：产生一次随机扰动，在可行解空间中得到一个新解 S_1。

Step3：依据 Metropolis 准则判断是否接受新解：

① 若 $f(S_0) \geq f(S_1)$，则接受新解 S_1，此时最优解 $S=S_1$，

② 若 $f(S_0) < f(S_1)$，则当满足条件 $\exp\left(\dfrac{f(S_0)-f(S_1)}{T_k}\right) > \mathrm{rand}[0,1]$ 时，接受新解 S_1，此时最优解调整为 $S=S_1$，否则，拒绝 S_1，最优解仍为 S_0。

Step4：对 $k=1, 2, \cdots, L_0$ 重复执行 Step2 和 Step3，得到链长为 L_0 的马氏过程下的一个最优解。

Step5：判断是否满足停止准则，若满足则输出最优解，算法停止，否则继续执行下一步。

Step6：迭代次数 $k=k+1$，最优解更新为 Step4 得到的解，温度函数更新为 T_{k+1}，马氏链长度变为 L_{k+1}，回到 Step2。

模拟退火算法是一种通用的优化算法，理论上算法具有概率上的全局优化性能，目前已在工程中得到了广泛应用。但也存在收敛速度慢，执行时间长，算法性能与初始值有关及参数敏感等缺点。因此，有许多的改进算法和措施被相继提出，例如可通过增加升温或重升温过程，避免算法在局部极小解处停滞不前；或增加记忆功能，避免搜索过程中遗失当前最优解；或结合其他搜索机制的算法，如遗传算法、混沌搜索等方式加以改进。

11.3 遗传算法

遗传算法（Genetic Algorithm, GA）最早是由美国的 John holland 于 20 世纪 70 年代提出，该算法是根据自然界中生物体进化规律，模拟达尔文生物进化论的自然选择和遗传学机理的生物进化过程的计算模型。它是一种多参数，多组合同时优化方法，通过模拟自然进化过程实现搜索最优解。该算法通过数学的方式，利用计算机仿真运算，群体中的个体被称为染色体，在迭代过程中染色体通过交叉、变异、选择算子来实现更新遗传。根据适合度函数来选择一定比例的个体作为后代的群体继续迭代计算，直到它收敛到全局最优。

遗传算法主要组成要素包括以下几个方面：

（1）编码。遗传算法首先需要根据问题进行编码，并将问题的可行解转化为遗传算法的搜索空间。

（2）适应度函数。适应度函数，也称为目标函数，是对整个个体与其适应度之间的对应关系的描述。具有高适应性的个体中包含的高质量基因具有较高的传递给后代的概率，而具有低适应性的个体的遗传概率较低。适应度函数实现的是类似生物进化中"优胜劣汰"的规则。

（3）遗传。根据自然基因遗传规律，基本的遗传包括：①选择。基于个体适应度评估，选择群体中具有较高适应度的个体，并且消除具有较低适应度的个体。②交叉。模拟自然界生物进化过程中，两条染色体通过部分基因交换形成新的染色体，交叉是遗传算法的核心环节。交叉算子的设计需要根据具体的问题具体分析，产生的新的个体必须满足染色体的编码规律，目的是将父代优良性状最大程度地遗传给下一代染色体。③变异。通过随机选择的方法改变染色体上的遗传基因，变异在算法中以随机性来体现。

标准遗传算法的基本流程如图 11.3 所示，主要由以下基本步骤组成实现。

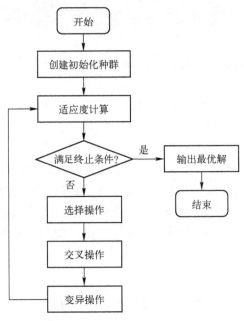

图 11.3 蚁群算法基本流程图

Step1：设计向量编码：遗传算法不直接处理解空间数据，需通过编码将解空间中的设计向量转化为遗传空间中的基因串，通过遗传算法改变基因串的结构以达到搜索解空间中最优解的目的。

Step2：生成初始群体：随机生成 n 个基因串（每个基因串对应解空间的一个设计向量），以此作为迭代搜索的初始点。

Step3：适应度计算：适应度反应基因串对环境的适应能力，遗传算法仅通过适应度来评价群体中的两个个体的优劣情况，适应度越大，个体的遗传基因越优。

Step4：对群体基因串进行遗传算子操作，产生新一代群体基因串。主要通过选择、交叉、变异三种算子实现，选择算子的目的是从群体基因串中选择遗传基因优良的基因串作为遗传父代，交叉算子的目的是产生子代基因串，变异的目的是为新基因串的产生提供机会。通过上述三种遗传算子形成新一代（子代）群体基因串，如此反复迭代遗传直到获得最优解。

遗传算法具有良好的全局搜索能力，可以快速地将解空间中的全局最优解进行搜索，其交叉、变异算子能很好地解决局部最优的陷阱，且利用其内在并行性，可以实现分布式计算。其优点主要体现在：

（1）寻优过程不需梯度信息，特别适用复杂目标函数的优化。

（2）搜索从群体出发，同时实现多个个体比较，且能够进行并行计算。

（3）利用概率机制进行迭代，而非确定规则，具有随机性。

（4）对初始解没有严格要求。

同时，遗传算法在迭代寻优的过程中容易出现以下问题：

（1）遗传算法在编码规则性和编码表示方面存在不准确性，且不能完全表达优化问题的约束。

（2）算法对新空间的搜索能力有限，处理规模较小，特别是在优化的后期阶段，搜索效率很低，很容易收敛到局部最优解。

（3）交叉算子和变异算子的实现需要较多参数设置，而参数的选择对解的质量具有严重影响。

（4）遗传算法对初始种群有很强的依赖性，直接影响解的收敛性和优化结果的质量。

（5）一般情况下遗传算法迭代次数越多，算法的收敛性越好，但在增加遗传迭代次数的同时将增加算法的计算量，仍然存在计算效率和精确性之间的矛盾。

随着计算规模的增大，遗传算法已不能很好地解决大规模计算问题，许多基于遗传算法的改进被提出和应用，尤其人工智能技术的发展，为遗传算法的发展带来了更广阔的平台。

11.4 蚁群算法

蚁群算法（Ant Colony Optimization, ACO）由意大利学者 Dorigo、Maniezzo 等于 20 世纪 90 年代首先提出，蚁群算法是一种仿生优化算法，采用基于当前信息路径选择的随机选择策略，它的特点是利用生物个体的简单行为特性，实现生物群体的智能效果。蚁群在觅食过程中，蚂蚁个体会释放一种称为"信息素"的物质，"信息素"会随时间而挥发，较长的路径由于蚂蚁经过的频次低于较短路径的频次，因此"信息素"的浓度会较低，通过"信息素"浓度蚂蚁可以识别并选择较短路径，这将进一步加强较短路径上的"信息素"浓度，形成一种类似正反馈的机制，使搜索过程不断收敛，经过一段时间后，整个蚁群就会沿着最优路径到达食物源。

下面基于旅行商问题（TSP）对蚁群算法的基本流程和步骤进行说明。旅行商问题是指给定一系列城市和各城市之间的距离，需要找出一条最短路径实现对每个城市的访问并回到出发点。

将 TSP 问题用网络模型进行描述，建立图 $G=(V, E)$，$V=\{v_1, v_2, \cdots, v_n\}$，$n$ 为城市数，$E=\{e_1, e_2, \cdots, e_m\}$，$m$ 为所有城市之间的路径总数。算法设计中的主要参数有：

（1）蚂蚁数量，需要确定适量的蚂蚁数量进行最优路径的探索。数量过多容易造成路径上的信息素浓度趋于平均，减弱正反馈作用而导致收敛速度减弱；数量过少可能存在部分路径未被探索而错失全局最优。

（2）信息素重要度因子，反映蚂蚁探索过程中信息素对蚁群搜索中行为引导的相对重要度。设置过大容易使随机搜索性减弱；设置过小容易过早陷入局部最优。

（3）启发函数重要度因子，反映启发式信息在指导蚁群搜索中的相对重要程度。设置过大容易陷入局部最优；设置太小容易陷入纯粹的随机搜索。

（4）信息素挥发因子，反映信息素的消失或保留水平。取值过大容易影响随机性和全局最优性；取值太小则会造成收敛速度降低。

（5）信息素总量，表示蚂蚁遍历一次所有城市所释放的信息素总量。总量越大则收敛速度越快，但是容易陷入局部最优；反之会影响收敛速度。

蚁群算法实现的基本流程和步骤如图 11.4 所示。

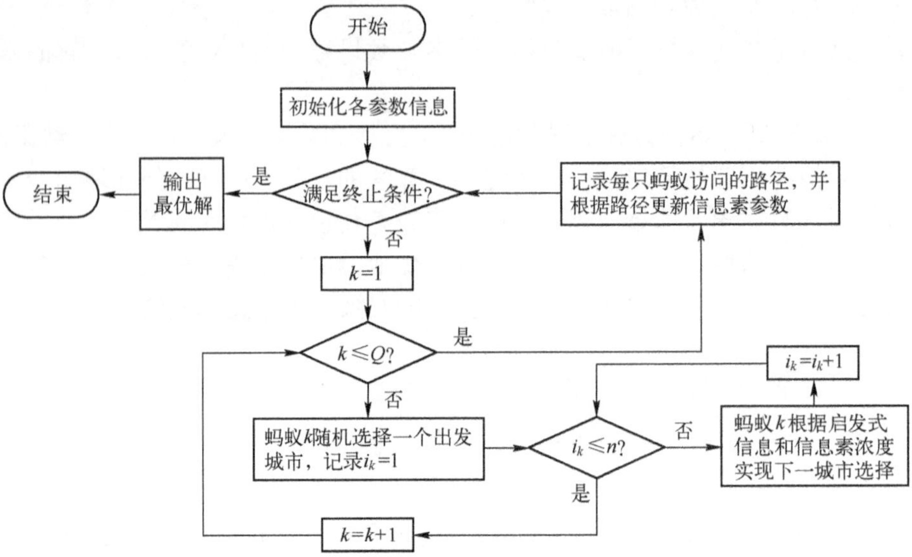

图 11.4　蚁群算法基本流程图

Step1：初始化相关参数，包括蚁群规模 Q、信息素重要程度因子、启发函数重要程度因子、信息素挥发因子、信息素释放总量、最大迭代次数等。

Step2：构建解空间，每只蚂蚁随机选择起始城市，并计算每只蚂蚁的下一个访问城市（蚂蚁在每一个城市选择下一个城市的概率与城市之间的距离和当前连接路径上所包含的信息素余量有关，为了限制蚂蚁对已经过城市的重复游走，可设立禁忌表），直到所有蚂蚁访问完所有城市。

Step3：更新信息，计算每只蚂蚁经过路径及其总长度，记录当前迭代次数中的最优解（最短路径）。同时，根据函数关系对各个城市连接路径上信息素浓度进行更新，包括原有信息素的挥发和经过路径上信息素的增加。

Step4：判断是否终止，达到最大迭代次数或所有蚂蚁选择同一路径，则算法结束，终止计算，输出最优解；否则清空蚂蚁经过路径的记录表，返回 Step2 进入下一步迭代。

蚂蚁具有的智能行为得益于其简单行为规则，该规则让其具有多样性和正反馈。在觅食时，多样性使蚂蚁不会限于局部最优而能实现全局探索，是一种创新能力；正反馈使优良信息保存下来，是一种学习强化能力。两者的巧妙结合使智能行为涌现，如果多样性过剩，系统过于活跃，会导致过多的随机运动，陷入混沌状态；如果多样性不够，正反馈过强，会导致僵化，当环境变化时蚁群不能适应性调整。

与其他优化算法相比，蚁群算法具有以下特点：

（1）采用正反馈机制，使得搜索过程不断收敛，最终逼近最优解。

（2）个体通过"信息素"改变环境，留下探索信息，且每个个体能够感知环境信息的变化，个体间通过环境进行间接的通信。

（3）搜索过程可采用分布式实现高效的并行计算。

（4）概率搜索方式可避免陷入局部最优，易于寻找到全局最优解。

然而，蚁群算法由于其诸多的参数，且算法中对关键参数的选取及初始值的设定对结果具有较大影响，需要借助一定的经验性或通过其他算法实现参数的合理设置才能实现高效的寻优，这极大地限制了其在不同优化领域的应用和扩展。理论上目前还未见到一般性的最优收敛性证明，还需进一步进行科学上的理论论证。

11.5 粒子群算法

粒子群算法（Particle Swarm Optimization, PSO）是 Eberhart 和 Kennedy 于 1995 年提出的基于对鸟群觅食过程的模拟，其思想来源于人工生命和演化计算理论，基本的原理是个体之间通过合作与竞争能够实现对多维复杂空间的高效探索，换言之，群体能表现出个体所不具备的处理复杂问题的智能行为。

鸟群的觅食过程中既有分散又有群集的特点。一群鸟在随机搜寻食物过程中，如果在这个区域里只有一块食物，所有的鸟都不知道食物在哪里，但是它们通过分享信息知道食物离它们所在位置的距离。那么寻找食物最简单有效的策略就是搜寻距离食物最近的鸟所在周围区域。粒子群算法中每个粒子的位置就代表被优化问题在搜索空间中的潜在解，每个粒子有一个速度描述它们搜索的方向和距离。所有粒子都存在"适应度"函数，即目标函数，通过"适应度"函数值来实现行动决策，追随当前的最优粒子在解空间中进行搜索。

粒子群算法的基本步骤是首先初始化为一群随机粒子（随机解），然后通过迭代找到最优解。在每一次迭代中，粒子通过跟踪两个"极值"来更新自己的位置：一是粒子本身所找到的最优解，称为个体极值；另一个极值是整个种群目前找到的最优解，称为全局极值。假设在一个 D 维的目标搜索空间中，有 m 个粒子组成一个粒子群落，其中第 i 个粒子的位置表示为一个 D 维的向量 $\mathbf{x}_i=(x_{i1}, x_{i2}, \cdots, x_{iD})$，"飞翔"速度记为 $V_i=(v_{i1}, v_{i2}, \cdots, v_{iD})$，粒子 i 的历史最优位置记为 $\mathbf{p}_i=(p_{i1}, p_{i2}, ..., p_{iD})$；所有粒子迄今为止搜索到的最好位置记为 $\mathbf{p}_g=(p_{g1}, p_{g2}, \cdots, p_{gD})$。粒子的速度和位置参数按以下更新函数来实现调整：

$$v_{id}^{k+1} = wv_{id}^k + c_1 \times \text{rand}() \times (p_{id} - x_{id}) + c_2 \times \text{rand}() \times (p_{gd} - x_{id}) \tag{11.4}$$

$$x_{id}^{k+1} = x_{id}^k + v_{id}^k \tag{11.5}$$

式中：$i=1, 2, \cdots, m$，$d=1, 2, \cdots, D$；w 为惯性权重；c_1 和 c_2 称为加速系数；rand()为区间 $[0, 1]$ 上的伪随机数；速度满足 $|v_{id}| \leqslant v_{id\,\max}$。

式（11.4）中第一部分 wv_{id}^k 为粒子对其先前速度的保持，它表明粒子对其搜索空间进行扩张的趋势，保证了算法全局搜索的能力；第二部分 $c_1 \times \text{rand}() \times (p_{id}-x_{id})$ 反映粒子吸取自身经验知识的程度；第三部分 $c_2 \times \text{rand}() \times (p_{gd}-x_{id})$ 反映粒子参考群体知识的程度。没有第二部分的模型能够拥有较快的收敛速度，但对于复杂问题易陷入局部最优值。没有第三部分的模型很难实现最优解收敛，因为每个粒子只能对自己的探索范围进行局部循环。图 11.5 所示为粒子群算法的基本流程，其算法框架如下。

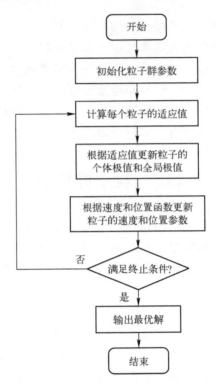

图 11.5 粒子群算法基本流程图

Step1：根据具体问题设置适应度函数，并初始化所有的粒子的速度和位置，将每个粒子的历史最优 p_i 设为当前位置，而群体中最优的个体作为当前的 p_g。

Step2：计算每个粒子的适应度函数值。

Step3：如果该粒子当前的适应度函数值比其历史最优值要好，那么历史最优将会被当前位置所替代。

Step4：如果该粒子的历史最优比全局最优要好，那么全局最优将会被该粒子的历史最优所替代。

Step5：对每个粒子按照式（11.4）和式（11.5）分别对速度和位置进行更新。

Step6：迭代次数加 1，判断是否满足结束条件。满足，输出 p_g 并结束计算。否则转到 Step2。

粒子群算法在多维空间函数寻优、动态目标寻优等方面有着收敛速度快、解质量高、鲁棒性好等优点，特别适合于工程应用。而且算法比较简单，计算量小，实用性好，编程实现较更容易。然而，粒子群算法搜索的核心机制在于对粒子速度和位置的更新，算法的搜索性能对参数具有较大的依赖性和敏感性，虽然在搜索的初期具有较快收敛速度，但参数设置的不当将会导致分歧或循环行为，后期易于陷入振荡和局部最优。粒子群算法的广泛应用已经证明了它的有效性，尤其与其他算法或技术的结合更扩展了其应用范围，如结合机器学习可弥补其参数设置对经验的依赖问题。但其收敛性、收敛速度估计等方面仍没有实现数学上的严格证明，这限制了粒子群算法的进一步发展。

11.6 神经网络算法

19 世纪末，人们认识到复杂的神经系统是由数目繁多的神经元组合而成，它们互相联结形成神经网络，各神经元之间的连接强度和极性不同且可调整，基于这一特性人脑实现了存储信息的功能。通过感觉器官和神经接收来自身体内外的各种信息，传递至中枢神经系统内，经过对信息的分析和综合，再通过运动神经发出控制信息，以此来实现机体与内外环境的联系，协调全身的各种机能活动。

人工神经网络（Artificial Neural Networks, ANN）系统由众多的神经元可调的连接权值连接而成，是一个具有学习能力的系统，具有初步的自适应与自组织能力，在学习或训练过程中，通过学习改变权重值，以适应周围环境的要求，同时可以发展知识，形成更新的知识。神经网络算法的优势在于可以处理那些难以用数学模型描述的系统，且具有大规模并行处理、分布式信息存储、良好的自组织自学习能力等特点。人工神经网络的学习训练方式可分为两种，一种是有监督学习，即利用给定的样本标准进行分类或模仿；另一种是无监督学习，该模式只规定学习方式或某些规则，具体的学习内容随系统所处环境而异，系统可以自动发现环境特征和规律性，具有更近似人脑的功能。

在多层前馈网络中，提出最早也是应用最普遍的是反向误差传播神经网络，简称 BP（Back Propagation）神经网络算法，这是人工神经网络中的一种监督式的学习算法，通过利用大量神经元相互连接组成人工神经网络显示出人的大脑的某些特征。如图 11.6 所示，标准的 BP 网络通常由三部分组成，分别是输入层、隐含层与输出层。BP 神经网络在层与层之间保持全互连状态，但是每层的神经元之间互不连通。输入层与输出层为单层结构，神经元数量根据实际情况设置。隐含层可以是一层，也可以设置多层结构。

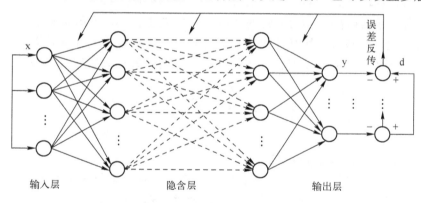

图 11.6　BP 网络结构示意图

标准的 BP 网络采用的是误差梯度下降的算法，在多层网络中使用了梯度反向传播的计算方法。BP 算法的主要思想是把训练过程分为两个阶段。

第一阶段，正向传播过程，输入信息通过输入层经隐含层逐层处理并计算每个单元的实际输出值。若输出层的实际输出与期望输出（教师信号）不符，则转向误差的反向传播阶段。

第二阶段，反向传播过程，误差的反向传播是将输出误差以某种形式通过隐含层向输入层逐层反传，并将误差分摊给各层的所有单元，从而获得各层单元的误差信号，此误差信号即作为修正各单元权重值的依据。

将误差的平方和定义为目标函数，即

$$E_k = \frac{1}{2}\sum_{i=1}^{m}(d_{ik} - y_{ik})^2 \qquad (11.6)$$

式中：m 为输出层节点数；d_{ik} 和 y_{ik} 分别为第 k 个样本中第 i 个节点的期望输出和实际输出。

S 个样本的总误差定义为

$$E = \frac{1}{2S}\sum_{k=1}^{S}E_k \qquad (11.7)$$

如此，网络学习问题等价于无约束最优化问题：$\min E(w)$。

BP 神经网络算法的学习目的就是调整权值 w，使总误差 E 实现最小化。

$$w_{ij}(t+1) = w_{ij}(t) + \Delta w = w_{ij}(t) - \eta\frac{\partial E}{\partial w_{ij}} \qquad (11.8)$$

式（11.8）即为误差梯度下降算法下的权值调整函数。η 为步长；t 为迭代次数。

信号周而复始地在正向传播与误差反向传播之间进行以实现各层权值的优化调整。权值不断调整的过程，就是网络的学习训练过程。此过程一直进行到网络输出的误差符合到可接受的程度，或完成预先设定的学习次数为止。

BP 神经网络算法在理论上可以逼近任意函数，基本的结构由非线性变化单元组成，具有很强的非线性映射能力。网络的中间层数、各层的处理单元数及网络的学习系数等参数可根据具体情况设定，具有很大的灵活性，但也存在收敛速度慢、容错能力差、算法易陷于局部极小等缺陷。学者们针对其缺陷也发展出相当多的改进算法，根据不同算法特性，可以把一些基本结构互补的算法进行组合，实现更好的计算效果。神经网络算法在优化、信号处理与模式识别、智能控制、故障诊断等许多领域都有着广泛的应用。

参 考 文 献

[1] 侯金宝. 智能算法综述[J]. 科技资讯, 2009(8):1.
[2] 张纪元. 梯度下降法[C]. 中国数学会第四届全国最优化数值方法学术会. 1987.
[3] 李兴怡, 岳洋. 梯度下降算法研究综述[J]. 软件工程, 2020, 23(2):4.
[4] 卢宇婷, 林禹攸, 彭乔姿, 等. 模拟退火算法改进综述及参数探究[J]. 大学数学, 2015, 31(6):8.
[5] 杨汉桥, 林晓辉. 遗传算法与模拟退火法寻优能力综述[J]. 机械制造与自动化, 2010, 39(2):3.
[6] 李岩, 袁弘宇, 于佳乔, 等. 遗传算法在优化问题中的应用综述[J]. 山东工业技术, 2019(12):3.
[7] 席裕庚, 柴天佑. 遗传算法综述[J]. 控制理论与应用, 1996, 13(6):12.

[8] 乔东平, 裴杰, 肖艳秋, 等. 蚁群算法及其应用综述[J]. 软件导刊, 2017, 16(12):5.
[9] 刘士新, 宋健海, 唐加福. 蚁群最优化——模型, 算法及应用综述[J]. 系统工程学报, 2004(19):5.
[10] 赵会洋, 王爽, 杨志鹏. 粒子群优化算法研究综述[J]. 福建电脑, 2007(3):3.
[11] 赵乃刚, 邓景顺. 粒子群优化算法综述[J]. 科技创新导报, 2015(26):2.
[12] 秦小林, 罗刚, 李文博, 等. 集群智能算法综述[J]. 无人系统技术, 2021, 4(3):10.
[13] 尤晓东, 苏崇宇, 汪毓铎. BP神经网络算法改进综述[J]. 民营科技, 2018(4):2.
[14] 陈流豪. 神经网络BP算法研究综述[J]. 电脑知识与技术, 2010(36):2.
[15] 张驰, 郭媛, 黎明. 人工神经网络模型发展及应用综述[J].计算机工程与应用, 2021:57-69.